张明秀
沈顺新　主编
朱安民

猪的高效生产与
经营管理

ZHU DE GAOXIAO SHENGCHAN YU JINGYING GUANLI

中国农业科学技术出版社

图书在版编目（CIP）数据

　猪的高效生产与经营管理 / 张明秀，沈顺新，朱安民主编 .—
北京 : 中国农业科学技术出版社， 2021.5
　ISBN 978-7-5116-5267-6

　Ⅰ . ①猪⋯ Ⅱ . ①张⋯ ②沈⋯③朱⋯ Ⅲ . ① ①养猪学—经营
管理 Ⅳ . ① S828

　中国版本图书馆 CIP 数据核字（2021）第 061903 号

责任编辑　张国锋
责任校对　李向荣
责任印制　姜义伟　　王思文

出 版 者　中国农业科学技术出版社
　　　　　北京市中关村南大街 12 号　邮编：100081
电　　话　（010）82106625（编辑室）（010）82109704（发行部）
　　　　　（010）82109702（读者服务部）
传　　真　（010）82109698
网　　址　http://www.castp.cn
经 销 者　各地新华书店
印 刷 者　北京富泰印刷有限责任公司
开　　本　710mm×1 000mm　1 /16
印　　张　18.5
字　　数　340 千字
版　　次　2021 年 5 月第 1 版　2021 年 5 月第 1 次印刷
定　　价　58.00 元

前　言

当前，我国生猪产业转型加快，全行业迫切需要相关技术指导。本书以现代高效养猪理念为出发点，着眼于推广应用生猪规模养殖实战技术，提高生猪产业技术水平和经营管理水平，从养殖模式与猪场运营、优化猪群品种结构、营养需要与饲料、不同阶段猪的高效生产管理、粪污无害化处理与利用、猪病高效防控措施等方面，比较系统地介绍了现代高效生猪生产的新理念、新知识和新技术。

本书力求语言通俗易懂，技术先进实用，针对性和实战性强，既可供生猪养殖者决策参考，也适合养殖户、养殖场人员、畜牧兽医技术人员使用，也可作为相关院校师生了解现代高效养猪生产理念、技术和方法的重要参考资料。

由于作者水平有限，不足甚至谬误在所难免，希望读者在阅读使用过程中提出批评修正意见。

编　者

2021 年 1 月

目　录

第一章

树立高效养猪的生产与经营理念

第一节　了解猪的生物学习性与行为特点

一、猪的生物学特性

（一）多胎、高产，世代间隔短，周期快

猪一般在 3~5 月龄就达到性成熟，6~8 月龄就可以初次配种。猪妊娠期平均为 114 天（111~117 天）。

母猪在一岁或更早些就可以产下第一胎，猪的世代间隔为 1~1.5 年（第一胎留种则为 1 年，第二胎开始留种则为 1.5 年），猪的繁殖利用年限较长，每胎产仔数多（平均为 10~12 头）。

年产胎数为 2~2.5 胎。年产胎数 =365/（妊娠期 + 哺乳期 + 配种间隔期），与其他家畜相比，猪的繁殖力相当高。

就母猪本身的繁殖潜力而言，生产远远还没有得到发挥。一头母猪卵巢中卵原细胞数 11 万个，而繁殖利用年限内排卵数 400 个左右，情期排卵数 12~20 个，胎产仔数 10~12 头。

一头成年公猪 1 次射精量数 200~400 毫升，含精子总数 200 亿 ~800 亿个，1 亿 ~3 亿个 / 毫升。

在第一个生物学特性上，我国地方猪种表现出优良的品质，具体表现：胎产仔数多，母性强，繁殖利用年限长，性早熟，发情征状明显。我国太湖猪中的梅山猪、二花脸猪平均胎产仔数分别在 15~16 头 / 胎、17~18 头 / 胎，最高分别达到 36 头（断奶成活率 100%）和 42 头（断奶成活 40 头），创下了世界纪录。浙江金华猪在第 16 胎产仔数尚可达到 14~15 头，而我国饲养的进口猪种，母猪繁殖利用年限一般为 3~5 年（工厂化养猪为 3~4 年）。

（二）生长快，发育迅速，沉积脂肪能力强

1. 生长速度

同马、牛、羊相比较，猪无论是在胚胎期还是在胚后期，甚至生长期都是最短的，而生长强度又是最大的。

2. 不同阶段猪器官组织的生长强度

（1）胚胎期。猪的神经系统先发育，表现为头的比例偏大。

原因：猪的胚胎期短（114 天），并且同胎中胎仔数又多，母体子宫相对来讲就显得空间不足和供应给每头胎儿的营养缺少。

各器官系统发育不完全，对外界环境的适应能力低下，如特别怕冷（要求环境温度在 32~35℃）。

容易拉稀、下痢（消化系统发育不完全）等。

（2）胚后期。

① 生长发育顺序。

头骨及髓→体高及肌肉→体长及脂肪（100 千克体重达高峰）

（初期）　　　　　　　（5~6 月龄以后）

（15~40 千克）（40~75 千克）（75~115 千克）

关于生长发育顺序，我国劳动人民对此早就有经验总结："小猪长骨，大猪长肉，肥猪长膘"，对猪的生长发育规律做出了科学的概括和总结。

② 生长发育速度。猪出生后，为了补偿胚胎期内发育的严重不足，势必会加速其生长发育速度，表现为 2 月龄前仔猪生长发育非常迅速。1 月龄仔猪体重为初生重的 6~7 倍；2 月龄仔猪体重为 1 月龄体重的 2.5~3 倍。在仔猪生后头 2 个月需要加倍照料和提供足够的易消化吸收的营养物质，否则将严重影响养猪生产的效益。

2 个月龄后，仔猪各器官系统的发育已基本完善，基本能适应生后外界环境的变化，我国劳动人民习惯于对仔猪采用 2 月龄断奶，原因就在于此。2 月龄到 6~7 月龄，猪的生长仍然比较快，以后生长开始缓慢。我国地方猪种生长较慢，沉积脂肪的能力特别强。

（三）杂食性，饲料利用率高

1. 耐粗饲

猪的杂食性决定了它具有一定的耐粗性。保持饲料中一定含量的粗纤维有助于猪对饲料有机物的消化（延缓排空时间和加强胃肠道的蠕动）和猪的健康（改善肠道微生物群落）。但含量不能过高，否则猪对饲料的消化利用率会大大下降。并且猪对粗纤维的消化率也低，差异很大，范围在3%~25%。

生长育肥猪粗纤维含量不宜超过7%~9%，成年猪不宜超过10%~12%（集约化、工厂化养猪饲料中粗纤维含量要求较低）。

试验结果表明：饲料中含5%的粗纤维，降低有机物消化率1%，含20%的粗纤维，则可降低有机物消化率达30%或更高。见表1-1。

表1-1 日粮中粗纤维含量与日粮消化率的关系

粗纤维含量（%）	10.1~15.0	15.1~20.0	20.1~25.0	25.1~30.0	30.1~35.0
日粮消化率（%）	68.0	65.8	56.0	44.5	37.3

注：在耐粗饲这一特性上，我国地方猪种比国内培育品种和国外引进猪种表现好，在以青料为主的饲养条件下相对增重较高。

2. 饲料利用率高

与牛、羊的饲料转化成肉食品相比效能最高。见表1-2。

表1-2 牛、羊、猪饲料转化成肉食品的相比效能

类别		猪	肉用阉牛	羔羊
产品单位（活重）		1千克	1千克	1千克
生产1千克产品所需饲料（包括维持需要）	饲料（千克）	4.9	10.0	9.0
	TDN（千克）	3.67	6.50	5.58
	消化能（兆焦）	67.705	119.913	102.943
	蛋白质（千克）	0.69	1.00	0.96
屠宰后产量	百分率（%）	70	58	47
	净重（千克）	0.70	0.58	0.47

（续表）

类别		猪	肉用阉牛	羔羊
人吃的现成食物产量（肉去骨或煮熟后）	占原料产量（胴体的%）	44	49	40
	每千克产品余下的重量（千克）	0.31	0.28	0.19
	热量（兆焦）	3.146	3.155	2.075
	蛋白质（千克）	0.088	0.085	0.052
转化率	热量	46	26	21
	蛋白质	12.7	8.5	5.4
	合计	17.3	11.1	7.5

3. 猪肉含水少，含热量高

猪肉和牛肉、羊肉相比较，含水量少，含脂肪和热量高。见表1-3。

表1-3　猪、牛、羊肉营养成分比较　　　　（单位：克）

项目	可食部分	成分					热价（千焦）
		水分	蛋白质	脂肪	碳水化合物	灰分	
猪肉（肥瘦）	100	29.3	9.5	59.8	0.9	0.5	580
牛肉（肥瘦）	100	38.6	20.1	10.2	0	1.1	172
羊肉（肥瘦）	100	58.7	11.1	28.8	0.8	0.6	307

我国地方猪种同国外育成品种猪比较，肉品味道鲜，并且更具保健性。原因如下。

（1）我国地方品种猪，肌肉脂肪含量较高，并且分布均匀，使得肉质细嫩多汁，烹调时香味浓郁，非常可口。

（2）我国地方品种猪肌肉中含有多量的高级不饱和脂肪酸，一方面改善了肉的风味，另一方面由于多量高级不饱和脂肪酸的存在，可有效降低胆固醇在心血管和体组织、脑组织的沉积，可大大降低高血压、冠心病和脑中风、脑部血管破裂（脑溢血）发生的概率。

（四）小猪怕冷，大猪怕热

1.小猪怕冷

初生仔猪大脑皮层体温调节中枢发育不健全，对温度调控能力低下；皮下脂肪少，被毛稀，散热快；体表面积 / 体重比值人，单位重量散热快。

2.大猪怕热

猪的汗腺退化，散热能力特别差；皮下脂肪层厚，在高温高湿下体内热量不能得到有效的散发；皮肤的表皮层较薄，被毛稀少，对热辐射的防护能力较差。环境适宜温度为 18~23℃。

（五）嗅觉、听觉灵敏，视觉不发达

1.嗅觉

猪的嗅觉非常灵敏，猪对气味的识别能力高于狗 1 倍，比人高 7~8 倍。仔猪在出生以后几小时内就能很好地鉴别不同气味，大猪和成年猪鉴别气味能力非常强。如，发情母猪闻到公猪的气味，就会表现出"发呆"反应，另外生产中"仔猪寄养"工作必须考虑到其嗅觉灵敏的特点，否则就不能成功。

2.听觉

猪的听觉分析器相当完善，能够很好地认别声音来源、强度、音调和节律，容易对口令和其他声音刺激源者形成条件反射。据此，有人尝试在母猪临产前播放轻音乐，可在一定程度上降低母猪难产的比例。

3.视觉

猪的视觉很弱，对色彩的识别能力很差，属高度近视加色弱，据此，生产上通常把并圈时间定在傍晚时进行。另外，猪常会跑错圈门。可以利用假母猪进行公猪采精训练。

4.痛觉

猪对痛觉刺激特别容易形成条件反射。如利用电围栏放牧，猪受到 1~2 次微电击后，就再也不敢接触围栏。鼻端对痛觉特别敏感，用铅丝捆紧鼻端，可固定猪只，便于打针、抽血。

二、猪的行为学特点

行为是动物对某种刺激和外界环境适应的反应，不同的动物对外界的刺激表现不同的行为反应，同一种动物内不同个体行为反应也不一样，这种行为反应，可以使它能从逆境中赖以生存、生长发育和繁衍后代。

猪和其他动物一样，对其生活环境、气候条件和饲养管理条件等反应，在行为上都有其特殊的表现，而且有一定的规律性。

我们应该掌握猪的行为特性，科学地利用这些行为习性，根据猪的行为特点，制定合理的饲养工艺，设计新型的猪舍和设备，改革传统饲养技术方法。最大限度地创造适于猪习性的环境条件，提高猪的生产性能，以获得最佳的经济效益。

（一）采食行为

猪的采食行为包括摄食与饮水，并具有各种年龄特征。猪生来就具有拱土的遗传特性，拱土觅食是猪采食行为的一个突出特征。猪鼻子是高度发育的器官，在拱土觅食时，嗅觉起着决定性的作用。

如果食槽易于接近的话，个别猪甚至钻进食槽，站立食槽的一角，就像野猪拱地觅食一样，以吻突沿着食槽拱动，将食料搅弄出来，抛洒一地。猪的采食具有选择性，特别喜爱甜食，研究发现未哺乳的初生仔猪就喜爱甜食。颗粒料和粉料相比，猪爱吃颗粒料；干料与湿料相比，猪爱吃湿料，且花费时间也少。猪的采食是有竞争性的，群饲的猪比单饲的猪吃得多、吃得快，增重也高。猪在白天采食 6~8 次，比夜间多 1~3 次，仔猪吃料时饮水量约为干料的两倍，即水与料之比为 3∶1；成年猪的饮水量除饲料组成外，很大程度取决于环境温度。

（二）排泄行为

猪不在吃睡的地方排粪尿，这是祖先遗留下来的本性，也可避免敌兽发现。在良好的管理条件下，猪是家畜中最爱清洁的动物。猪能保持其睡窝床干洁，能在猪栏内远离窝床的一个固定地点进行排粪尿。

生长猪在采食过程中不排粪，饱食后 5 分钟左右开始排粪 1~2 次，多为先排粪后再排尿，在饲喂前也有排泄的，但多为先排尿后排粪，夜间一般排粪 2~3 次。

（三）群居行为

猪的群体行为是指猪群中个体之间发生的各种交互作用。结对是一种突出的交往活动，猪群体表现出更多的身体接触和保持听觉的信息传递。

在无猪舍的情况下，猪能自我固定地方居住，表现出定居漫游的习性，猪有合群性，但也有竞争习性，大欺小，强欺弱和欺生的好斗特性，猪群越大，这种现象越明显。

猪群具有明显的等级，这种等级刚出生后不久即形成，仔猪出生后几小时内，为争夺母猪前端乳头会出现争斗行为，常出现最先出生或体重较大的仔猪获得最优乳头位置。同窝仔猪合群性好，当它们散开时，彼此距离不远，若受到意外惊吓，会立即聚集一堆，或成群逃走。

不同窝仔猪并圈喂养时，开始会激烈争斗，并按不同来源分小群躺卧，24~48小时内明显的统治等级体系就可形成，优势序列建立后，就开始和平共处的正常生活。

（四）争斗行为

争斗行为包括进攻防御、躲避和守势的活动。

在生产实践中能见到的争斗行为一般是为争夺饲料和争夺地盘所引起，新合并的猪群内的相互交锋，除争夺饲料和地盘外，还有调整猪群居结构的作用。

当一头陌生的猪进入一群中，这头猪便成为全群猪攻击的对象，攻击往往是严厉的，轻者伤皮肉，重者造成死亡。如果将两头陌生性成熟的公猪放在一起时，彼此会发生激烈的争斗。

（五）性行为

性行为包括发情、求偶和交配行为，母猪在发情期，可以见到特异的求偶表现。

发情母猪主要表现卧立不安，食欲忽高忽低，发出特有的音调柔和而有节律的哼哼声，爬跨其他母猪，或等待其他母猪爬跨，频频排尿，尤其是公猪在场时排尿更为频繁。发情中期，在性欲高度强烈时期的母猪，当公猪接近时，调其臀部靠近公猪，闻公猪的头、肛门和阴茎包皮，紧贴公猪不走，甚至爬跨公猪，最后站立不动，接受公猪爬跨。管理人员压其母猪背部时，立即出现呆立反射，这种呆立反射是母猪发情的一个关键行为。公猪一旦接触母猪，会追逐它，嗅其体侧肋部和外阴部，把嘴插到母猪两腿之间，突然往上拱动母猪的臀部，口吐白沫，往往发出连续的、柔和而有节律的喉音哼声，有人把这种特有的叫声称为"求偶歌声"。

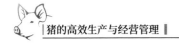

（六）母性行为

母性行为包括分娩前后母猪的一系列行为，如絮窝、哺乳及其他抚育仔猪的活动等。

母猪临近分娩时，通常以衔草、铺垫猪床絮窝的形式表现出来，如果栏内是水泥地而无垫草，只好用蹄子抓地来表示，分娩前 24 小时，母猪表现神情不安，频频排尿、磨牙、摇尾、拱地、时起时卧，不断改变姿势。分娩时多采用侧卧，选择最安静时间分娩，一般多在下午 4 时以后，特别是在夜间产仔多见。

母猪整个分娩过程中，自始至终都处在放奶状态，并不停地发出哼哼的声音，母猪分娩后以充分暴露乳房的姿势躺卧，一次哺乳中间不转身。

母仔之间是通过嗅觉、听觉和视觉来相互识别和相互联系的，猪的叫声是一种联络信息。

例如：哺乳母猪和仔猪的叫声，根据其发声的部位（喉音或鼻音）和声音的不同可分为嗯嗯之声（母仔亲热时母猪叫声），尖叫声（仔猪的惊恐声）和鼻喉混声（母猪护仔的警告声和攻击声）三种类型。

（七）活动与睡眠

猪的行为有明显的昼夜节律，活动大部在白昼，在温暖季节和夏天。夜间也有活动和采食，遇上阴冷天气，活动时间缩短。哺乳母猪睡卧休息有两种，一种属静卧，一种是熟睡，静卧休息姿势多为侧卧，熟睡为侧卧。

仔猪出生后 3 天内，除吸乳和排泄外，几乎全是甜睡不动，随日龄增长和体质的增强活动量逐渐增多，睡眠相应减少，但至 40 日龄大量采食补料后，睡卧时间又有增加，饱食后一般较安静睡眠。

（八）探究行为

探究行为包括探查活动和体验行为。

猪的一般活动大部来源于探究行为，大多数是朝向地面上的物体，通过看、听、闻、尝、啃、拱等感官进行探究，表现出很发达的探究力。探究力指的是对环境的探索和调查，并同环境发生经验性的交互作用。仔猪对小环境中的一切事物都很"好奇"，对同窝仔猪表示亲近。

仔猪探究行为的另一明显特点是，用鼻拱、口咬周围环境中所有新的东西。

用鼻突来摆弄周围环境物体是猪探究行为的主要方面，其持续时间比群体玩闹时间还要长。猪在觅食时，首先是拱掘动作，先是用鼻闻、拱、舔、啃，当诱食料合乎口味时，便开口采食，这种摄食过程也是探究行为。仔猪7日龄补料要经2~4天，甚至一周才少量吃食。

（九）异常行为

异常行为是指超出正常范围的行为，恶癖就是对人畜造成危害或带来经济损失的异常行为，它的产生多与动物所处环境中的有害刺激有关。

如长期圈禁的母猪会持久而顽固地咬嚼自动饮水器的铁质乳头。母猪生活在单调无聊的栅栏内或笼内，常狂躁地在栏笼前不停地啃咬着栏柱。

（十）后效行为

猪的行为有的生来就有，如觅食、母猪哺乳和性行为，有的则是后天发生的，如学会识别某些事物和听从人们指挥的行为等，后天获得的行为称条件反射行为，或称后效行为。后效行为是猪生后对新鲜事物的熟悉而逐渐建立起来的。

例如：小猪在人工哺乳时，每天定时饲喂，只要按时给以笛声或铃声或饲喂用具的敲打声，训练几次，即可听从信号指挥，到指定地点吃食。

在整个养猪生产工艺流程中，充分利用这些行为特性精心安排各类猪群的生活环境，使猪群处于最优生长状态下，发挥猪的生产潜力，达到繁殖力高、多产肉、少消耗，获取最佳经济效益。

三、猪的行为训练

猪的行为，有的生来就有，如摄食、哺乳、性行为等，这种生来就有的先天性行为称为无条件反射行为；猪具有学习和记忆的能力，通过学习或训练，可以形成一些新的行为，如学会做某些事物和听从人们指挥行为等，这些后天形成的行为称为条件反射行为或后效行为。

猪对吃喝的记忆力很强，对与吃喝有关的时间、声音、气味、食槽方位等很容易建立起条件反射。根据这些特点，可以制定相应的饲养管理制度，并进行合理的行为调教与训练，如每天定时饲喂，训练猪只采食、睡卧、排泄三角定位等。

第二节　我国养猪业的特点和发展趋势

一、我国养猪业的特点

（一）生产者类型多样化，规模化生产仍处于较低水平

猪肉是我国城乡居民的传统消费肉品。在我国，生产者的类型较多，包括农民专业户和散户、私营养猪场、国营养猪场、外资养猪企业、合资养猪企业、部分大型企事业单位的附属农场以及一些育种场（中心）等。

生产者类型多样化以及农户散养为主，是我国生猪养殖行业的重要特点之一。据农业部（现"农业农村部"）统计，2007年全国年出栏50头以上的规模养猪专业户和商品猪场共224.4万家，出栏生猪占全国出栏总量的比例约为48%，其中年出栏万头以上的规模猪场有1800多个；2008年全国年出栏50头以上的规模养猪专业户和商品猪场出栏生猪占全国出栏总量的比例达到62%。然而我国生猪年出栏数量在5万头以上的企业总生猪出栏量占全国比例仅为1%，我国生猪养殖行业规模化水平仍处于较低水平。

（二）科技含量偏低，各地区发展水平差异较大

在我国的生猪养殖行业中，不管是城市郊区的集约化养殖，还是总体数量较大的农户散养和专业户饲养，均难以创造明显的经济效益。养殖规模越大越亏本的现象在我国时有发生，其根本原因在于我国生猪养殖行业的科技水平较低。我国虽然是猪肉生产大国，但与生猪养殖行业发达的欧美国家相比，在很多方面仍然存在较大的差距，而这些差距可从揭示经济效益指标的差异直接反映出来。此外，我国生猪养殖行业在各地区的发展水平亦具有较大差异。

（三）种质资源的多样性与利用程度严重不符

我国是世界上生猪品种资源最丰富的国家。联合国粮农组织家畜遗传多样性信息系统收录的我国地方猪品种为128个，而现保存完好的地方品种在50个左右。我国地方品种具有许多独特的种质特性，最突出的特点就是肉质优、繁殖力和耐粗性强、抗逆性好。我国地方猪种主要以维持现状的方式而保存着，种质利用力度明显不够。从客观上讲，地方品种的生产类型不适宜商业化生产是地方猪

种种质利用不够的主要原因，多数地方品种和国外瘦肉型猪相比，表现出育肥期长、瘦肉率低的缺点。而品种杂交生产出的绝大多数产品在生产效益和产品质量方面均无法与国外公司的纯种扩繁和配套系产品相抗衡。尽管我国拥有丰富的地方品种资源，但对地方种质的利用程度还远远不够，种质资源多样性与利用程度严重不符。

（四）价格波动已成为养猪业突出的特点

近几年，生猪价格波动形成的猪周期越来越明显，而猪周期的周期也变得越来越短，乃至 2020 年的无规律可循，可以说生猪价格波动已经成为养猪业的杀手，也是近年来我国养猪业突出的特点。

养猪风险是价格变化。价格变化的基数首先是社会的猪总存栏量，其次是市场猪肉销售量的变量，以及国家进出口生猪和猪肉的数量，如果能掌握这些数据，养猪行业可以免受或少受很多损失。

当然面对这样的状况，我们是可以做点什么的。首先就是上面提到的数据，也就是我们要掌握养猪动态变化的信息。对于这些数据，养殖户们是求之不得，但是我们在这方面的建设还是很弱的，无论是信息的真实性还是及时性都有待改善。信息流通对猪农来说就是指引他们如何出手的方向标。其次就是政府的宏观调控。一直以来，我国对养猪业政策调控的重点都是在生猪生产领域，而对流通领域的调控力度相对较弱，这与目前养猪业的不健康走势有着直接关系。在养猪业的流通流域如果能够加强内部的竞争动力，减少垄断现象的话，那么猪价的情况会比现在好很多的。

生猪价格的波动是市场供给与消费需求共同作用的结果，不过目前的生猪价格却有着扭曲的现象。如何让猪市平稳，需要政府和市场共同努力。

二、我国养猪业的基本发展趋势

未来几年我国养猪业的发展将向产业互联网、适度规模养殖、生态养殖、健康养殖等方面发展。

（一）适度规模化群养是养猪的必由之路

无论从欧美的发展规律，还是中国本土畜牧业发展的趋势，规模化、专业化养殖已是一种必然的趋势。

规模养殖是指饲养的数量达到一定的规模，生产经营趋向于集约化、规模化、专业化，以高投入求得高效益。但规模化涉及在土地、设备、人员、粪污处理等各方面的投入，以及金融支持，这正是传统的很多散户养殖不具有的。

1. 规模养殖的优势

规模养殖主要具有以下几大优势。

（1）养殖成本方面。具有一定规模的猪场，对猪场运营成本中最大的一部分饲料和人工成本能进行科学的管理和控制，用科学的方法并借助于必要的设备提高饲料转换率，摊薄人员成本，同时在饲料的采购和种猪或者商品猪的销售方面，有更大的议价能力。

（2）在疾病防治和生产成绩方面。在疫病防控、科学饲养管理、遗传育种、养殖技术方面优势明显，生产效率高且有利于疫病的防、控、治。

（3）在减少投机性生产方面。规模有利于行业价格的稳定，减少因为投机性生产而造成的市场价格的剧烈波动，同时因为有产业资本或金融机构的支持，提高了抗风险的能力。

（4）在执行环保政策方面。环保是功在当代利在千秋的政策，包括选择先进的环控系统和粪污处理系统来提高生产成绩和环境的保护，这些都需要大量的投入，但又是散户型养殖所不具备的条件。

（5）在食品安全方面便于跟踪和管理。通过对猪场进行母猪场或者商品猪场进行专业化分工，通过单个猪场的规模扩大，减少猪场的数量，通过先进的智能化网络化设备进行数据采集，为政府以及行业机构进行统一的管理提供必要的条件。

（6）在动物福利理念的普及和推广方面。在全球都提倡福利养殖的今天，专业化规模化的猪场更有条件通过科学的方法进行福利养殖的升级。近几年我国在规模化养猪的道路上发展也非常迅速，目前基础母猪 500 头、年出栏万头以上的大型猪场有 3 000 多家，约占我国总出栏的 15%。随着中国经济及规模化养猪的快速发展，规模化养猪所占比例迅猛增加，传统的农村散养户迅速减少。从全世界的角度来看，规模化养殖是养猪业的必由之路，规模化养猪也是有效稳定生猪市场的唯一出路。

随着行业的发展，我国养猪业呈现出新的模式。中国规模养猪新模式的工艺流程和养殖方式的总体设计和规划分为：后备种猪隔离培育场；种公猪培育区及人工授精站；生产母猪场的后代分离饲养；根据生产母猪在 1~2 周内能集中提供断奶仔猪的规模，配套设计多个配套保育肥育场或多个合作小规模保育肥育场。

2.群养是猪养殖的必由之路

传统的限位栏方式是一种工业化养殖的较为高效的养殖方式，但越来越多的证据表明这一养殖方式也带来了猪的健康度、繁殖性能、抗病能力的不断下降，同时也不是一种兼顾动物福利的养殖方式。因此越来越多的国家、全球的大型食品加工企业均已声明不再使用通过传统限位栏方式饲养的母猪所生产的生猪。即使在限位栏使用最为广泛的美国也有近40%的新建规模猪场采用了群养方式。

猪场的疾病防治一直是猪场的头等大事，我们今天执行了比国外同行更严格的安全政策，试图隔绝外来疾病对猪场运营的影响。我们使用了比国外同行多得多的各种疫苗和药物，试图隔绝病原体。但我们发现即使是在现今如此严格的安全措施下，我们饲养的猪的抗病能力越来越弱，因为疾病而导致生产成绩下降甚至死淘的数量仍然逐年上升。

从疾病防治的角度而言：我们更多地将精力放在是"治"而不是"防"上面。提高猪本身的健康度和免疫能力，才是其中的关键。群养模式，通过一种符合母猪生理特性的方式进行饲养，通过提高猪自身的健康度和抵抗力的方式，有效地通过"防"而不是"治"的手段，这不仅有效地降低了猪场疾病防治的成本，也提高了生产成绩。我国近10年来从全世界引进了各种优质品种的种猪，但我国的平均年产仔率却在10年间一直停滞不前，维持在17头/年的水平，远不及被引进国的28~30头/年的水平。这其中当然有各种各样的原因，但饲喂方式也是一个很重要的原因。群养方式作为一个更符合猪的生活习性，提高其健康度的饲养方式是一种未来养殖业的发展方向。

（二）适度规模的家庭农场将成为我国未来养猪业的主体

尽管是养猪业发展的方向，但我国人口众多，生猪消费量巨大。建设大型养猪企业投资大，对环境的污染治理成本高，防疫难度大，对人多地少的我国来说难以全面推广。真正要解决我国的猪肉供应问题，发展适度规模经营的家庭猪场是较好的模式。适度规模经营的家庭猪场是以家庭成员为主的经营单元，一般出栏500~3 000头，整个收入以养猪为主。其优势是经营灵活，有土地，生产成本低，污染治理和猪病防治较容易；同时，专业从事生猪的饲养、防疫、设备、种猪更新交由大中型的专业公司。这种适度的规模经营将能够有效克服养猪业生产的瓶颈，提升产品的安全性，提高经营效益，实现规模化养殖与效益并行。针对我国的实际，北方人均土地面积大，可以建设环保比较好、硬件设施较好的家庭猪场；南方人多地少，可以依靠龙头企业、行业协会，发展养殖大户，通过社会化组织去协调解决。我国家庭猪场通过硬件、人才、设备的改进，整合社会化资源，有巨大的发展空间，可以推动我国养猪业由养猪大国转变为养猪强国。

1. 选择对路品种

选择母猪时应优先考虑当地品种，当地品种猪适应性好、耐粗饲、应激反应少，母猪性情温驯、性成熟早、发情症状明显、受胎率高、产仔数多、母性强、易管理。近几年，在饲养杂交猪的大潮中，本地纯种母猪日渐减少，甚至很难见到，应尽量选择具有本地猪血统的母猪，繁育的后代容易销售，价格较高。公猪应选择瘦肉率高、生长发育快、体格高大的国外引进品种，过去最受欢迎的是杜洛克，现在长白、皮特兰也很有市场，但皮特兰猪应激反应强烈，后代的生长发育易受条件限制，引种时应引起高度重视。

具体是养本地土种猪，还是养三元杂交猪或二元杂交猪，应在充分考察当地消费市场的基础上，做出明智的判断。一般来说，土种猪虽然生长慢，但肉质好，风味独特，在偏远地区仍然有较大的市场；"杜×大×长""杜×长×大"等外三元杂交猪，瘦肉率高达62%~64%，最受城市居民欢迎，日增重达700~900克，料肉比为2.6∶1，经济效益十分突出，适合城市郊区及主要交通沿线地区饲养；二元杂交猪和内三元杂交猪肉质虽然比不上外三元杂交猪，但符合农村大众的烹调习惯和口味，适合广大农村消费市场。

2. 选择最佳模式

专业化养猪方式有专业育肥模式、全程饲养模式、养育仔猪模式，选择什么样的经营模式，要具体情况具体分析。

（1）专业育肥模式。即专门饲养育肥猪。其主要优势在于生产方式比较单纯，设备和技术要求不高，固定投入少，资金周转快；同时，饲养周期短，从投入到产出只需要3~4个月，有利于灵活安排生产，可以根据市场行情随时调整生产规模，市场风险稍小一些。主要缺点是仔猪来源不稳定，容易受市场影响，对仔猪的健康把握不准，容易将疾病引进猪场。

（2）全程饲养模式。即从种猪生产、仔猪繁育到育肥出栏一体化。其主要优点是可以获得仔猪和育肥猪两部分收益，利润空间最大，这种自繁自养的模式，生产计划性好，有利于设备、人力、物力的充分利用。但需要较大的资金投入，生产周期长，从种猪引进到初次出栏肥猪获得效益，大约需要1年的时间，需要专业的技术人员和管理人员，市场风险很大。

（3）养育仔猪模式。即专门饲养繁殖猪群，出售过了保育期的小猪。其主要优点是流动资金投入少，资金周转快，回报率高，收益比较稳定，有利于疾病预防和控制。但采用这种生产模式，要建造种猪舍、妊娠母猪舍、哺乳母猪舍和保育仔猪舍，猪舍结构复杂，要求设备齐全，还要花大量资金购买种猪，所以固定资金投入很高，对饲养管理技术要求也比较高。

3.寻找市场规律

生猪市场价格的波动，受饲料、种源、疫病等诸多因素的影响，但这些因素基本没有什么规律可言。从总体上看，猪肉价格变化是生猪市场风云最为重要的前导和牵引，而猪肉价格的变化却是有一定规律的。一般情况下，猪肉价格会在五一前后出现一个幅度不大的提升，十一左右会出现一个幅度稍大的提升，元旦前后会出现价格高峰，这与城里人的过节习惯有关，因为猪肉的最大消费群体在城市。农村百姓院子里一般会养家禽，部分地区农户家里还能养三两头猪，不会对生猪市场价格的变化带来很大的影响。在一般的饲养条件下，从仔猪出生到肥猪出栏需要160~180天的时间，只要选购合适的小猪或中猪进行育肥，赶上五一、十一、元旦这几个好行市，就能获得理想的养猪效益。当然，这仅仅是一般规律，大的市场机遇还受很多因素的影响。

4.把握合适商机

把握商机要综合考虑政治、经济、市场等多种因素，不能仅仅将眼光盯在价格标尺上，也不要无限度地膨胀期望值。

（三）农牧结合的生态养猪

生态养猪是指养猪户既要发展养猪业，又要保护生态环境。要建立粪便与污水处理设施，不经无害化处理不得随意排放。生态养猪模式是未来方发展方向。

生态养猪的总体要求是：一要按照农牧结合、种养平衡的原则，坚持科学布局畜禽养殖，该减的减到位，该禁的坚决禁，不超量不超限，努力实现畜禽养殖与环境容量相匹配。二要推进清洁养殖，加快完善粪污处理利用设施，推广清洁生产工艺和精准饲料配方技术，最大限度减少粪污产生。从源头减量，提高饲料消化率，减少重金属和抗生素的使用；在过程中控制，实施干清粪，雨污分离，节约用水；加强终端处理，沼气和固液分离。三要重视科技开发，政府投入资金进行良种和高新技术的研究，建立优质种源库，应用先进的技术提高劳动生产率，提高生猪养殖的科技含量。四要打通种养业协调发展的通道，实施生态养猪＋沼气＋绿色种植（粮、果、林等）的农牧结合养猪方式，促进循环利用、变废为宝，同时解决畜禽"吃"的饲料问题和"排"的粪尿问题，从而保护农业农村生态环境，提高农业综合生产能力。

1. 发展立体农业，优化农业产业结构

所谓立体农业就是变单一农业为多层次、多功能、多元化农业，一业为主、多业并举。一业为主就是以农业为基础，以养猪业为龙头，结合养禽、养鱼等饲养业带动林果业的发展。多业并举就是依托农业的发展，带动加工业包括饲料工业、屠宰加工业、肉制品深加工、果蔬深加工等第二产业的发展，进而孕育农、副产品交易市场的诞生，达到以工补农、以贸促农的目的。

2. 产业化经营是生态养猪业发展的必由之路

生态养猪业的发展，必须走产业化经营的道路，形成生产、加工、销售的有机结合和互相促进的机制，迅速推进养猪业向商品化、现代化转变。即最终实现适度规模生产，产、供、销一条龙的模式。因此，当养猪生产发展到一定规模的时候，就必须把工作重点转入市场体系的建立，涉足生猪流通领域，配套和完善养猪的市场体系，走养猪产业化的路子，务求从根本上解决猪的销售问题，解决养猪的后顾之忧，然后再回过头来继续发展生产。只有这样，发展生态养猪业者才可能立于不败之地，才谈得上实现可持续发展。

3. 完善体系建设，促进生态养猪的健康发展

养猪生产处在原始农业生产的状态下，科学技术的作用是不明显的，但当养猪生产发展到大规模集约化生产阶段时，科学技术就会发挥出不可忽视的巨大作用；21世纪的今天，由于科学技术的日益发展，养猪技术也随之发生着突飞猛进、日新月异的变化。由于人类物质文明的发展，对健康、长寿越来越重视，因而对食品质量的要求也越来越高，从畜牧业的角度来讲，高品质的动物食品不仅各项营养指标必须保证，更重要的必须做到无毒、无害、无污染，或者将它们降到最低限度。近年来正在世界各国兴起"生态养猪"，正是人们在可持续发展的视野下，立足环境保护，重视人类健康的一项综合性成就。要发展生态养猪、促进养猪业的可持续发展，就必须建立和完善以下几个体系。

（1）建立和完善生态养猪的技术、管理体系。要从事生态养猪，并保证其健康发展，首先必须要有一支高素质的畜牧兽医技术队伍和经营管理队伍，切实建立和完善生态养猪的技术和经营管理体系。否则，生态养猪就无法实施，养猪业的可持续发展也只将是一句空话。

（2）建立和完善猪的繁育体系、加强配套系的培育和地方猪种的保护及其开发利用。种猪的好坏直接影响到终端产品的优劣，生态养猪的健康发展，必须从种猪的选育入手，建立和完善猪的良种繁育体系；同时加强配套系的培育和优良地方品种资源的保护及其开发利用。为最终生产出市场畅销的优质猪肉提供优良

的种源。

（3）建立和完善科学的饲料生产和供应体系。饲料品质的优劣、配制得好坏和成本的高低，直接影响到猪肉的品质和生态养猪的生产经营效益，因此，必须建立和完善科学的饲料生产和供应体系。为生态养猪的健康发展提供安全、质优、价廉的饲料。

（4）建立和完善科学的饲养管理体系。猪群饲养管理得好坏也直接关系到生态养猪的生产经营效益。因此，必须建立和完善科学的饲养管理体系，对猪群实施科学的饲养管理，保证猪群发挥最大生长潜力，确保生态养猪获得最好的经济效益。

（5）建立和完善严密、可靠的卫生防疫体系。卫生防疫工作的好坏是生态养猪成败的关键。因此，从事生态养猪，卫生防疫显得格外重要，必须建立和完善严密、可靠的卫生防疫体系，严格执行卫生防疫制度，确保猪群健康、无病，确保生产出的猪肉达到或超过规定标准。

（6）建立和完善环境保护体系、加强粪污处理利用、推进生态猪场建设。猪群的排泄物是猪场周边地区环境的最大污染源，周边地区环境的污染，对猪场直接构成巨大的威胁。因此，生态养猪首先必须重视环境保护，建立和完善环境保护体系，加强粪污处理和利用，从而实现生态养猪的良性循环，获取良好的经济效益和生态效益。

4. 养猪污染的防治原则

无论集约化或小规模养猪生产，由于粪污处理不当导致的环境污染，不仅直接影响周围环境和本场猪群的生产力和健康，而且间接影响产品品质、生产成本和效益，成为制约养猪生产可持续发展的关键。因此，对养猪污染的防治原则上应力求做到以下几点。

（1）尽量减少养猪生产过程中污染物的产生，合理选择猪场建设场址、合理规划和绿化场地，提倡干清粪工艺，加强卫生防疫原则。

（2）对猪场固体粪污和污水进行无害化处理，采用干湿分离、发酵处理、生态还田的处理方案。

（3）将猪场粪便、污水作为一种宝贵的资源进行科学处理和开发利用，必须根据资源化利用方向来决定处理工艺和方法。

5. 强化食品安全，改善产品品质，推进生态猪场建设

加入 WTO 以来，我国养猪业因产品品质问题而面临国内和国际两方面的压力和挑战，也将决定每个生产猪场的兴衰存亡。我国已经颁布或制定了一系列保障畜产品质量的有关政策法规和标准，尽管有的法规和标准还有待修订、完善并与国际接轨，但要从根本上解决猪肉及其产品品质问题，就必须严格贯彻实施这些现行的法规和标准，逐步完善和强化监管体系建设。

（1）建立与国际接轨的检验、检疫监管体制，加大监管力度。

（2）推广生态猪场建设，加强猪场饲养管理、环境治理和卫生防疫。

（3）加强对加工包装、储运及销售的管理，严打制假售假等违法犯罪活动。

（4）合理进行猪场建设和改造、改善猪场环境。猪场环境好坏取决于生产工艺、场址选择、场地规划布局、猪舍建筑设计、饲养管理设备选型配套、粪便污水处理和利用、兽医卫生防疫等，它不仅对猪群生产力、健康和产品品质产生直接或间接影响，也与周围环境产生相互影响，必须因地制宜、考虑建筑设备投资和能源消耗，从以上各方面采取综合措施。

（四）发展健康养猪生产，实施精细养殖

从总体上来讲，当前我国养猪技术手段仍较落后，基础设施不够完善，相关防疫观念淡薄，传统老疫病依然存在，新疫病不断涌现，环境条件差导致多病原混合感染。猪群饲养密度过大、猪舍通风不良及空气质量差等，最终引起各种疾病暴发，严重地制约了养猪业的健康发展，影响了养猪业的效益。因此，树立健康养殖观念，实现健康养猪，已成为当前养殖户、养殖业亟待推行的新观念。

1. 规模化养猪产业的发展必将推进健康养猪生产

（1）要选择合适的猪场设施设备。通过改进猪场设计，采用自动化设备喂料，控制温度、湿度和空气，降低人工生产成本，减少生猪的应激反应，改善饲养环境，使猪场建筑结构和设备明显提升；通过物联网，实现栏舍温湿度监控、窗帘控制、灯光控制、喂料控制、氨气检测、清粪、视频监控等，以舒适的养殖环境保障猪群健康。

（2）利用精准的营养技术，确保猪肉质量安全。包括使用益生菌等安全无残留添加剂，禁用抗生素、高铜高锌；使用有机微量元素，大幅度减少微量元素用量；使用植酸酶，完全替换磷酸氢钙；添加天然的生物活性物质，减少应激反应，改善健康和肉质。

（3）实施分阶段饲养，最大限度提高饲料利用率。在生猪生长周期中，根据不同体重阶段生长肥育猪采食量，使饲料中营养成分与猪生长发育需要相匹配，以节约饲料成本和减少排泄物对环境的污染。

2.注意多点生产和营养调控

推行健康养猪，除了要搞好环境控制、调控好猪舍小环境外，还要重点搞好以下两点。

（1）多点生产。我国的大型猪场在工艺上大都采用从配种到育肥的全程一体化饲养工艺，但随着疫病形势的进一步恶化，这种工艺的饲养密度大、环境恶劣的弊端越来越显露出来，目前因密度过大而造成的环境条件病很突出，更严重的是一旦发生传染病，全群都面临威胁，不进行清群，几乎无法清除传染病。美国的养猪企业率先采用了多点生产的新工艺，即把一条龙式的工艺分成三点饲养，配种妊娠产仔为一个独立区、断奶为一区、育成育肥为一区。三个区相距一定距离，各区之间人员、物资用具各自独立、互不交叉，并且实施10~15天的超早期断奶。这种工艺在控制蓝耳病和呼吸道疾病方面有明显效果。

（2）营养调控。猪群分阶段饲养，主要是根据每个阶段猪的生理特点、不同营养需要，制定不同的饲料配方，使日粮中的营养水平尽量满足猪营养需要。通过营养途径调控可以减少猪群粪尿中氮、磷的排出量和粪臭素等物质的排放量，促进猪群的生长发育，提高猪群的生长性能，降低猪群疾病的发生率。此外，通过人工授精技术可缩短种猪选育世代间隔，使高质量的优良公猪的遗传基因迅速扩散，同时还可以提高母猪的健康水平，为种猪提供更健康的群体安全保障，节省了人力、物力和财力，提高了经济效益。

（五）产业分工将更加明确

对于我国养猪业来说，养猪产业分工将进一步加快。一是养殖结构分化。全国范围内养猪散户因疫病问题、市场风险、经济收入等原因大量退出，小而全的猪场将逐渐减少；规模化猪场和农村养猪户（场）将根据自身情况、市场和地区优势选择生产定位。二是养猪业中，种猪场、扩繁场和肉猪场分工明确。专门从事育种公司将会不断出现，专注于品种的纯种选育，一般种猪场则致力于扩繁二元杂工作；像温氏、中粮、双汇等上万头母猪的企业，将更关注于公司化饲养母猪，以高度自动化、规模化取得经济效益；肉猪将以适度规模的家庭农场养殖为主。三是生猪屠宰"就近屠宰，冷链运输"的屠宰、加工一体化经营模式逐步推进，形成以跨区域流通的现代化屠宰加工企业为主体，区域性肉品加工企业定点屠宰为补充，梯次配置、布局合理、有序流通的产业布局。

（六）福利养猪

1. 福利养猪的含义

所谓福利养猪，就是让猪在饲养、运输、宰杀过程中，确保其不受饥渴的自由，生活舒适的自由，不受痛苦伤害和疾病威胁的自由，生活无恐惧的自由，表达天性的自由。不因它们是动物，而人为虐待或加害，按照人道的原则，创造各种条件满足其生存（采食、休息、健康、习性等）的需要（足够的食物、饮水，适宜的温度、湿度，清新的空气，符合习性要求的饲喂、管理方法等）；管理猪时，要善待而不加害，体恤而不粗暴，做到人与猪动物的"亲和"，使猪生存舒适；在宰杀时尽量减轻它们的痛苦，在做试验时减少它们无谓的牺牲。

2. 福利养猪的基本要求

（1）给猪创造一个良好的生活生产环境。这里主要指各种设施的科学合理安排。这也是当前一些猪场普遍存在的一个问题：很多猪场外环境差，夏季蚊虫多，臭气大，空气质量差，各栋舍之间没有绿化带，安全间隔不够，或一些绿化带没有起到净化空气、改善小气候的作用。还有一些猪场设施建设不科学，使得卫生状况差。有些设施本身就对猪场造成损伤，如地面凹凸不平。有些产床保育舍易损伤母猪或小猪的脚和乳头，严重影响猪只的生产，必须引起足够的重视。

（2）饮水要清洁，新鲜。水温也不能太低或太高，有些猪场夏天的饮水温度达到45℃以上，猪根本不喝或饮水少，还有饮水器的水速问题，有的猪场夏天用水量大，水压严重不足，而导致猪饮水减少等。饲料要求新鲜、原料无杂质，粉碎细度要合适，有些猪场玉米内有大量的杂质，甚至发霉；同时由于有些饲养员不能及时清除饲喂工具和槽内的余料，使猪采食不新鲜的饲料；还有些猪场到市场上买一些刚打过农药或不新鲜的青料。所有这些都会影响猪只的正常生长，严重的还会引起死亡。

（3）给猪创造一个舒适、干燥、清洁的内环境。有些猪场为节约投资，建一些简易猪舍，采用高密度饲养，节约冬季的采暖费、夏季防暑降温费等，使猪舍内的空气污浊，猪只扎堆，卫生差，很容易诱发和导致一些疾病的发生，严重影响其生产性能。

（4）不能粗暴对待猪只，给猪创造一个稳定的环境。有些饲养员粗暴对待母猪，特别是有的搞卫生或某头猪不听话或压着某头小猪时，大声吆喝或打母猪，使整个母猪群受到惊吓。转猪时，粗暴对待猪只造成一定数量的残猪；在猪休息时，人为的一些响动。据有关资料报道：育肥猪每天应保持16小时以上的睡眠，经常给一些刺激造成猪只惊群，将严重影响其生长。

（5）定期的药物保健和预防以及合理的免疫程序。使猪群保持一个良好的健康水平，一些疾病采取口服给药，同时加服葡萄糖、维生素等，就是为了给猪创造一个有利康复的环境，减少打针引起的不必要的应激，创造一个相对稳定的环境。

（七）安全养猪

安全养猪是确保畜产品安全，保证消费者吃上"放心肉"的关键。实行安全养猪主要是采用统一标准的饲养管理技术和疫病防控技术，喂高品质、无公害标准饲料，严格控制饲料、兽药在牲畜体内的残留量。为规范兽药饲料经营使用行为，实现可追溯性，要严格建立经营户购销记录制度和养殖户用药记录制度，为杜绝违禁药品，要建立严格的质量安全监测体系，饲料行业要制定行业自律公约。

1. 安全使用饲料

（1）在生猪饲养中不要自己购买鱼粉。鱼粉是非常优质的蛋白质原料，赖氨酸丰富，是仔猪料中不可缺少的原料。但是为什么不让养猪户自己购买呢？因为据业内人员透露，他们经过调查饲料厂家、饲料经销商发现，市面上几乎见不到真的鱼粉。所以，如果你还要自己配料，就选择5%的预混料，因为5%的预混料中已经添加鱼粉，当然预混料也要买大品牌饲料企业的产品才有保证。

（2）慎重选择豆粕。豆粕是猪料中最重要的蛋白质原料，虽然当前价格越来越高，但是价钱高的也不一定就是好豆粕。因为当前假劣伪冒产品也越来越多，没掺假的豆粕非常少见。所以，建议家庭少数量购买豆粕时也要小心，养猪场大批量购买时更应注意，最好再进行检验。

（3）买饲料不要只比较蛋白含量。蛋白固然重要，但不是越高越好，现在市场上有"蛋白精"就是应付普通化验的，粗蛋白含量很高，比如尿素，就能提高粗蛋白，牛可以利用，但是猪不行啊。"蛋白精"中没有任何维生素、氨基酸，甚至不能被利用。选择饲料一定要选知名品牌，他们不会用这些劣质的原料砸自己的牌子。

（4）不要认为猪粪干燥发黑才正常。很多猪场通过猪粪看饲料好不好，非要那种猪粪干燥发黑的，很多饲料企业专门投其所好，添加高铜达到此目的。但是国外猪场的猪粪并不是那样的，人家没有用那么高的铜，这样对猪不利，对环境更不利。

（5）自动喂料箱下边要加料槽。很多猪场采用自动喂料箱，多数料箱下槽子很小，猪要把头伸到箱子里边才能吃到料，这样猪很憋气，容易引发呼吸道疾病。如果自动料槽下边有一个托盘，料漏到盘（槽）里，再让猪吃，就好多了。

（6）给猪栏里放些供猪玩耍的东西。猪喜欢磨牙，如果猪舍里什么玩具都没有，就互相咬，其实只要在中间挂条铁链子，或可以拱的东西，就好多了。

2. 安全使用兽药

（1）合理用药、选好药物。不使用禁用药。用药一定要合乎病情需要，不要贪图价格便宜或只认准新药物。微生物感染性疾病应依据药敏试验结果选择药物。

（2）使用合适的剂量。用药剂量太小，达不到治病的目的，但是，剂量过大也不科学，不但造成浪费，还会因过量使用抗生素使病原微生物产生耐药性。

（3）抓住最佳时机。一般来说，用药越早效果越好，特别是微生物感染性疾病，及早用药能迅速控制病情。但细菌性痢疾却不宜早止泻，因为这样会使病菌无法及时排出，使其在体内大量繁殖，反而会引起更为严重的腹泻。对症治疗的药物不宜早用，因为这些药物虽然可以缓解症状，但在客观上会损害机体的保护性反应，还会掩盖疾病真相。

（4）有效用药充分考虑药物的特性。内服能吸收的药物，可以用于全身感染，内服不能吸收的药物，如硫酸黏杆菌素等，只能用于胃肠道感染。治疗脑部感染时应首选磺胺嘧啶钠。

（5）选择合适的用药途径。苦味健胃药如龙胆酊、马钱子酊等，只有通过口服的途径，才能刺激味蕾，加强唾液和胃液的分泌，如果使用胃管投药，药物不经口腔直接进入胃内，就起不到健胃的作用。

（6）注意药物的有效浓度。肌内注射卡那霉素，有效浓度维持时间为 12 小时。连续注射间隔时间应在 10 小时以内。青霉素粉针剂一般应每隔 4~6 小时重复用药 1 次，油剂普鲁卡因青霉素则可以间隔 24 小时用药 1 次。

（7）尽量选用效能多样或有特效的药物。仔猪发生黄痢、白痢时，应尽早选用黄连素；弓形体和附红细胞体混合感染时，应尽量选用血虫净。

（8）注意药物配伍禁忌。酸性药物与碱性药物不能混合使用；口服活菌制剂时应禁用抗菌药物和吸附剂；磺胺类药物与维生素 C 合用，会产生沉淀；磺胺嘧啶钠注射液与大多数抗生素配合都会产生浑浊、沉淀或变色现象，应单独使用。

（9）安全用药防止毒害。链霉素与庆大霉素、卡那霉素配合使用，会加重对听觉神经中枢的损害。

（10）防止残留。有些抗菌药物因为代谢较慢，用药后可能会造成药物残留。因此，这些药物都有休药期的规定，用药时必须充分考虑猪及其产品的上市日期，防止"药残"超标造成安全隐患。

（八）品改养猪

对生猪实行品种改良是提高猪肉品质和养猪经济效益的重要举措，因此从事养猪业必须狠抓品改工作不放松。生猪品改工作主要是抓好二元或三元杂交，并采用人工授精技术配种，努力提高受胎率。

（九）"产业互联网"整合大势所趋

养猪业的发展过程中，大型饲料企业兼并中小饲料企业，养殖企业、大型养猪企业发展饲料企业，集团化、一体化、全产业链步伐将加快，用互联网思维创造"产业互联网"整合大势所趋。如江苏雨润集团与饲料电商远方中汇合作，打造了我国最大的农牧业电商平台汇通农牧，为客户提供在线购物、养殖资讯、养殖咨询、养殖诊断、养殖金融等一站式服务；如，新希望集团以其希望金融平台上线，解决其养殖户资金需求；温氏集团参与成立广东客商银行股份有限公司，成立物联网研究院。这种互联网＋饲料、互联网＋猪价、互联网＋猪病、互联网＋养猪设备、互联网＋经销商的形式，将改变我国养猪业。而互联网＋猪场管理模式也将成为大势所趋，猪场管家 6S 软件开启互联网＋猪场科技养猪新模式。

第三节　高效养猪的生产与经营

一、高效养猪的几种模式

在生猪养殖中，并不是所有的养猪场都以育肥猪为主要生产目的，还有些养猪场是生产和销售断奶仔猪、种猪饲养等。当前，规模化养猪主要有以下几种模式。

1. 专业饲养育肥猪

这种类型是指养猪户到仔猪市场或仔猪生产场购买断奶后的仔猪进行育肥，直到 90~100 千克时出栏销售。

该类型的主要优点如下。

① 经营方式简单，易于起步，而且可根据市场行情的波动，随时上马或下马。如果能摸准市场脉搏，不但可赚取养猪本身的利润，还可赚取差价。

② 猪舍结构相对简单，设备要求不高。

③ 饲养周期短，资金周转快。从投入到产出最多 3~4 个月。

④ 固定资金投入少，栏舍周转快。每个栏舍每年至少可饲养 3 批。

该类型的主要缺点如下。

① 仔猪供应不稳定，很难买到品种、质量、规格较一致的仔猪。

② 对仔猪疫病和免疫情况了解不是很清楚，易将疫病带到猪场，有引发疫病的危险。

③ 流动资金较大。

④ 易受市场波动的冲击，收益随仔猪和肥猪的市场价格变化而变化。

2.生产和销售断奶仔猪

这种类型是指养猪户饲养母猪生产仔猪，待仔猪断奶后饲养到一定体重时销售给育肥猪饲养户。

该类型的主要优点如下。

① 流动资金投入较少。

② 开始周转慢，一旦种猪投入正常生产后，资金周转就快。

③ 每头猪的采食和排泄都较少，每天投入喂料和清粪的劳动力相对较少。

④ 种猪群一旦固定，就很少到场外购猪，从外界带入疫病的概率小。

该类型的主要缺点如下。

① 固定资金投入较高。不但要建造怀孕母猪舍、哺乳母猪舍和仔猪保育舍，还要花较大的资金购买种猪。

② 猪舍要有防暑降温、防寒保暖及通风等设备。

③ 收益因仔猪市场价格不同而变化。

④ 每头猪的利润较小。

⑤ 种猪饲养和仔猪培育都有较高的技术要求，既要求有较高的产仔指数和初生窝重，还要求有较高的哺育率。

3.全程饲养

这种类型是指养猪户要历经从种猪生产、仔猪培育、肉猪育肥直到 90~100 千克出栏销售的整个生产、经营过程，是第一种养猪类型和第二种养猪类型的合并。

该类型的主要优点如下。

① 从场外购猪的概率小，因购猪带入疾病的概率减小，猪场健康有保障。

② 可获得仔猪和育肥猪两部分收益，因而每头猪利润高。

③ 自繁自育，有利于均衡生产。

该类型的主要缺点如下。

① 固定资金和流动资金投入高。

② 周转慢。从母猪培育到肥猪出售需 10 个月以上，因而前 10 个月没有收入。

③ 技术难度大，需要掌握各个环节的饲养管理技术。

④ 需投入更多的时间和劳动。

⑤ 需要加强严格的科学管理。

⑥ 收益受育肥市场的波动而变化。

4．种猪饲养

这也是一种全程饲养类型，其目的是生产种猪出售给其他的养猪者。饲养的种猪既可以是纯种，也可以是杂交种。这是种非常专业化的饲养类型。特别是饲养者在育肥技术、种猪系谱和品系发展等方面需要有较好的把握。

该类型的主要优点如下。

① 种猪售价无统一标准，高出肉猪价格许多，利润高。

② 具有全程饲养的所有优点。

该类型的主要缺点如下。

① 由于缺少杂种优势，纯种猪生产的仔猪不及杂交种猪生产的仔猪，饲养技术要求较高。

② 要投入更多的时间和精力来保存系谱和性能记录。

③ 要增加选种、育种方面的时间和费用。

④ 种猪销售需花较大精力。

如果猪舍使用期较短，或养猪是临时行为，或能较好把握市场行情的，可选择第一种养猪类型。如果饲养者的专业知识和技术优势倾向于饲养母猪和仔猪，但流动资金不足时，可选择第二种养猪类型，但饲养仔猪不是一种很好的养猪类型，除非是饲养母性好、产仔数多、耐粗饲的地方品种猪，且青粗饲料资源丰富。第三种养猪类型虽然要求掌握较全面的养猪技术和资金投入相对较大，但受市场波动的影响和受外来疾病的风险相对较小，养猪收益相对稳定。如果具有育种技术，有较强的市场意识，有较大的销售网络，第四种类型可获得最丰厚的利润。

二、高效养猪生产经营的三种形式

1. 农户家庭养猪生产经营

农户家庭养猪是一种种植业与饲养业有机结合，将养猪作为一种家庭副业的养猪模式。我国农户家庭养猪存在以下状况如下。

（1）饲养规模小。有的农户饲养几头、10~20头，通常在50头以下。

（2）饲养方式和饲养技术落后、不科学。第一，饲养的猪种选择不当。有的农户是饲养未改良的本地地方猪种，有的饲养不适合本地饲养条件的"洋种猪"和三元杂交猪或多元杂交猪。第二，饲料使用不科学。有的农户不按猪的不同生理阶段的营养需要喂给配合饲料，有的农户将配合饲料煮熟后喂猪，有的在喂配合饲料时随意添加其他饲料，这几种做法都会造成饲料浪费，又影响饲喂效果。第三，饲养管理不科学。有的农户饲养育肥猪，仍沿用传统的"先吊架子，后催肥"的方法，把猪喂得很肥，有的仅使用泔水浸泡糠麸饲料喂猪，有的饲养栏圈很小、阴暗、潮湿、肮脏、通风不良，影响生长，猪易患病。

（3）不注意猪场环境卫生。猪粪、尿处理不合理，甚至随便排入河道。

（4）不及时或不进行防疫。

目前，在我国家庭养猪生产中，都不同程度地存在以上几种状况，也是造成农户养猪生产水平低下、抗御市场和疫病能力弱、经济效益不佳的重要因素，必须创造条件改变。

目前，在我国养猪生产经营形式中，农户家庭养猪占全国养猪场的比重仍占多数，但农户家庭养猪年出栏生猪数占全国生猪年出栏数的比重逐渐下降。规模化猪场的生产经营形式是我国养猪生产经营形式中重要的组成成分。它的猪群数量和商品量也大大高于农户家庭养猪，其猪群和商品量的规模大小，因各自经济实力、技术力量等条件不同而异，有的年出栏商品肉猪50~100头，有的出栏几百头、几千头，大型规模化猪场年出栏商品肉猪在万头以上，甚至达到10万头。随着我国社会经济的发展和养猪业的发展，规模化猪场的数量、规模以及在我国养猪业中的份额逐步增加。

2. 专业户养猪生产经营

所谓养猪专业户，是指投入养猪的劳动力或活动时间占60%以上，养猪收入占家庭收入60%，猪商品率达80%以上，人均收入高于当地县（市）平均水平的养猪户。专业户猪场一般属于小型规模化猪场，它的猪群规模年出栏生猪数量通常在几百头或几千头，比农户家庭养猪规模大，而比一般大、中型规模化猪场猪群规模小。

现在农村养猪专业户比起20世纪80年代已具有更高的水平，不仅自身具有较大的规模和经济效益，而且对周围的农户有很好的示范和带动作用。有的养猪专业户与周围农户签订了商品猪购销合同，并形成了养殖、加工、销售一条龙企业。事实证明，养猪专业户搞好了，可以带动一个村甚至一个乡的发展，并逐步通过股份合作制联合经营，建立养猪业商品生产基地，形成产业化。养猪专业户生产经营的发展应注意以下几点。

（1）必须以市场为导向，以效益为目标，及时调整生产结构，在竞争中求发展。在市场猪价低谷时，保本经营求发展；市场猪价高涨时，快速发展求效益。

（2）养猪专业户在扩大经营规模时，一定要实事求是，要与自身的资金、劳力、技术、设备等方面条件相平衡，不能盲目追求扩大规模，关键是求得规模效益。近几年来，有些地区的部分养猪专业户，因单纯追求养猪规模，由于技术、资金和经营管理跟不上，导致经济效益不佳而被迫下马，这样的教训应引以为戒。

（3）要在管理中精打细算，降低成本，提高经济效益。养猪的主要成本是饲料，一般占65%~75%，在规模较大时，要自办饲料厂，按营养需要量标准配成全价配合饲料，提高饲料利用效率。要实现自繁自养，降低仔猪成本。其他方面，如防治疾病用药、人工、房舍、水电、粪便等应严格管理。严格管理与粗放管理相比较，同样规模的猪群，平均饲养成本可相差20%左右。规模大的猪场，应实行企业化管理。

（4）提高科学技术水平，发挥猪群生产潜力。要选择饲养优良猪种，配合饲料和添加剂，猪舍良好的环境，合理管理猪群，采用先进的饲养技术和严格卫生防疫制度等。要提高产仔率，可采用两品种或三品种杂交，利用杂种优势来提高产仔数。

（5）积极争取政府有关部门落实扶持政策，促进养猪专业户规模的扩大。养猪专业户在发展生产规模时，往往遇到缺少资金和建猪舍用地困难等实际问题。政府相关部门应积极落实相关扶持养猪生产发展的政策或给予特别的优惠政策。

（6）走综合经营道路，提高经营效果。养猪与养鸡、养鱼结合或兼营肉牛、豆腐生产等综合经营，其经济效益均高于单纯经营养猪者。

3."公司＋农户"养猪生产经营

20世纪90年代，我国在一些地区出现了"公司＋农户"养猪生产经营模式。该模式是指企业或公司，与一定区域范围内的农户以契约形式结成产、加、销一体化的经济实体，有利益共享、风险共担的特点。公司主要为规模较大的种猪企业、饲料企业和屠宰加工企业，它把分散的养猪农户组织起来，带领他们科学地进行养猪生产，并使生猪、猪肉产品进入国内外市场，促进解决农户卖猪难和肉猪质量安全问题，取得了较高的经济效益。在这种生产经营形式内，公司是经营者，农户是生产者。"公司＋农户"的生产经营形式，已成为高产、优质、高效的现代化养猪业发展雏形。

（1）按照自愿、互利原则，双方结成利益共享、风险共担的经济共同体。公司在注重企业自身利益的同时，须始终不忘农户利益，信守承诺，在经济效益差时，坚定不移地执行保护价合同，即使暂时损失公司利益，也要保护农民利益。因为养猪农户是公司发展的基础，也是保证猪源供应的基地。为了使公司有能力实行保护价，根据部分地区的经验，公司要加大市场开发力度，在大中城市和国外建立办事处，扩大产品销售，增加产值，在即使向农户让利的情况下，还能实现有较多的收入。

（2）能使公司和农户实现优势互补。公司有优良猪种、先进技术、资金和市场（如与在大中城市供应猪肉的销售渠道等）优势，农户主要有廉价劳动力和一定分散资金的优势，两者结合，一方面大大降低了养猪成本，另一方面减少了公司固定资产投入，实现了公司生产规模低成本扩张。

（3）公司要做到为农户提供周到细致的服务，使农户无后顾之忧。公司对签约农户，一般实行供应优良种公、母猪，三元杂种（或配套系杂交）苗猪，相对价廉质优的配合饲料，技术指导，疫病防治，收购检验等服务。有的公司还对养猪农户集中的生产基地实行三级管理，一级是公司的专门管理，二级是各乡镇畜牧兽医站作为公司的工作站进行管理，三级是各村的防疫员。三级责权清晰，各负其责，对养猪农户形成了完整有效的服务网。

公司对自己养殖场、饲料厂、屠宰加工厂等企业实行企业化管理，一是制定岗位责任制，对工人管理和技术干部实行考核上岗，提高工作效率。二是严格工作纪律和奖惩制度，分别制定生产操作规程、作息时间、环境卫生等工作制度和工作纪律，把每位职工的工作业绩与生产效益密切挂钩。目前国内一些单位在"公司＋农户"养猪生产经营模式上发展良好，取得了良好的社会经济效益。

三、高效养猪的生产管理

（一）猪场的生产计划

猪场生产计划包括的内容较多，主要有以下几项。

（1）猪群周转计划。主要是为了确定各类猪群的头数、猪群的增减变化、年终保持合理的猪群结构，它是制定其他计划的基础。猪群周转计划见表1-4。

表1-4 猪群周转计划（样表）　　　　　　　（单位：头）

猪群类别	月份	上年末结存数	计划年度各月数												计划年度末结存数
			1	2	3	4	5	6	7	8	9	10	11	12	
哺乳仔猪		0~1月龄													
		1~2月龄													
成年母猪		2~3月龄													
		3~4月龄													
后备期		月初头数													
		转　入													
		转　出													
		淘　汰													
后备母猪		月初头数													
		转　入													
		转　出													
		淘　汰													
基础母猪		月初头数													
		转　入													
		淘　汰													
肥育率		5~6月龄													
		6~7月龄													
		7~8月龄													
		8~9月龄													
		9~10月龄													
		10~11月龄													
月末结存															
出售种猪															
出售仔猪															
出售肥猪															

（2）配种分娩计划。该计划阐明计划年度内全场所有繁殖母猪各月交配的头数、分娩胎数和产仔数。它是组织猪群周转的主要依据，也是实施选种选配计划的必要步骤。

编制方法：根据能繁殖母猪的头数、母猪上胎的产期以及后备母猪本年开始配种的时间，具体制定母猪年内配种、分娩和仔猪断奶计划。

（3）猪舍利用计划。根据猪群周转计划，对圈舍全年各月份的利用做出全面安排。

采取封闭式猪舍密集饲养，每头肉猪所占猪舍面积约 1 米^2；空怀母猪和妊娠期群养母猪每头占 2~3 米^2。

（4）劳动工资计划。根据猪群周转及其他条件，确定各月份用工量、劳力来源及付酬办法。

劳动定额因圈舍、饲料类型及饲料工艺不同有很大差异。在采取封闭猪舍密集饲养和饲喂全价配合饲料条件下，育肥猪可按每 200~300 头配备 1 个劳力，母猪每 25~30 头配备 1 个劳力（产仔哺乳期，母猪视产圈条件另加劳力）。根据劳力定额和工资定额编制劳动工资计划。

（5）物资供应计划。包括垫草、设备、用具、能源、运输、药品及防疫等，都要预先有所计算和安排。

（6）饲料供应计划。饲料供应计划应根据猪场生产来拟定，其制订方法是：确定猪场各月份及全年发展数量；确定猪群的饲料定额；计算饲料需要量。

（二）猪场每周工作流程

因为规模化猪场生产周期性和规律性较强，生产过程环环相扣，因此，要求全场所有员工对自己的工作内容、特点和要求都要清清楚楚。猪场每周工作流程见表 1-5。

表 1-5　猪场每周工作流程

日期	配种妊娠舍	分娩舍	保育舍	生长育成舍
星期一	日常工作； 大清洁大消毒； 淘汰猪鉴定	日常工作； 大清洁大消毒； 临断奶母猪淘汰鉴定	日常工作； 保健针注射；	日常工作； 大清洁大消毒； 淘汰猪鉴定

（续表）

日期	配种妊娠舍	分娩舍	保育舍	生长育成舍
星期二	日常工作； 接收断奶母猪； 整理空怀母猪	日常工作； 断奶母猪转出； 断奶仔猪转出； 空栏冲洗消毒	日常工作； 接收断奶仔猪； 保育结束仔猪转出； 空栏冲洗消毒	日常工作； 接收保育结束仔猪； 空栏冲洗消毒
星期三	日常工作； 不发情不妊娠母猪集中饲养进行驱虫、催情、免疫注射	日常工作； 驱虫、疫苗注射； 仔猪保健针注射	日常工作； 驱虫、疫苗注射	日常工作； 驱虫、免疫注射； 后备种猪疫苗注射
星期四	日常工作； 大清洁大消毒； 调整猪群	日常工作； 大清洁大消毒； 仔猪去势、补血	日常工作； 大清洁大消毒； 病弱仔猪隔离护理	日常工作； 大清洁大消毒； 调整猪群
星期五	日常工作； 临产母猪转出	日常工作； 更换消毒池药液； 接收临产母猪做好分娩准备	日常工作； 更换消毒池消毒液	日常工作； 更换消毒池消毒液； 空栏清洗消毒
星期六	日常工作； 空栏冲洗消毒	日常工作； 出生仔猪剪牙、断尾、补血、打耳号等	日常工作； 仔猪强弱分群	日常工作； 出栏猪鉴定
星期日	日常工作； 妊娠诊断、复查； 设备检查维修； 周报表	日常工作； 设备检查维修； 清点仔猪数； 周报表	日常工作； 设备检查维修； 清点仔猪数； 周报表	日常工作； 设备检查维修； 存栏猪清点； 周报表

（三）不同类型规模猪场的生产流程

1. 原种猪场生产流程

原种猪场的主要任务是建立纯种选育核心群，进行各品种、各品系猪种的选育、提高和保种，并向扩繁种猪场提供优良的纯种公、母猪，以及向商品猪场提供优良的终端父本种猪（图1-1）。

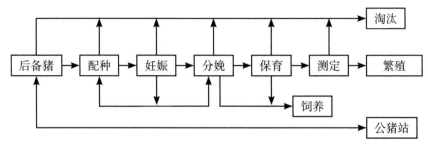

图 1-1　原种猪场生产流程

2. 种猪繁殖场生产流程

种猪繁殖场的主要任务是进行二元杂交生产，向商品场提供优良的父母代二元杂交母猪，同时向养殖户或生猪育肥场提供二元杂交商品仔猪（图 1-2）。

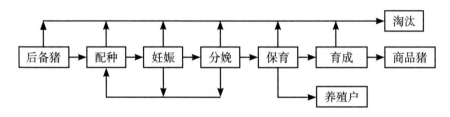

图 1-2　种猪繁殖场生产流程

3. 商品猪场生产流程

商品猪场主要任务是进行三元杂交生产，向养殖户或生长育肥场提供优质的商品仔猪（图 1-3）。

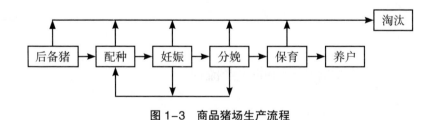

图 1-3　商品猪场生产流程

4. 种公猪站生产流程

种公猪站生产流程见图 1-4。

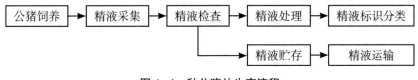

图 1-4　种公猪站生产流程

四、猪场的经营核算

（一）猪场的经营核算方法

猪场的经营核算，就是对生产过程中经济活动所发生的物资消耗及取得的生产成果进行核算。

1. 生产费用成本

指支付的劳动报酬和消耗的物资价值这两部分之和。

2. 收入

是出售产品获取的毛利。

3. 利润

是销售收入扣减产品成本的余额。

4. 衡量猪场经济效益的指标

产品生产指标、产品完成率、饲料报酬率、成本利用率、产值利润率、资金利润率、投资利润率。

5. 猪场的经营生产盈亏平衡分析

也就是猪场的成本、产量、利润三者之间的关系分析，又叫保本分析。首先计算出保本点。所谓保本点，就是生产（或销售）产品的总收入，正好等于其总成本的产量（销量）。计算出保本点，猪场经营者就能根据预计的经营活动水平（产量或销售）来预测将来会实现多少盈利或出现多少亏损。这对猪场做出正确的决策、选用最优方案，有着非常重要的作用。

6. 财务管理

财务管理在猪场经营管理中具有重要意义。猪场的财务计划是在生产计划的基础上制订的，它从财务方面保证生产计划的实现。主要是认真执行财务计划，严格控制计划外开支。这些日常的财务管理工作，主要通过财务人员和物资保管员来进行。

7.猪场的经济核算

猪场的经济核算,就是对生产过程中经济活动所发生的劳动消耗和物资消耗及其取得的成果进行核算。目前,一般小型猪场的养猪成本构成主要包括:仔猪费用、饲料费、防疫保健费、房屋机械设备等固定资产折旧费、零星用具、人工费、借款和占用资金的利息、销售费用、运费、水电费和零星死亡损失费、管理费及其他间接费等支出。

对养猪成本进行逐项考核,可采取以下几种方法。

第一,一般养猪是分批喂养的,各项生产和销售费用也大都是在分批喂养的基础上支出的。因此,分批核算,便于计算每头猪的平均成本和项目成本。

第二,为搞好成本核算,猪场必须用账目记载每批养猪的各项费用支出,并制定出简明的成本明细表。做到事先有成本预测,事后进行成本考核。

第三,通过成本考核,弄清哪些费用是降低成本的重点项目,认真分析研究。例如,经营肉猪大体上有个价格、利润与成本中的各项主要费用的比例。一般情况是,销出肉猪的活重每千克价格不应当低于当地 5 千克饲料粮的价格。一头猪的纯收入大体上要占卖猪收入的 20% 左右。农家养猪的成本总额中,主要费用是仔猪费用和饲料费用两项,占养猪成本的 90% 左右。

主要费用的计算方法如下。

(1)仔猪费用。所用的同一批仔猪的总支出费用除以仔猪总数,就得出平均每头仔猪的费用。

(2)饲料费用。应把饲养同一批猪所耗用的配合饲料、副产品、青饲料的实际用量,逐项乘以单价得出结果后累加在一起,得出饲料费用支出总金额;饲料费用除以出栏猪头数就得出每头猪的饲料费。饲料费用一般占饲养总成本的60%~70%,是总支出费用最大的一项。

(3)人工费用。养一批猪共用多少个工日 / 出栏猪头数 = 平均每头猪耗用工日。

当地一个工日平均单价 × 平均每头猪耗用工日 = 每头猪的人工费用。

假定出栏一批猪是 180 头,饲养 120 天,占用 2 个劳力,当地一个工日 6元,则

120 工日 ×2 / 180=1.33 工日 / 头

6 元 / 工日 ×1.33 工日 / 头 =7.98 元 / 头(1 头猪的平均人工费)

(4)折旧费用。房屋的折旧年限:砖木结构房 15 年,土木结构房 10 年。设备(饲料加工设备等)的折旧年限一般为 5 年,拖拉机、汽车折旧年限 10 年。

固定资产修理费按折旧费的 10% 计算，具体计算方法是：用户资产投入价除以使用年限，再除以当年出栏猪总头数，就可得出每头猪只折旧费用。

（5）共同管理费。包括管理人员工资、医药费、水电费等，按实际支出均摊到每头猪支出上。

（6）利息。占用资金按借款利率即可算出利息总额，再除以全年出栏猪总头数就可得出平均每头出栏猪应分摊的利息。

成本核算不仅是事后的计算，还要对开支的费用进行事前和事中的审核和管理。对于合法、合理、合算，有利于发展生产、提高经济效益的费用开支，则应及时支持；否则，就应严加控制。

（二）避免猪场的无形浪费，提高养猪效益

猪场的浪费现象太多了，如白天开灯是浪费，饲料洒在地上是浪费，长流水是浪费等，这些都是能看见的浪费，要引起猪场的重视。

1. 饲料浪费

（1）饲料配方不随季节变化的浪费。一年四季，气温不同，猪对营养的需要也不同，但现在不论饲料厂推荐的配方，还是请专家设计的配方，都不可能在一年四季都适用。冬季用高蛋白配方，会造成蛋白的浪费，夏天用高能配方会造成能量的浪费等。如果我们能适时调整配方，使全群料肉比从 3.0 降到 2.9 的话，对一个万头猪场来说，一年就可节省饲料 $10\,000 \times 100 \times 0.1 = 100\,000$ 千克，折合人民币 12 万元以上。

（2）使用高水分玉米而不改变配方的浪费。在秋冬季，常听到养猪户反映预混料或浓缩料质量不好了，猪光吃不长。造成猪生长缓慢的原因并不是由预混料或浓缩料质量引起的，而是由于当时玉米水分过大造成的。因秋冬季，气温偏低，猪对能量的需要量要大于春夏季节，而这时的玉米多是新收获的玉米，水分多在 20% 以上，所配合出的饲料就存在能量不足现象，如不修改配方，且按固定饲喂程序进行的话，必定会出现能量不足，影响猪的正常生长。解决这一问题的办法很简单，一是在其他原料不变的情况下，加大玉米比例，同时加大饲喂量；二是在用湿玉米的同时，配合高能量饲料如油脂等，这适合于需要能量浓度大的乳猪料或仔猪料中。

（3）不按配方加工饲料的浪费。有几种情况，一是加工料时不过秤；二是缺乏一种原料时，轻易用其他原料代替；三是原料以次充好，如用湿玉米代替干玉米等。以上三种情况都会破坏饲料配方的合理性，影响饲料利用率。

（4）搅拌不均匀的浪费。搅拌不均匀在许多猪场出现过，手工拌料自不必说，就是机器拌料也常出现搅拌不均匀的情况。边粉碎边出料的有，搅拌时间不足的有。最容易忽视的是在饲料中加入药物或微量添加剂，不通过预混直接倒进搅拌机，在上千斤（1斤＝500克）饲料中加入几十克药品，很难做到搅拌均匀。

（5）大猪吃小猪料的浪费。经常遇到小猪吃乳猪料，中猪吃小猪料，大猪吃中猪料现象，这些都会造成饲料的浪费。而更严重的是让后备猪吃育肥猪料，大大推迟母猪发情时间，影响正常配种。这些看似不重要，但如果仔细算一笔账，你会大吃一惊的。

2. 药品浪费

（1）以次充好的浪费。现在药品市场很混乱，同一产品因生产厂家不同，价位相差很多，有的甚至上倍。这里说浪费是说用劣质药品会浪费治疗时间和我们对某一药品的信心。如果这样，我们会因为使用一次劣质药品而放弃一种很好的药物。如果老板进药时，片面追求低价，时间长了，会让兽医无药可用。

（2）加药搅拌不均匀浪费。饲料加药和饮水加药已是猪场普遍采用的投药办法，但却没有一种能让所有猪场都接受的拌料方法。逐步稀释法、金字塔拌料法，都很麻烦，实践中也少有人用。现在加药时，在料车上拌料的有，地面拌料的也有，加水搅拌后拌料的也有，没有一种能将饲料拌匀，眼看药品浪费，猪场要引起重视，设法把药物拌匀。

（3）使用方法不当的浪费。这种情况出现在以下几种情况：给已经拒绝采食的猪料中加药；不溶于水的药物用饮水给药；对已发病猪群用预防剂量。

以上三种情况对治疗是没效果或效果很差的，药品浪费在所难免。所以在大群用药时应考虑到猪群的状况，对症用药。

（4）无病乱用药的浪费。猪病之多，危害之大，让养猪人士谈病色变。一些人主张长期大剂量用药物控制，有不少场取得了不错的效果，这种方法已为人们接受。但我对这一办法有不同的看法，不仅是因为大量用药增加成本，更主要的是长期大剂量用药后，一旦停药就可能引起疾病暴发。这也就出现了哺乳仔猪好养而保育猪难养，保育猪养好了却在生长育肥上出问题的反常现象。

（5）用弱毒菌苗同时用抗生素的浪费。疫苗预防和药物预防都是控制细菌性传染病的有效措施，但二者同时使用却没有好效果。因弱毒菌苗仍是活的细菌，如同时使用抗生素，这些菌苗会被抗生素杀死，起不到激发猪体产生免疫力的目的，不但会造成疫苗的浪费，还会误导养猪者的思路，因已防疫过的猪仍发生该种疾病。

3.猪的浪费

（1）饲养无效公母猪的浪费。正常猪场母猪年产 2.2 胎，胎产活仔 10 头以上，每头公猪应保证 20~30 头母猪的配种，如果猪场没达到上面指标，很有可能是饲养了不少无效母猪。无效公母猪主要有以下几种：长期不发情的母猪；屡配屡返情的母猪；习惯性流产的母猪；饲养在妊娠舍中，但却不出现返情的母猪；产仔数少或哺乳性能差的母猪；有肢蹄病不能使用的公猪；使用频率很低的公猪；精液质量差，配种受胎率低的公猪等。这些公母猪的饲养，浪费人力，浪费饲料，浪费栏舍等，应及时淘汰。

（2）肥猪出栏时间过长的浪费。这是在一些限制饲养猪场出现的现象，为保证猪的瘦肉体型，严格限制猪采食，本来 160 天可以出栏的猪却要养到 180 天，有的甚至养到 200 天，这是一种严重的浪费。因每增加 1 天饲养，猪的维持饲养就要多 1 天，就按维持饲养需每日 1 千克料的话，多养 20 天就需多用 20 千克料，折合成本 30 多元，对一个规模猪场来说，这个数额是很大的。

（3）技术不过关的浪费。这个现象很普遍，如不看食欲随意给仔猪加料而造成的剩料或不足，不看膘情机械地饲喂妊娠母猪而引起过肥或过瘦，不看时机配种造成的受胎率低和产仔数少等。所有这些都是因为缺乏技术造成的，只有通过加强技术力量解决。

（4）饲养无价值猪的浪费。无价值猪主要是一些病弱僵猪，吴增坚老师提出的五不治病猪都属无价值猪，如无法治愈的猪，治愈后经济价值不大的猪，治疗费工费时的猪，传染性强、危害性大的猪，治疗费用过高的猪等。这些猪还是及时淘汰为好，否则浪费人力、药品、精力，最后收效很小。

4.其他浪费

（1）人的浪费。人的浪费在猪场中也是很严重的，大材小用浪费的是个人的能力与技术，而小材大用则浪费了宝贵的时间和猪场的效益。养猪界外行管理内行的不合理现象问题并没有得到真正改善，因为现在从事管理的人员尽管有畜牧方面的文凭，但却缺乏管理方面的能力，这是小才大用的具体表现，因为他们没有管理能力，浪费了其他职工的能力发挥。

（2）钱的浪费。许多猪场存在一个明显的问题，就是一旦养猪盈利了，就会把大量资金用在扩建上面，猪场规模扩大了，但猪场收益却没有大的提高，甚至在减少。所以，与其把有限的资金用在扩大规模上，不如用来提高技术含量或改善猪舍设施，进而增加单位产出。

（3）计划不周的浪费。计划不周在猪场屡见不鲜，资金计划不周导致缺料少药；配种计划不周，配种过于集中导致哺乳仔猪被迫提前断奶，保育仔猪体重不足转入生长舍，育肥猪不得不提前出栏，降低猪的盈利；饲料计划不周而出现积压或不足，饲料配方经常改动，影响使用效果等。上述情况造成的损失是每一位养猪者都能体会到的，我们也可以把它称为浪费。

（4）信息资源的浪费。信息来源很多，报纸、网络、电话、短信等，如果充分利用会得到更大收益。当然信息资源要及时、可靠，更要有科学性。

第二章

搞好猪场的设计与建设

第一节　选址与布局

猪的高效生产，要求猪场在选址和布局上，要注意以下 8 个问题。

一、不要一味追求规模

一般情况下，一栋猪舍饲养的猪数量越多，发病率越高。除非能够很好地控制猪舍的环境，特别是空气，否则不建议超过 500 头猪。

目前的趋势是猪越养越大，在育肥舍的时间可能会延长 3~4 周。因此，育肥舍的数量可能需要增加，而且育肥猪在 100 千克以上时的占地面积要相应增加。

（一）以实用为原则

猪场建设要以经济效益为中心，经济效益和社会效益并重，不是做摆设、做样子的，要遵循实用的原则，将有限的资金投入到最需要的地方。

（二）要符合生物安全的规定

有利于疾病的预防。即要防止疾病传入、传出猪场，更重要的是防止疾病在猪场内传播。

（三）不能只追求规模

并不是规模越大盈利能力就越强。同样的管理水平，规模越大，管理的难度越大，发病率越高。

二、选址要合理

猪场场址的选择，应根据猪场生产特点、生产规模、饲养管理方式及生产集约化程度等方面的实际情况，综合考虑地域、地势、生物安全性，以及交通电力、水源水质等因素，进行科学规划设计。

（一）地域与地形地势

猪场应选地势高燥、平坦或有缓坡，背风向阳的无疫区内，土壤通透性好，地下水位低，无洪涝威胁，通风良好，切忌把大型养猪场建到山洼里，以免因污浊空气的积聚，导致场区常年空气环境恶劣。

选址首先要确定面积。要综合考虑生产、管理和生活区的实际需要与今后扩建、加工、屠宰、粪便处理、牧草种植与发展的需要，要充分留有余地。

避免占用农地。最好周边有鱼塘、果林或耕地。一方面起到天然屏障的作用，另一方面可以消化一部分猪场的排泄物，减轻环保的压力。

（二）生物安全性

猪场场址的选择必须符合人畜相处的公共卫生和生物安全要求。应选择在城镇居民区常年主导风向的下风向或侧风向处，为了避免气味、废水及粪肥堆置而影响居民区环境，必须距离村镇居民点、集贸市场以及工厂或其他畜禽场1 000米以外。要避免人畜争地，可选择荒坡闲置地。最好选择场址周围有广阔的种植区域，可保证较大的粪污吸纳量及建设配套的排污处理设施场地，使有机废弃物经过处理达标后能够循环利用。禁止选在旅游区、自然保护区、人口密集区、水源保护区、国家基本农田保护区、环境公害污染严重的地区及国家规定的禁养区。出于防疫考虑，新建猪场不宜选在发生过疫病的旧场或附近疫情复杂的地方。

（三）交通便利

在保证交通方便的情况下，应合理确定猪场场址与交通道路的距离。要求猪场距铁道和国道的距离不少于2 000~3 000米，距省道不少于2 000米，县乡和村道不少于500~1 000米，与居民点距离不少于1 000米，与其他畜禽场的距离不少于3 000~5 000米。周围要有便于生产污水进行处理以后（达到排放标准）排放的水系。猪场通过专用道路与公路相连，避免将养殖区连片建在紧靠主要公路的两侧，避免噪声和病原微生物的污染。如果利用防疫沟、隔离林或围墙等屏障将猪场与周围环境分隔开，则可适当减少这种间距，以方便运输和对外联系。

（四）水源水质

猪场水源要求水量充足，水质良好，便于取用和进行卫生防护。水源水量必须满足场内猪群饮用、绿化、防火及生活等的需要。场址的选择应远离化工厂，以免水源受到污染。场内饮用水必须经过卫生检验后才能使用。

一般来讲，饮水品质涉及三大指标，感官性状及一般化学指标、细菌学指标、毒理学指标。在建场之初就必须进行抽样检查和定期抽样控制，以确保水质符合饮用标准，避免水质的污染。

三、猪场布局

场地选定后，须根据有利防疫、改善场区小气候、方便饲养管理、节约用地等原则，考虑当地气候、风向、场地的地形地势、猪场各种建筑物和设施的尺寸及功能关系，规划全场的道路、排水系统、场区绿化等，安排各功能区的位置及每种建筑物和设施的朝向、位置。

（一）场地规划

猪场一般可分为四大功能区，即隔离区、生产区、管理区、生活区。为便于防疫和安全生产，应根据当地全年主风向和场址地势，顺序安排以上各区。

（二）建筑物布局

猪场建筑物的布局在于正确安排各种建筑物的位置、朝向、间距。布局时需考虑各建筑物间的关系、卫生防疫、通风、采光、防火、节约占地等。生活区与生产管理区和场外联系密切，为保障猪群防疫，宜设在猪场大门附近。门口分别设行人、车辆消毒池，两侧为值班室和更衣室。生产区各猪舍的位置考虑配种、转群等联系方便，并注意卫生防疫，种猪、仔猪应置于上风向和地势高处。繁殖猪舍、分娩舍应放在较好的位置，分娩舍要靠近繁殖猪舍，又要接近仔猪保育舍，生长猪舍靠近育肥舍，育肥舍设在下风向。商品猪置于离场门或围墙近处，围墙内侧设装猪台，运输车辆停在墙外装车。病猪隔离区和粪污处理应置于全场最下风向和地势最低处，距生产区应保持 50 米以上的距离。

道路对生产活动正常进行，对卫生防疫及提高工作效率起着重要的作用。场内道路应净、污分道，互不交叉，出入口分开。净道的功能是人行和饲料、产品的运输，污道为运输粪便、病猪和废弃设备的专用道。

绿化不仅美化环境，净化空气，也可以防暑、防寒，改善猪场的小气候，同时还可以减弱噪声，促进安全生产，从而提高经济效益。因此在进行猪场总体布局时，一定要考虑和安排好绿化。

（三）猪场总体布局

规模猪场在总体布局上至少应包括生产区、生产辅助区、管理与生活区。

1. 生产区

包括各种猪舍、消毒室（更衣、洗澡、消毒）、消毒池、药房、兽医室、病死猪处理室、出猪台、值班室、隔离舍、粪便处理区等。

生产区包括各类猪舍和生产设施，这是猪场中的主要建筑区，一般建筑面积占全场总建筑面积的 70%~80%。种猪舍要求与其他猪舍隔开，形成种猪区。种猪区应设在人流较少和猪场的上风向，种公猪在种猪区的上风向，防止母猪的气味对公猪形成不良刺激，同时可利用公猪的气味刺激母猪发情。分娩舍既要靠近妊娠舍，又要接近保育舍。育肥猪舍应设在下风向，且离出猪台较近。在设计时，使猪舍方向与当地夏季主导风向成 30°~60° 角，使每排猪舍在夏季得到最佳的通风条件。

病猪隔离间及粪便堆存处这些建筑物应远离生产区，设在下风向、地势较低的地方，以免影响生产猪群。

兽医室应设在生产区内，只对区内开门，为便于病猪处理，通常设在下风方向。

总之，应根据当地的自然条件，充分利用有利因素，从而在布局上做到对生产最为有利。在生产区的入口处，应设专门的消毒间或消毒池，以便进入生产区的人员和车辆进行严格的消毒。

2. 生产辅助区

包括猪场生产管理必需的附属建筑物，如饲料加工车间、饲料仓库、修理车间、变电所、锅炉房、水泵房等。它们和日常的饲养工作有密切的关系，所以这个区应该与生产区毗邻建立。自设水塔是清洁饮水正常供应的保证，位置选择要与水源条件相适应，且应安排在猪场最高处。

3. 管理与生活区

管理与生活区包括办公室、接待室、财务室、食堂、宿舍等，这是管理人员和家属日常生活的地方，应单独设立。一般设在生产区的上风向，或与风向平行的一侧。此外猪场周围应建围墙或设防疫沟，以防其他动物和闲杂人员进入场区。

（四）猪舍总体规划

养猪工厂的生产管理特点是"全进全出"、一环扣一环的流水式作业。所以，猪舍需根据生产管理工艺流程来规划。猪舍总体规划的步骤是：首先根据生产管理工艺确定各类猪栏数量，然后计算各类猪舍栋数，最后完成各类猪舍的布局、安排。在生产区内，不同类别、不同年龄的猪应该养在相互隔离的舍内，猪舍栋间距离应10~15米以上。生产工艺流程可依次为配种—妊娠—产房—保育—生长—育肥。场内道路布局合理，主干路需要硬化，进料和出粪道严格分开，防止交叉感染。设有种猪运动场，便于公猪、下床母猪的运动。化粪池必须建在最下风向，并要及时处理、除臭，防止蚊蝇滋生。

（五）猪舍内部规划

猪舍内部规划需根据生产工艺流程决定。建设一个规模猪场是比较复杂的，猪舍内部布置和设备放置，牵涉的细节很多，需要多考察几个场家，取长补短，综合分析比较，再做出详细设计要求。

很多猪场用围墙圈起来，在里面就见缝插针，哪里有空地，就在哪里建猪舍，不同猪舍混杂在一起。其实猪场的布局对疾病防控、生产管理影响很大。因此在设计、施工要充分考虑到。根据生产模式的不同，可以分为两地点饲养，也可以采用单一地点三阶段饲养。

1. 两地点饲养

两地点饲养是指种猪繁育一个地点，保育和育肥在另一个相对远的地点；或者种猪繁育区和保育在一个地点，而育肥猪在另一个地点。这种饲养模式的优点在于容易控制疾病。缺点在于管理相对费事，运输成本提高。

2. 三阶段饲养

三阶段饲养是指在一个环境中分三个区域饲养，分别是种猪和产房区、保育区以及育肥区。

（1）围墙。猪场要建立围墙，明确猪场的范围，防止员工随意进出猪场，也能防止闲杂人员随意进出，还可以防止野生动物进入猪场。

生活区和生产区要有围墙，或者以各种房屋隔开，以防止员工随意进出生产区。生产区和生活区只能有一个通道，而且要设立消毒池，员工只能从这一通道经过消毒池进出，以防止将疾病传入猪场。

（2）布局。根据猪场计划的规模确定各阶段猪舍的数量，原则上产房、保育和育肥猪舍要做到全进全出。配种舍、怀孕舍、保育舍、生长舍、育肥舍要从上风向下风方向排列。建议尽量缩小猪舍的规模，做到小群饲养，以利于降低猪的发病率。以一栋保育或育肥猪舍饲养不超过500头为宜。

（3）各种猪舍的数量要配套。最重要的原则——产房、保育舍按生产节律分单元全进全出设计；猪栏规格与数量的计算，产房两栏对应保育一栏，保育与育肥栏一一对应；先设计好生产指标、生产流程，然后再设计猪舍、猪栏。

（4）按全进全出设计。现代养猪业疾病越来越复杂，原因之一是没有严格地做到全进全出。虽然有些猪场按全进全出设计，但由于猪舍不配套，真正饲养时则很难做到。整栋猪舍全进全出，可提高生产性能21%~25%，而整个猪场全进全出，可提高生产性能30%。

四、猪舍建筑的质量

有的猪场很豪华，用琉璃瓦、铝合金门窗等，但大部分猪场比较寒酸，能省则省，结果是要经常维修，建设维修成本更高。猪舍要适合养猪，要考虑的是保温、通风和降温的问题，主要目的是让各种阶段的猪感到舒适。

（一）定位栏的硬件要好，以免造成损伤和生产力下降

配种舍和怀孕舍主要是降温和通风。配种舍顶部要有保温层，墙面最好也有保温层，并在一端安装湿帘，水帘的厚度一般在12厘米以上，另一端安装风机，湿帘的面积和风机的容量需要根据猪舍的面积计算。另外，降温的能力与猪舍的密闭性能有关，四处漏风的猪舍不容易降温。

经产母猪定位栏的宽度需要至少62厘米（净宽），而后备母猪的定位栏需要小些，净宽56厘米足够。地面需要平整，漏出的水能够流到粪沟内，坡度3°~5°。母猪的后躯部位漏缝一定要足够宽，以利于粪尿的泄漏，保持后躯的洁净。现实情况下，很多母猪躺卧在污水中，造成严重的不适。定位栏的焊接一定要认真，不应留下太多锐利的边角，防止肢蹄的损伤。

饮水器太高可造成饮水喷到地面上，若位置低于中间，则影响母猪采食，因

此建议不安装饮水器，而将水放在料槽内，以保证充足的饮水。

（二）公猪舍的栏位面积要足够，以利于公猪的运动

公猪需要运动，因此建议至少每头公猪有 10 厘米 ^{2} 的面积。保温和通风与母猪舍一样。采精栏要安装人员的逃生区，即建立隔栏，只允许人员迅速撤离，而公猪过不去，防止公猪对人的攻击。人工授精实验室应利于清洁，否则会造成精液污染，影响配种。

（三）产房不可过于潮湿

产床最好高架，以降低猪舍的湿度，而湿度高是仔猪腹泻的原因之一。另外，产床的毛刺和锐利的边角更容易损伤仔猪，特别是在吃奶的时候，仔猪前肢关节处的皮肤往往有损伤，就容易感染细菌。所以最好用圆滑的、没有毛刺的漏缝板，或者普通漏缝板安装后用钢制刷子充分打磨，去除毛刺，使之不能造成仔猪的损伤。

（四）保育舍保温要理想

寒冷季节，保育舍保温是重点，保温的方式很多，主要有热风炉和地暖，也有室内生火炉的，其中最理想的是地暖。但若锅炉太小，不足以将地板加热，特别是夜间，烧锅炉可能不及时，造成白昼的温差增大，对仔猪应激反应比较大。

五、料槽设计

料槽设计要有利于猪的采食，避免造成饲料浪费。无论是保育还是育肥猪舍的料槽在大部分猪场都存在问题，料位不足，而且小猪容易钻入，或者容易溢出，造成饲料浪费。这些损失往往容易被忽略，而这也是猪场最大的损失。根据每栏的饲养数量确定料位，一个料位有 3~4 头猪采食，若料位不足，容易造成栏内均匀度不理想。料槽太浅或者太窄是饲料溢出的主要原因，料槽出料口不能高出料槽的外沿，否则漏出饲料就容易溢出。另外，每个猪栏最好安装两个饮水器，一高一低，有利于不同大小的猪饮水，饮水器高度与站立的猪肩齐平即可。

六、病猪舍和病猪栏的设计

病猪是传播疾病的最重要源头，大部分情况下，病猪可以通过嘴鼻的直接接

触传播疾病，也可通过污染的粪尿以及飞沫传播。因此，建议将病猪舍建在远离健康猪舍的位置，并由专人管理。每栋保育和育肥猪舍要设立病猪栏，病猪栏需要与健康猪栏完全隔开，不留空隙，以免病猪与健康猪隔栏发生直接接触。康复后的病猪不能回到健康猪栏。

七、病猪解剖台位置

有的猪场有解剖室或解剖台，有的猪场没有。其实病死猪一旦被打开，就容易将病原微生物暴露，污染环境，从而造成疾病的扩散。解剖台或解剖室不能离猪舍太近，设计应利于清洁和消毒，剖检后的尸体不能随意丢弃，最好有尸体掩埋或焚烧场所。

八、装猪台的设计

装猪台的设计要有利于生物安全。装猪台应该是生产区与外界相通的唯一通道，然而这一区域也最容易被污染，成为疾病传入猪场的重要通道。

（1）装猪台应该设计成单向通道，到装猪台的猪不能再返回到猪舍。

（2）应该有利于清洗、消毒，而且污水和粪尿需要有专门的管道流入污水处理设施，不能倒流进入猪场生产区。

（3）应该有利于禁止猪场人员与外来装猪人员的接触，要安装门，划定界限，杜绝猪场人员上到装猪台上。

第二节　猪舍建筑

猪舍是猪生存最直接的环境，猪舍建筑必须体现各类猪对环境的不同需求。

理想的猪舍建筑应满足：符合猪的生物学特性，具有良好的室内环境条件；符合高效养猪生产工艺要求；适应地区的气候和地理条件；具有牢固的结构和经济适用；便于实行科学饲养和生产管理等要求。

一、猪舍建筑的分类及其特点

（一）按建筑外围护结构特点划分

可分为开放式、半开放式、密闭式、组装式等四种类型。

1. 开放式猪舍

这种敞开式猪舍三面有墙，南面无墙而完全敞开，用运动场的围墙或围栏关拦猪群。或无任何围墙，只有屋顶和地面，外加一些栅栏式围栏或拴系设施。这种猪舍的优点是猪舍内能获得充足的阳光和新鲜的空气，同时猪能自由地到运动场活动，有益于猪的健康，但舍内昼夜温差较大，保温防暑性能差。

2. 半开放式

半开放式猪舍上有屋顶，东、西、北三面为满墙，南面为半截墙，上半部完全开敞，设运动场或不设运动场。半开放式猪舍介于封闭式和开放式猪舍之间，克服了两者的短处。

3. 密闭式猪舍

密闭式猪舍四面均是墙壁，砌至屋檐，屋顶、墙壁等外围护结构完整。墙上有窗或无窗。密闭式猪舍又分为有窗式封闭舍和无窗式封闭舍。密闭式猪舍的优点是冬季保温性能好，受舍外气候变化影响小，舍内环境可实现自动控制，有利于猪的生长；缺点是设备投资较大，对于电的依赖性大。

4. 组装式猪舍

该类猪舍外围护结构可全部或部分随时拆卸和安装，还可以按照不同的气候特点，将猪舍改变成所需的类型。十分有利于利用自然条件调控猪舍内环境，并易于实现猪舍建筑的商业化和规格化。

（二）按屋顶形式划分

主要分为单坡式、双坡式、拱顶式、半气楼式等类型。

1. 单坡式

屋顶由一面坡构成，构造简单，排水顺畅，通风采光良好，造价低；但冬季保温性能差。

2. 双坡式

优点与单坡式基本相同，保温稍好，造价略高。根据两面坡长可分为等坡和不等坡两种。我国大部分猪场建筑都采用双坡式。

3. 拱顶式

拱顶式结构材料有砖石和轻型钢材。砖石结构可以就地取材，造价低廉；而轻钢结构可以快速装配，施工速度较快，还可以迁移。

4. 半气楼式

屋顶成高低两部分，在高低落差处可以设置窗户，供北侧采光和整栋舍的通

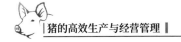

风换气。

此外，还有平顶式、折板式、锯齿式、联合式等类型猪舍。

（三）按舍内猪栏配置划分

可分为单列式、双列式、多列式。

1. 单列式

猪栏排成一列（一般在舍内南侧），猪舍内北侧有设走道与不设走道之分。该种猪舍通风和采光良好，舍内空气清新，能有效防潮；在北侧设走道，能起到保温防寒作用；可以在舍外南侧设运动场；建筑跨度较小，构造简单。缺点是建筑利用率较低，一般中小型猪场建筑和公猪舍建筑多采用此种建筑形式。

2. 双列式

在舍内将猪栏排成两列，中间设一个通道，一般没有室外运动场。主要优点是利于管理，便于实现机械化饲养，保温良好，建筑利用率高。缺点是采光、防潮不如单列猪舍。育成、育肥猪舍一般采用此种形式。

3. 多列式

舍内猪栏排列在三排以上，一般以四排居多。多列式猪舍的栏位集中，运输线路短，生产工效高；建筑外围护结构散热面积小，冬季保温效果好。但建筑结构跨度增大，建筑构造复杂；自然采光不足，自然通风效果较差，阴暗潮湿。此种猪舍适合寒冷地区的大群育成、育肥猪饲养。

（四）按猪舍用途划分

可分为配种猪舍（含公猪舍、空怀母猪舍和后备母猪舍）、妊娠母猪舍、分娩猪舍（产房）、仔猪保育舍和生长育肥舍。

二、猪舍的类型

猪舍的设计与建筑，首先要符合养猪生产工艺流程，其次要考虑各自的实际情况。黄河以南地区以防潮隔热和防暑降温为主；黄河以北则以防寒保温和防潮防湿为重点。

1. 公猪舍

公猪舍一般为单列半开放式或双列半开放式，舍内温度要求 16~21℃，风速为 0.2 米/秒，内设走廊，外有小运动场，以增加种公猪的运动量，一圈一头。

2. 空怀、妊娠母猪舍

空怀和妊娠母猪前期最常用的一种饲养方式是分组大栏群饲，一般每栏饲养空怀母猪4~5头、妊娠母猪2~4头，妊娠母猪后期则采用限位栏的饲养方式。圈栏的结构有实体式、栅栏式、综合式三种，猪圈布置多为双列式。大栏面积一般为7~9米^2，限位栏一般为1.2米^{2}左右，地面坡降不要大于1/45，地表不要太光滑，以防母猪跌倒。舍温要求18~22℃，风速为0.2米/秒。

3. 分娩哺育舍

分娩舍即产房，通常每个单元一间房舍，采用全进全出的饲养方式，产房内设有分娩栏，布置多为单列式或双列式，大型猪场也有三列式。舍内温度要求15~20℃，风速为0.2米/秒。分娩栏位结构也因条件而异。

（1）地面分娩栏。采用单体栏，中间部分是母猪限位架，两侧是仔猪采食、饮水、取暖等活动的地方。母猪限位架的前方是前门，前门上设有料槽和饮水器，供母猪采食、饮水，限位架后部有后门，供母猪进入及清粪操作。可在栏位后部设漏缝地板，以排出栏内的粪便和污物。

（2）网上分娩栏。主要由分娩栏、仔猪围栏、钢筋编织的漏缝地板网、保温箱、支腿等组成。

4. 仔猪保育舍

舍内温度要求22~26℃，风速为0.2米/秒。可采用网上保育栏，1~2窝一栏网上饲养，用自动落料料槽，自由采食。网上培育，减少了仔猪疾病的发生，有利于仔猪健康，提高了仔猪成活率。仔猪保育栏主要由钢筋编织的漏缝地板网、围栏、自动落料槽、连接卡等组成。

5. 生长、育肥舍和后备母猪

舍内温度要求18~24℃，风速为0.2米/秒。这三种猪舍均采用大栏地面群养方式，自由采食，其结构形式基本相同，只是在外形尺寸上因饲养头数和猪体大小的不同而有所变化。

第三节　猪场设备

猪场设备主要包括各种猪栏、地板、喂饲设备、饮水设备、清粪设备、环境控制设备以及运输设备等。在选择设备时，应遵循经济实用、坚固耐用、方便管理、设计合理、符合卫生防疫卫生要求等原则。随着工厂化养猪业工程技术的不断进步，我国已初步形成了多个系列的工厂化养猪配套设备，为推进我国养猪业的工业化进程，提高养猪生产水平奠定了基础。

先进的设备是提高生产水平和经济效益的重要保证。猪场设备有：猪栏、漏缝地板、饲料供给及饲喂设备、供水及饮水设备、供热保温设备、通风降温设备、清洁消毒设备、粪便处理设备、监测仪器及运输设备等。

一、猪栏

使用猪栏可以减少猪舍占地面积，便于饲养管理和改善环境。不同的猪舍应配备不同的猪栏。按结构分有实体猪栏、栅栏式猪栏、母猪限位栏、高床产仔栏、高床育仔栏等。按用途分有公猪栏、配种栏、妊娠栏、分娩栏、保育栏、生长育肥栏等。

（一）实体猪栏

即猪舍内圈与圈间以 0.8~1.2 米高的实体墙相隔，优点在于可就地取材、造价低，相邻圈舍隔离，有利于防疫，缺点是不便通风和饲养管理，而且占地。适于小规模猪场。

（二）栅栏式猪栏

即猪舍内圈与圈间以 0.8~1.2 米高的栅栏相隔，占地小，通风好，便于管理。缺点是耗钢材，成本高，且不利于防疫。现代化猪场多用。

（三）综合式猪栏

即猪舍内圈与圈间以 0.8~1.2 米高的实体墙相隔，沿通道正面用栅栏。集中了二者的优点，适于大小猪场。

（四）母猪单体限位栏

单体限位栏系钢管焊接而成，由两侧栏架和前、后门组成，前门处安装食槽和饮水器，尺寸：2.1 米 × 0.6 米 × 0.96 米（长 × 宽 × 高）。用于空怀母猪和妊娠母猪，与群养母猪相比，便于观察发情，便于配种，便于饲养管理，但限制了母猪活动，易发生肢蹄病。适于工厂化集约化养猪。

（五）高床产仔栏

用于母猪产仔和哺育仔猪，由底网、围栏、母猪限位架、仔猪保温箱、食槽组成。底网采用由直径 5 毫米的冷拔圆钢编成的网或塑料漏缝地板，2.2 米 × 1.7 米（长 × 宽），下面附于角铁和扁铁，靠腿撑起，离地 20 厘米左右；围栏即四面地侧壁为钢筋和钢管焊接而成，2.2 米 × 1.7 米 × 0.6 米（长 × 宽 × 高），钢筋间缝隙 5 厘米；母猪限位架为 2.2 米 × 0.6 米 ×（0.9~1.0）米（长 × 宽 × 高），位于底网中央，架前安装母猪食槽和饮水器，仔猪饮水器安装在前部或后部；仔猪保温箱 1 米 × 0.6 米 × 0.6 米（长 × 宽 × 高）。优点是占地少，便于管理，防止仔猪被压死和减少疾病，但投资高。

（六）高床育仔栏

用于 4~10 周龄的断奶仔猪，结构同高床产仔栏的底网和围栏，高度 0.7 米，离地 20~40 厘米，占地小，便于管理，但投资高，规模化养殖多用。

二、漏缝地板

采用漏缝地板易于清除猪的粪尿，减少人工清扫，便于保持栏内的清洁卫生，保持干燥有利猪的生长。要求耐腐蚀、不变形、表明平整、坚固耐用，不卡猪蹄、漏粪效果好。漏缝地板距粪尿沟约 80 厘米，沟中经常保持 3~5 厘米的水深。

目前其样式主要有以下几种。

1.水泥漏缝地板

表面应紧密光滑，否则表面会有积污而影响栏内清洁卫生，水泥漏缝地板内应有钢筋网，以防受破坏。

2.金属漏缝地板

由金属条排列焊接（或用金属编织）而成，适用于分娩栏和小猪保育栏。其缺点是成本较高，优点是不打滑、栏内清洁、干净。

3.金属冲网漏缝地板

适用于小猪保育栏。

4.生铁漏缝地板

经处理后表面光滑、均匀无边，铺设平稳，不会伤猪。

5.塑料漏缝地板

由工程塑料模压而成，有利于保暖。

6.陶质漏缝地板

具有一定的吸水性，冲洗后不会在表面形成小水滴，还具有防水功能，适用

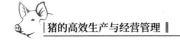

于小猪保育栏。

7. 橡胶漏缝地板

多用于配种栏和公猪栏，不会打滑。

饲料贮存、输送及饲喂，不仅花费劳动力多而且对饲料利用率及清洁卫生都有很大影响。饲料贮存、输送及饲喂设备主要有贮料塔、输送机、加料车、料槽和自动食箱等。

三、饲料供给及饲喂设备

1. 贮料塔

贮料塔多用 2.5~3.0 毫米镀锌波纹钢板压型而成，饲料在自身重力作用下落入贮料塔下锥体底部的出料口，再通过饲料输送机送到猪舍。

2. 输送机

用来将饲料从猪舍外的贮料塔输送到猪舍内，然后分送到饲料车、料槽或自动食箱内。类型有卧式搅龙输送机、链式输送机、弹簧螺旋式输送机和塞管式输送机。

3. 加料车

主要用于定量饲养的配种栏、妊娠栏和分娩栏，即将饲料从饲料塔出口送至料槽，有两种形式，手推机动式和手推人力式加料。

4. 料槽

分自由采食和限量料槽两种。材料可用水泥、金属等。水泥料槽：主要用于配种栏、分娩栏及生长育肥栏，优点是坚固耐用，造价低，同时还可作饮水槽，缺点是卫生条件差。金属料槽：主要用于妊娠栏和分娩栏，便于同时加料，又便于清洁，使用方便。

（1）仔猪补料槽。一般由料斗、把手、支架、螺栓、固定铁、槽底、漏料缝、槽芯、采料槽、凹形槽底构成。料斗安装在支架上，支架用螺栓装在固定铁上，支架与槽体边相连接，固定铁固定在槽底上，槽底上设有槽芯，在槽芯的一周设有凹形采料槽供猪采食用，料斗和槽芯之间设有漏料缝，槽底的底部设有凹形槽底，料斗上装有把手。该类料槽一般结构设计简单、质量轻、强度高、耐酸碱、防腐蚀，便于搬运，使用寿命较长，采食后清洗消毒方便，能满足小猪吃食的需要，可做多种采食用。

（2）间隙添料料槽。条件较差的一般猪场采用，可为固定或移动料槽，一般为水泥浇注固定料槽。设在隔墙或隔栏的下面，由走廊添料，滑向内侧，便于猪采食。一般为长形，每头猪所占料槽的长度按照猪的种类、年龄、体重而定（表2-1）。集约化、工厂化猪场，限位饲养的妊娠母猪或泌乳母猪，其固定料槽为金属制品，固定在限位栏上。

表2-1　猪不同体重阶段所需的料槽长度

猪的体重（千克）	每头猪的料槽长度	
	限饲（毫米）	自由采食（毫米）
5	100	33
10	130	35
20	175	38
40	200	50
60	240	60
90	280	70
120	300	75

（3）方形自动落料料槽。它常见于集约化、工厂化的猪场。方形落料料槽有单开式和双开式两种。单开式的一面固定在与走廊的隔栏或隔墙上；双开式则安放在两栏的隔栏或隔墙上，自动落料料槽一般为镀锌铁皮制成，并以钢筋加固。

（4）圆形自动落料料槽。用不锈钢制成，较为坚固耐用，底盘也可用铸铁或水泥浇注，适用于高密度、大群体生长育肥猪舍。

四、供水及饮水设备

猪自动饮水器的种类很多，有鸭嘴式、乳头式、杯式等。

1. 鸭嘴式自动饮水器

目前国内外现在的猪场使用最多的是鸭嘴式猪用饮水器，主要由阀体、阀芯、密封圈、回位弹簧、塞盖、滤网等组成。其中阀体、阀芯选用黄铜和不锈钢材料，弹簧、滤网为不锈钢材料，塞盖用工程塑料制造，整体结构简单，耐腐蚀，工作可靠，不漏水，寿命长。猪饮水时，嘴含饮水器，咬压下阀杆，水从阀芯和密封圈的间隙流出，进入猪的口腔，当猪嘴松开后，靠回位弹簧张力，阀杆复位，出水间隙被封闭，水停止流出。鸭嘴式饮水器密封性好，水流出时压力降低，流速较低，符合猪只饮水要求。安装这种饮水器的角度有水平和45°角两种，离地高度随猪体重变化而不同，原则上是若饮水器与水管成90°角的，饮水器高度与猪前肩平齐；若饮水器与地面成45°角的，饮水器高度比猪高5

厘米。

2.乳头式猪用自动饮水器

乳头式猪用自动饮水器的最大特点是结构简单，由壳体、顶杆和钢球三大件构成，猪饮水时顶起顶杆，水从钢球、顶杆与壳体的间隙流出至猪的口腔中，猪松嘴后，靠水压及钢球、顶杆的重力，钢球、顶杆落下与壳体密接，水停止流出。这种饮水器对泥沙等杂质有较强的通过能力，但密封性差，并要减压使用。否则，流水过急，不仅猪喝水困难，而且流水飞溅，浪费用水并弄湿圈舍地面。

3.杯式猪自动饮水器

杯式饮水器是一种以盛水容器（水杯）的单体式自动饮水器，常见的有浮子式、弹簧式和水压阀杆式等型式。浮子式饮水器多为双杯式，浮子室和控制机构放在两水杯中间。通常一个双杯浮子饮水器固定安装在两猪栏间的栅栏间壁处，供两栏猪共用。浮子式饮水器由壳体、浮子阀门机构、浮子室盖、连接管等组成。当猪饮水时，推动浮子使阀芯偏斜，水即流入杯中供猪饮用，当猪嘴离开时，阀杆靠回位弹簧弹力复位，停止供水。浮子有限制水位的作用，它随水位上升而上升，当水上升到一定高度，猪嘴就碰不到浮子了，阀门复位后停止供水，避免水过多流出。

弹簧阀门式饮水器，水杯壳体一般为铸造件或由钢板冲压而成杯式，杯上销连有水杯盖。当猪饮水时，用嘴顶动压板，使弹簧阀打开，水便流入饮水杯内，当嘴离开压板，阀杆复位停止供水。

水压阀杆式饮水器，杯式饮水器是靠水阀自重和水压作用控制出水的杯式饮水器，当猪只饮水时用嘴顶压压板，使阀杆偏斜，水即沿阀杆与阀座之间隙流进饮水杯内，饮水完毕，阀板自然下垂，阀杆恢复正常状态。

猪饮水时对饮水器的水压也有一定的要求，合适的水压能够保证猪喝到充足的水，猪的大小不同对水压的要求也不同，一般仔猪为 0.3 千克/厘米^2，生长育肥猪为 1.0 千克/厘米^2，母猪为 1.4 千克/厘米^2。猪各个生长阶段要求的水流速度也不一样，一般随着猪的体重增加，水流速度也增加，详细情况见表 2-2。决定猪一天饮水量的因素也很多，主要有猪的体重大小、猪舍的环境温度、日粮中蛋白质和盐分含量多少、饲料的干湿度以及猪的健康状况等因素。猪每采食 1 千克干饲料大约需要 2.5 千克水，表 2-2 给出了不同阶段猪对水的大致需要量及所要求的饮水器的高度。

表 2-2　不同阶段猪的饮水器高度和日消耗水量

猪不同阶段	日消耗水量（升）		饮水器高度（厘米）	水流速度（升 / 分钟）
	冬天	夏天		
哺乳仔猪（4~8 千克）	1~2	2~3	10	0.5
保育猪（8~28 千克）	2~4	4~8	25	0.5~0.8
生长猪（28~70 千克）	5~7	10~14	50	0.8~1.2
育肥猪（70~100 千克）	8~10	14~18	70	1.2~1.5
后备母猪、后备公猪	10~12	18~22	80	1.5~2.0
断奶母猪、妊娠母猪及公猪	12~15	22~26	90	2.0~2.5
哺乳母猪	15~20	30~40	90	2.5~3.0

五、供热保温设备

我国大部分地区冬季舍内温度都达不到猪只的适宜温度，需要提供采暖设备。另外供热保温设备主要用于分娩栏和保育栏。采暖分集中采暖和局部采暖。

供热保温设备有以下几种。

1. 红外线灯

设备简单，安装方便，最常用，通过灯的高度来控制温度，但耗电，寿命短。常见红外线灯的功率有 100 瓦、150 瓦、200 瓦和 250 瓦。

2. 吊挂式红外线加热器

其使用方法与红外线相同，但费用高。

3. 电热保温板

优点是在湿水情况下不影响安全，外形尺寸多为 1 000 毫米 × 450 毫米 × 30 毫米，功率为 100 瓦，板面温度为 260~320℃，分为调温型和非调温型。

4. 电热风器

它吊挂在猪栏上，热风出口对着要加温的区域。

5. 保温箱

仔猪用的保温箱，是仔猪出生之日起至满月出栏情况下起到保温作用的。保温箱上盖预留灯泡及观望窗口，尺寸大小根据当地情况而定，常见的规格为：1.0 米 × 0.6 米 × 0.6 米。在保温箱的箱体上有仔猪进出门。现在仔猪保温箱常常配套仔猪电热板来使用，既科学合理又有很好的节能效果。

6. 挡风帘幕

用于南方较多，且主要用于全敞式猪舍。

7. 太阳能采暖系统

经济，无污染，但受气候条件制约，应有其他的辅助采暖设施。

六、通风降温设备

为了节约能源，尽量采用自然通风的方式，但在炎热地区和炎热天气，就应该考虑使用降温设备。通风除降温作用外，还可以排出有害气体和多余水汽。

1. 通风机

大直径、低速、小功率的通风机比较适用于猪场应用。这种风机通风量大，噪声小，耗能少，可靠耐用，适于长期工作。

2. 水蒸发式冷风机

它是利用水蒸发吸热的原理以达到降低空气温度的目的。在干燥的气候条件下使用时，降温效果特别显著；湿度较高时，降温效果稍微差些；如果环境相对湿度在85%以上时，空气中水蒸气接近饱和，水分很难蒸发，降温效果差些。

3. 湿帘 - 负压风机降温

湿帘 - 负压风机降温系统是由纸质多孔湿帘、水循环系统、风扇组成。未饱和的空气流经多孔、湿润的湿帘表面时，大量水分蒸发，空气中由温度体现的显热转化为蒸发潜热，从而降低空气自身的温度。风扇抽风时将经过湿帘降温的冷空气源源不断地引入室内，从而达到降温效果。

4. 喷雾降温系统

其冷却水由加压水泵加压，通过过滤器进入喷水管道系统而从喷雾器喷出成水雾，在猪舍内使空气温度降低。其工作原理与水蒸发式冷风机相同，而设备更简单易行。如果猪场自来水系统水压足够，可以不用水泵加压，但过滤器还是必要的，因为喷雾器很小，容易堵塞而不能正常喷雾。旋转式的喷雾可使喷出的水雾均匀。

5. 滴水降温

在分娩栏，母猪需要用水降温，而小猪要求温度稍高，而且喷水不能使分娩栏内地面弄潮湿，否则影响小猪生长，因而采用滴水降温法。即冷水对准母猪颈部和背部下滴，水滴在母猪背部体表散开，蒸发，吸热降温，未等水滴流到地面上已全部蒸发掉，不会使地面潮湿。这样既照顾了小猪需要干燥，又使母猪和栏内局部环境温度降低。

自动化很高的猪场，供热保温，通风降温都可以实现自动调节。如果温度过高，则帘幕自动打开，冷气机或通风机工作；如果温度太低，则帘幕自动关闭，保温设备自动工作。

七、清洁消毒设备

清洁消毒设备有冲洗设备和消毒设备。

1. 固定式自动清洗系统

现在很多公司生产的自动冲洗系统设备能定时自动冲洗，配合程式控制器（PLC）作全场系统冲洗控制。冬天时，也可只冲洗一半的猪栏，在空栏时也能快速冲洗，以节省用水。水管架设高度在2米时，清洗宽度为3.2米；高度为2.5米时，清洗宽度为4米，高度为3米时，清洗高度为4.8米。

2. 简易水池放水阀

水池的进水与出水靠浮子控制，出水阀由杠杆机械人工控制。简单、造价低，操作方便，缺点是密封可靠性差，容易漏水。

3. 自动翻水斗

工作时根据每天需要冲洗的次数调好进水龙头的流量，随着水面的上升，重心不断变化，水面上升到一定高度时，翻水斗自动倾倒，几秒钟内可将全部水倒出冲入粪沟，翻水斗自动复位。结构简单，工作可靠，冲力大，效果好，主要缺点是耗用金属多，造价高，噪声大。

4. 虹吸自动冲水器

常用的有两种形式，盘管式虹吸自动冲水器和"U"形管虹吸自动冲水器，结构简单，没有运动部件，工作可靠，耐用，故障少，排水迅速，冲力大，粪便冲洗干净。

5. 高压清洗机

CDQ-10型高压清洗机采用单相电容电动机驱动卧式三柱塞泵。当与消毒液相连时，可进行消毒。

6. 火焰消毒器

利用煤油高温雾化剧烈燃烧产生的高温火焰对设备或猪舍进行瞬间的高温喷烧，以达到消毒杀菌之功效。

7. 紫外线消毒灯

以产生的紫外线来消毒杀菌。

八、粪便处理设备

每头猪平均年产猪粪2 500千克左右，及时合理地处理猪粪，既可获得优质的肥料，又可减少对周围环境的污染。

粪便处理设备包括带粉碎机的离心泵、低速分离筒、螺旋压力机、带式输送装置等部分。将粪液用离心泵从贮粪池中抽出，经粉碎后送入筛孔式分离滚筒将粪液分离成固态和液态两部分。固态部分进行脱水处理，使其含水率低于70%后，再经带式输送器送往运输车，运到贮粪场进行自然堆放状态下生物处理。液态部分经收集器流入贮液池，可利用双层洒车喷洒到田间，以提高土壤肥力。

1.复合肥生产设备

可把猪粪生产为有机复合肥，设备包括原料干燥、粉碎、混合、成粒、成品干燥、分级、计量包装等部分。在颗粒成形上根据肥料含有纤维质的比例，选用不同的制粒机。纤维质比例较大时采用挤压式制粒机，占比例小时采用圆盘造粒机，干燥燃料以煤为主，也可用其他燃料代替。

2.BB肥（掺混肥）生产设备

能利用猪粪生产出高含量全价营养复合肥，本设备可根据不同的作物及土质，加入所需的中，微量元素和杀虫剂。自动计量封包，精度准确，每包定量可以自由设定在20~50千克。

九、监测仪器

根据猪场实际可选择下列仪器：饲料成分分析仪器、兽医化验仪器、人工授精相关仪器、妊娠诊断仪器、称重仪器、活体超声波测膘仪、计算机及相关软件。

十、称重、运输设备

称重设备主要是指地磅等设备。目的是对原料、产品及猪体进行称重。

运输设备主要有仔猪转运车、饲料运输车和粪便运输车。仔猪转运车可用钢管、钢筋焊接，用于仔猪转群。饲料运输车采用罐装料车或两轮、三轮和四轮加料车。粪便运输车多用单轮或双轮手推车。

除上述设备外，猪场还应配备断尾钳、牙剪、耳号钳、耳号牌、捉猪器、赶猪鞭等。

第三章

优化猪群品种结构

第一节　国内外主要猪优良品种

一、猪的经济类型

猪的品种很多，按经济用途将品种划分为不同的类型。其划分方法的基础是胴体的瘦肉率与脂肪率的变化，这种变化既受遗传因素的影响，又受外界环境条件的制约，人类的选择和偏爱以及市场的需求是这种变化的动力和标准。

（一）脂肪型猪

脂肪型，又称脂用型，这种类型的猪能产生大量的脂肪，瘦肉量一般占胴体的45%以下。外形特点是体躯宽、深而短，全身肥满，头、颈较重，四肢短，体长与胸围相等或相差2~3厘米。胴体瘦肉率45%以下。我国的绝大多数地方品种如太湖猪、荣昌猪、沂蒙黑猪等都属于脂肪型。

（二）瘦肉型猪

瘦肉型，又称肉用型。这类猪的胴体瘦肉多，脂肪少。外形特点与脂肪型相反，头颈较轻，体躯长，四肢高，前后肢间距宽，腿臀发达，肌肉丰满，胸腹肉发达。体长比胸围长15~20厘米，胴体瘦肉率55%以上。外国引进的长白猪、大白猪、杜洛克猪和汉普夏猪，以及我国培育的三江白猪、湖北白猪和浙江白猪等均属这个类型。

（三）兼用型猪

肉脂比例介于脂肪性和瘦肉型之间，胴体中肉和脂肪的比例是肉稍多于脂肪，胴体中瘦肉率在 45%~55%。外形特点为体格较大，体躯长短适中，体长一般大于胸围 5~10 厘米。体质结实，结构匀称，四肢强健有力。我国培育的大多数猪种属于兼用型猪种。国外猪种有苏联大白猪、克洛夫猪等。

二、国外优良品种

目前国际上流行的都是经改良的品种，均属瘦肉型，只是胴体品质和生产性能上略有差异，主要的有以下品种。

1. 长白猪

长白猪原产于丹麦，原名兰德瑞斯，是用英国的大约克夏与丹麦当地土种白猪杂交改良而成，目前是世界上数量最多、分布最广的瘦肉型猪种之一。在我国因为其体躯长，被毛全白，故国内称之为长白猪。从 20 世纪 20 年代起，许多国家从丹麦引进这一品种，结合本国的自然经济条件，经过长期选育而成自己国家的长白猪品系。目前长白猪主要来源于 6 个国家，根据来源国家可以划分成 6 个系：瑞系、英系、荷系、法系、日系和丹系。我国在 1964 年开始从瑞典第一批引进长白猪，后陆续从英国、法国、比利时和丹麦引进。因此在我国长白猪有英系、法系、比利时系、新丹系等品系。

外貌特征：长白猪体躯长且前窄后宽，背腹线平且呈流线形，背腰平直，后躯发达，腿臀丰满，整体呈前轻后重；头小颈轻，鼻嘴狭长，耳较大、向前倾或下垂；外观清秀美观，体质结实，四肢坚实；全身被毛为白色。

生产性能：成年公猪 300~350 千克，成年母猪在 300 千克左右。经产母猪平均窝产仔数 11 头，30~100 千克阶段平均日增重 865 克，全程料肉比 2.4∶1 左右，瘦肉率 66%，从出生到 100 千克出栏平均 155 天。

在养猪生产中，用长白猪作为三元杂交（杜 × 长 × 大）猪的第一父本或第一母本。通常用长白猪作父本，大白猪作母本生产长 × 大二元杂种母猪，然后再与杜洛克猪杂交生产商品猪。在现有的长白猪各品系中，法系、新丹系和台系的杂交后代生产速度快、饲料报酬高，比利时系后代体型较好，瘦肉率高，但增重较新丹系、法系和台系缓慢。长白猪总体主要特点是产仔数较多，生长发育较快，节省饲料，胴体瘦肉率高，但抗逆性差，对饲料营养要求较高。

2. 大白猪

又称约克猪或大约克夏猪，原产地为英国，是英国约克君地区育成的老品种，至今已有百余年历史。约克夏共分大、中、小三个类型。大约克是腌肉型，欧洲多称大白猪，其他地方多称约克夏。中型约克属肉用型，故又称中约克或中白猪，由大型约克和小型约克杂交而成，但目前已不多。小型约克属脂用型，由大型约克与我国广东猪杂交选育而成，现已少见。

外貌特征：大白猪体格大，体型匀称，体躯较长；耳直立，鼻直，背腰微弓，四肢较长坚实，头颈清秀且较长，脸微凹；全身被毛白色，故称大白猪。

生产性能：成年公猪体重 250~300 千克，成年母猪体重 230~250 千克。平均窝产仔数 10.5 头，30~100 千克阶段平均日增重 858 克，瘦肉率 62% 以上，从出生到 100 千克出栏平均为 158 天。

与长白猪类似，许多国家从英国引进约克夏猪，结合本国具体情况进行培育，目前已选育成德国大白猪、荷兰大白猪、苏联大白猪、美国约克夏和加拿大约克夏等。目前引入我国的有英系、法系、加系、美系等大白猪种。大白猪种在杂交利用上主要用作母本，长白猪作父本生产长 × 大或大 × 长二元杂交母猪，作为规模化猪场的基础母本。在农村也可用大白猪作父本与地方母猪进行杂交，生产二元商品猪。一代杂种猪胴体瘦肉率在 57% 以上。

3. 汉普夏

原产于美国。全身主要为黑色，肩部到前肢有一条白带环绕，俗称白肩猪。汉普夏是美国几个主要品种中分布最广的肉用型品种。20 世纪 70 年代引入我国，主要特点是生长发育较快，抗逆性较强，饲料利用率、胴体瘦肉率较高，但产仔数量较少。

外貌特征：被毛主要为黑色，肩部有一带状白色；头大小适中，颜面直，耳中等大向上直立，嘴较长直，中躯较宽，背腰粗短，体躯紧凑，微呈拱形。

生产性能：成年公猪体重 310~400 千克，成年母猪 250~330 千克。平均产仔数 9 头，30~100 千克阶段平均日增重 800 克。眼肌面积较大，胴体瘦肉率 65% 以上，成年体重较大。常用汉普夏猪作父本，与其他杂种母猪进行杂交，生产三元杂交猪。

4. 杜洛克

原产于美国东北部的新泽西州等地，俗称红毛猪，主要有美系和台系之分。系由脂肪型猪种改良培育而成的瘦肉型猪品种，也是目前世界上著名的四大猪种之一。

体型外貌特征：被毛棕红色、结构匀称紧凑、四肢粗壮、体躯深广、肌肉发达；头大小适中、较清秀，颜面稍凹、嘴筒短直，耳中等大小，向前倾，耳尖稍弯曲；胸宽深，背腰略呈拱形，腹线平直。

生产性能：成年公猪体重 340~450 千克，母猪 300~400 千克。平均窝产仔数 9.5 头，30~100 千克阶段平均日增重 850 克，瘦肉率 68% 以上；出生到 100 千克出栏平均 162 天。

该品种体质健壮，抗逆性强，生长速度快，饲料利用率高，胴体瘦肉率高，肉质较好，繁殖力较强。杜洛克猪母性较差，产仔数不多，一般杜洛克猪主要用于终端父本生产杂交猪，主要杂交方式为杜 × 长 × 大或杜 × 大 × 长杂交组合。

5. 皮特兰

皮特兰猪原产于比利时的布拉帮特省，是由法国的贝叶杂交猪与英国的巴克夏猪进行回交，然后再与英国的大白猪杂交育成的，是近几十年在欧洲开始流行的肉用型新品种。

外貌特征：全身被毛花白，即白色夹有黑色或暗红色斑点，有的杂有部分棕色毛；头部清秀，颜面平直，嘴大且直，耳中等大小，略微向前倾；体躯呈圆柱形，腹部平行于背部，肩部肌肉丰满，背直而宽大。

生产性能：平均窝产仔数 10 头，30~100 千克阶段平均日增重 860 克，料肉比 2.6∶1，瘦肉率高达 72%。出生到 100 千克出栏 160 天左右。

主要特点是瘦肉率高，后躯和双肩肌肉丰满。但增重较慢，应激明显。由于其瘦肉率高，因此多用其作父本进行二元或三元杂交。为避免应激反应出现，常与杜洛克或大白母猪杂交生产皮 × 杜或皮 × 大二元公猪作为商品猪场的终端父本。

三、国内地方优良品种类型

根据猪种来源、地域分布和生产性能等特点，我国地方猪种可划分为华北型、华南型、华中型、江海型、西南型和高原型 6 个类型。

1. 华北型

分布于秦岭和淮河以北。主要特点是体格较大，头直嘴长，背腰狭窄，臀部倾斜，四肢粗壮；皮厚毛密，鬃毛发达，被毛多为黑色且冬季密生绒毛；母猪 3~4 月龄开始发情，繁殖力强，经产母猪产仔大多在 12 头以上。代表品种有东北地区的民猪、西北地区的八眉猪和淮河流域的淮猪等。

2. 华南型

分布于中国南部。主要特点是体格偏小，头小面凹，耳竖立或向两侧平伸，躯体短宽，腿臀丰满，四肢较短；皮薄毛稀，鬃毛短小，被毛多为黑色或黑白花色；性成熟比华北型早，繁殖力低，平均产仔数 8~10 头，乳头 5~6 对。代表品种有云南的滇南小耳猪、福建的槐猪、海南的海南猪等。

3. 华中型

分布于长江以南，北回归线以北，大巴山和武陵山以东的大部分地区。主要特点是体型略大于华南型，头中等大小，耳向上或平向前伸，背腰较宽且多小凹，腹大下垂；毛色以黑白花为主，头尾多为黑色；繁殖力中等，每胎产仔数 10~13 头，乳头 6~8 对。代表品种有浙江的金华猪、广东的大花白猪、湖南的宁乡猪、广西的两头乌猪等。

4. 江海型

分布于长江中下游及东南沿海的狭长地带，包括台湾地区西部的沿海平原。主要特点是额宽，耳大下垂，背腰较宽，较平直或微凹，骨粗；皮厚而松软，且多褶皱，被毛有黑色或间有白斑；繁殖力高，经产母猪产仔数 13 头以上，乳头多在 8 对以上。代表品种有太湖流域的太湖猪、江苏的姜曲海猪、台湾地区的桃园猪等。

5. 西南型

分布于四川盆地，云南、贵州的大部分地区，以及湖南、湖北的西部地区。主要特点是体格稍大，头大，额面多横行皱纹且有旋毛，四肢粗壮；毛色多样，以全黑或"六白"为主，也有黑白花和少量红毛猪；繁殖力偏低，经产母猪产仔数 8~10 头，乳头 6~7 对。代表品种有四川的内江猪和荣昌猪、云南等地的乌金猪等。

6. 高原型

主要分布于青藏高原，品种数和头数均较少，以藏猪为代表品种。主要特点是体型小，形似野猪，善奔跑，耐饥寒；繁殖力低，一般年产 1 胎，每胎 5~6 头；生长慢，较晚熟，胴体瘦肉率在 52% 左右。

四、猪场如何引种

新建的猪场进行生产经营，第一步首先要进行引种，引种是生产经营的前提。同样，一个规模化猪场，每年也都要淘汰一部分生产成绩不理想的种猪，引入部分种猪进行更新，通过品种改良来提高养猪效益。无论是从国外引种还是在国内引种，都要树立正确的引种理念。

（一）明确引种的目的

引种主要有从国外引进纯种祖代种猪，或从国内种猪场引进外来瘦肉型种猪以及中国地方品种种猪。目前国内的外来瘦肉型猪主要有：纯种猪、二元杂种猪及配套系猪等。引种时主要考虑本场的生产目的，即生产种猪还是商品猪，是新建场还是更新血缘，不同的目的引进的品种、数量各不相同。

如果猪场是以生产种猪为目的，不管从国外还是国内引进种猪，都需要引进纯种，如大白猪、长白猪、杜洛克猪，可生产销售纯种猪或生产二元杂种猪。

如果猪场以生产商品猪为目的，小型猪场可直接引进二元杂种母猪，配套杜洛克公猪或二元杂种公猪繁殖三元或四元商品猪；大规模养猪场可同时引入纯种猪及二元母猪。纯种猪用于杂交生产二元母猪，可补充二元母猪的更新需求，避免重复引种，二元杂种猪直接用于生产商品猪。也可直接引入纯种猪进行二元杂交，二元猪群扩繁后再生产商品猪。这种模式的优点一是投资成本低，二是保证所有二元品种纯正，三是猪群整齐度高。缺点是见效慢，大批量生产周期长。

（二）制定引种计划

猪场应该结合自身的实际情况，根据种群更新计划，确定所需要品种和数量，有选择性地购进能提高本场种猪某生产性能、满足自身要求，并购买与自己的猪群健康状况相同的优良个体，如果是加入核心群进行育种的，则应购买经过生产性能测定的种公猪或种母猪，新建猪场应从新建猪场的规模、产品市场和猪场未来发展方向等方面进行计划，确定所引进种猪的数量品种和级别，是外来品种还是地方品种，是原种、祖代还是父母代。根据引种计划，选择质量高、信誉好的大型种猪场引种。

（三）选择引种猪场注意几个问题

1.选择正规厂家进行引种，并尽量从一个猪场引种

选择适度规模、信誉度高、有《种畜禽生产经营许可证》的正规猪场。选择场家应把种猪的健康状况放在第一位，必要时在购种前进行采血化验，合格后再进行引种。应该尽量从一家猪场选购，否则会增加带病的可能性。选择场家应在间接了解或咨询后，再到场家与销售人员了解情况。值得注意的是，有人认为应

该从多个猪场进行引种，这样种源多、血缘宽，有利于本场猪群生产性能的改善，但是每个猪场的病原谱差异较大，而且现在疾病多数都呈隐性感染，一旦不同猪场的猪混群后，某些疾病暴发的可能性很大，引种的猪场越多，带来的疫病风险越大。为了安全可靠，一些养猪场引进种猪时要进行实验室检测，要求场家提供免疫记录、免疫保健程序等。因为这样的工作技术性很强，一定聘请有经验的专业人员把关，少走弯路而保证正确引种。从确保猪群健康的角度出发，引进的种猪必须进行一段时间的隔离饲养，观察其健康状况，适时进行免疫接种，同时适应当地的饲养条件，容易获得成功。

2. 注意猪场的供种能力

规模猪场购买种猪，并不是一次全部购进，而是根据猪场规模和生产计划，进行多批次购进在标准上基本一致的种猪，这样有利于生产环节的安排。一般来说，如果大批量从一个种猪场购进种猪，要求猪场能够保证在 20 周内全部到场，所选猪均衡分布在 20 周龄段内。比如 200 头规模的猪场，算上后备母猪使用率 90%，实际需要 222 头，每周段内必须有 11~12 头猪。如果从 50~70 千克开始引种，即一般在小猪 13 周龄到 17 周龄引入。同时，在引种时出售种猪的猪场应该有更多的种猪以便进行挑选。

3. 种猪的系谱要清楚，并符合所要引进品种的外貌特征

引种的同时，对引进种猪进行编号，可以根据猪的耳号和产仔记录找出母亲和父亲，并进一步找出系谱亲缘关系。同时要保证耳号和种猪编号对应。

4. 种猪的生产性能要达标

通过猪场的真实生产记录反映其真实的生产性能，如可以查看猪场的配种报表、分娩报表、饲料报酬报表等，同时还要查看猪场整体的总产仔、健仔数、死胎、木乃伊胎、初生重、断奶重、断奶数、首配月龄、发情率、流产率等。此外，还有公猪的精液量、活率、密度、畸形率等情况。

标准：平均总产仔 10 头以上，健仔数 8 头以上，死胎、木乃伊、弱仔、畸形少于 1.5 头，初生均重大于 1.2 千克，28 日龄断奶重大于 7 千克，首配月龄不大于 9 月龄，发情率大于 90%。

5. 引种前的准备

（1）车辆的准备。一般国内购买种猪都是汽车运输，引种前所用汽车要先检查车况，并事先装好猪栏，如果一次引种数量较多，最好使用有分格的猪栏，以免猪多互相挤压，造成不必要的损失。同时要带上苫布以备不时之需。装车前首先要用消毒液对车辆进行彻底消毒，一般用过氧乙酸或者火碱喷洒。如果是经常

用来运猪的车辆，应该在去种猪场前冲洗干净，并消毒备用。装车前，需要把一切手续办好，包括货款、检疫证明、车辆消毒证明、免疫卡、系谱、免疫程序、饲料配方、饲养手册等等一切带齐，以备查验。如果路途较远，应该在装猪前，将途中猪只饮水系统配好，必要时安装上自动饮水器及大水桶，猪一两天不吃可以，如果不饮水的话，对猪只很不利。同时准备一些矿物质及多维素加入饮水中，以防因长途运输给猪带来的负面影响。运输途中车最好走高速路，同时远离同样拉着牲畜的车辆，不要急刹车，起步要稳，过3~4小时下来看一看猪群情况，把每一头猪用棍赶起来。必要时在加油站给水，热天要冲水降温，冬天要透气。

（2）猪场内的准备工作。引种前准备好隔离饲养舍。种猪引进后先在隔离舍饲养一段时间。因此在引种前对隔离舍进行清扫、洗刷、消毒，然后晾干备用。引进的种猪要有活动场所，最好是土地面，因为猪天生喜欢拱地，有利于猪的运动，保证肢蹄的健壮。进猪前饮水器及主管道的存水应放干净，并且保证圈舍冬暖夏凉，夏天做好防暑降温工作，冬天要提前给猪舍升温，使舍内温度达到要求，猪舍内湿度控制在65%~75%。准备一些口服补液盐、电解多维、药物及饲料，药物以抗生素为主，预防由于环境及运输应激引起的呼吸系统及消化系统疾病。最好从引种猪场购买一些全价料或预混料，保证有一周的过渡期，有条件的可准备一些青绿多汁饲料，如胡萝卜、南瓜、白菜等。

6. 引种后的注意事项

种猪引进后，要单独饲养，不要与自己本场的猪放在一起，一般隔离30天左右。如果本场猪只健康状况不是很好，在隔离期间要对新引进的种猪打疫苗，或者将本场猪只的粪便放入新猪栏舍内一些，让其自然感染，以免进入生产群后给生产带来损失。隔离观察期间，要注意猪群的变化，如无异常再与原来猪只混群，转入后备猪舍。

第二节 种猪的选育与杂交优势利用

一、种猪的选育

我国是一个养猪大国，却不是一个养猪强国，现代化遗传育种工作比较落后，核心种猪来源长期依赖进口，且长期处于"引种→维持→退化→再引种"的不良循环，在引种过程中不仅耗费大量的人力财力，还会导致一些疾病的引入

（如圆环病毒病、蓝耳病等），给我国养猪业带来严重的经济损失。因此，为了提高经济效益，猪场除了引进优良的纯种种猪进行品种改良以外，可以通过自己本场的种猪进行合理的选育，达到猪种改良的效果。

猪育种就是从遗传上来改良种猪和商品猪，形成新的品种（系），主要包括纯种（系）的选育提高，新品种（系）的育成，杂种优势的利用等，从而提高养猪业的产量和质量。规模猪场应该重视育种工作，建立自己的核心猪群，进行科学选育，这样可以减少巨额的引种费用，同时还减少引入疾病的风险，降低生产成本。在猪场育种工作中要注意以下几个方面。

（一）建立核心群

首先要选择好用什么样的杂交组合来发展瘦肉型猪生产，这样才能确定组建哪个品种的核心群。现代瘦肉型猪中"杜长大"是最佳的杂交组合。资金雄厚的猪场可以同时建立杜洛克、长白和大约克三个品种的核心群，资金实力一般的猪场至少也要建立大约克种猪核心群。核心群必须质量好、遗传基础广泛、规模适中。

（二）育种目标

育种目标应以最低的成本，生产最多的产品，取得养猪生产的最大经济效益为准则，以在将来的生产条件及市场下获得最大的利润为目标。因此制定育种目标恰恰是利用核心群种猪有经济意义的生产性状，如父系的日增重、饲料转化率、瘦肉率和肉质性状，而不考虑繁殖性状；而母系不但包括上述生产性状，还要考虑繁殖性状，但不含肉质性状。育种的最终目标是定在生产群，而不是核心群，因为大多数肥育猪是杂种猪，既存在基因型与环境因素的互作，又存在纯种与杂种性能的遗传相关。

（三）核心群的选育路线

由于核心群的选配是随机性的，故近交系数上升是不可避免的，单纯的闭锁选育，会造成近交退化，降低产仔数，这是育种工作中最头疼的。但闭锁能使基因纯合，利于选择优良基因，实际上由于核心群群体小，通常闭锁几代后，近交系数上升，遗传进展缓慢，这就需要导入外血，开放群体，然后再闭锁群体，形成闭锁与开放相结合的纯种选育方法。但在选育过程中发现性能较差的种猪要及早调整出核心群，否则会影响选育效果。

（四）确定选择性状

选择的性状必须遵循以下原则：首先，必须是活体易度量的；其次，必须有较高的遗传力，因为遗传力高的性状其表型值差异较接近育种值差异，表型的优劣几乎反映了遗传的优劣，因此对其选择的准确性提高，效果好；最后，必须与改良性状有较高的遗传相关，因为这样对选择性状进行选择才能间接有效地使改良性状得到改良。猪主要经济性状的选择主要有以下几个方面。

1. 生长性状及胴体性状

（1）日增重。日增重是指单位时间内猪的平均日增重。

日增重 =（末体重 – 初始体重）/ 天数，单位为千克 / 天，或克 / 天。

（2）饲料利用率。饲料利用率是指单位增重所消耗的饲料量。

饲料利用率 = 饲料消耗量 / 猪增加的体重

饲料利用率的遗传力属于中等遗传力，靠表型选择或家系内选择，都有明显的遗传。

2. 胴体性状

（1）瘦肉率。用瘦肉率或瘦肉量表示。虽然瘦肉率是一个高遗传力性状，但因其在活体无法直接度量，因此一般是通过选择那些在活体易于度量而又与瘦肉率有较高遗传相关的性状（如活体背膘）来进行间接选择，或者是根据同胞等亲属的成绩来进行选择。

（2）脂肪。猪的脂肪包括皮下脂肪、腹内脂肪、肌间脂肪和肌内脂肪，不同部位的脂肪，其脂肪酸的类型有所不同。对脂肪的选择目标是，降低皮下脂肪和腹内脂肪，保持适量的肌间和肌内脂肪以保持良好的肉质。

（3）背膘厚度。背膘厚度的遗传力属于高遗传力。通过表型选择就能获得较大的遗传。向背膘厚或薄的方向选择种猪，每代可以获得 1 毫米的遗传进展。

背膘厚度与品种类型有关，与瘦肉率、饲料利用率呈负相关。实际测量时，常用肩部最厚处、胸腰椎结合处和腰荐椎结合处三点的皮下脂肪厚度的平均值来表示，但应注明其为平均膘厚。

（4）肉质与风味。猪的肉质包括 pH 值、肉色、系水力、嫩度、大理石纹、肌内脂肪含量等多项指标，遗传力一般为低到中等水平。肉的风味也是消费者一直关心的问题，尽管国内外有不少报道认为风味与某些化学物质有关，但关于风味的物质基础仍然没有明确的定论。对肉质的评定可分为客观评定和主观评定两类，前者如肉的理化特性和生物学指标，后者如对肉的风味进行品尝或评分。肉质性状改进的难点是目前还没有把评定的结果作为选种的依据。

3. 繁殖性状

繁殖性状是指与繁殖相关的性状。这些性状都是低遗传力的性状，主要受环境因素的影响，通过表型选择得到的遗传不会很大，需要进行家系内选择才能有明显的选择效果。

（1）产仔数。猪的产仔数包括总产仔数和产活仔数两个性状，是一个受排卵数、受胎率和胚胎成活率等多种因素影响的复合性状。由于产仔数的遗传力低，容易受母体效应及其他环境因素的影响，因而选择提高的效果差。

（2）仔猪的初生重。包括个体重和出生窝重，前者是指仔猪出生后 12 个小时内、未吃初乳前的重量，后者指各个个体重的总和。品种、类型、杂交、营养状况、妊娠母猪的饲养管理水平、产仔数等诸因素都能够影响到仔猪的初生重。从选种意义上讲，仔猪出生窝重的价值高于仔猪的初生重价值。

（3）泌乳力。是反映母猪泌乳能力的一个指标，是母猪母性的体现。现在常用 20 日龄仔猪的窝重表示母猪的泌乳力。品种、类型、杂交、营养状况、饲养管理水平、产仔数等诸因素都能够影响母猪的泌乳力。

（4）母性。母猪的母性对于哺乳仔猪的成活是相当重要的，一般用哺育仔猪的育成率来表示，主要决定于母猪的泌乳力和母猪护仔性。在对母猪的繁殖性能进行选择时，母性也是一个需要考虑的性状。

4. 外貌性状

（1）体长。体长对猪的胴体长度和产肉量都有一定的影响，产肉力高的猪往往具有较大的体长，猪体长的遗传力较高，因此参考体长进行选种，会取得较好的效果。

（2）肢蹄。肢蹄结实度是体质的一部分，是指猪四个肢蹄的生长发育与整个机体相协调的程度。肢蹄缺陷或肢蹄病会给养猪业造成很大的经济损失，肢蹄病不仅会影响繁殖公、母猪的繁殖性能，也会影响商品猪的生长速度和产品等级。

（3）腿臀。由于腿和臀是肢体中产瘦肉最多的部位，因此腿臀比例在评定胴体时具有重要的意义。对腿臀比例进行适当的选择，对提高猪的产肉力具有积极的意义。

（4）毛色、头形、耳形。猪的毛色、头形和耳形是品种特征的重要标志，均具有很强的遗传性，尽管其与经济性状的关系不大，但一直都受到人们的关注。

5. 性能测定

（1）不同亲属记录。性能测定的记录可以来源于后裔、同胞和本身。依据后裔记录进行选种是最准确的，因为选种就是为了获得更优秀的后代，但由于后裔测定会使世代间隔延长，而且测定的能力有限，因而也就影响性状的年遗传改进量。猪的许多肉用性状都是中、高遗传力性状，依据同胞或本身的成绩选择就能获得理想的效果。

（2）多种亲属记录的结合。与利用单个亲属信息相比，同时利用多种亲属的记录会提高育种值估计的准确性。BLUP育种值估计方法正是由于它可以充分利用各种亲属的信息，能消除由于环境和选配等造成的偏差，能考虑不同群体不同世代的遗传差异，因而可以提高选种的准确性。

二、利用杂交优势

（一）杂交概念及生物学效应

杂交一般是指不同品系、品种个体间的交配。所谓杂交育种，就是运用两个或两个以上的品种相杂交，创造出新的变异类型，然后通过育种手段将它们固定下来，以培育出新品种或改进品种的个别缺点。其原理是不同品种具有不同的遗传基础，通过杂交时的基因重组，能将各亲本的优良基因集中在一起；同时还由于基因互作，有可能产生超越亲本品种性状的优良个体，然后通过选种、选配等手段，使有益的基因得到相对纯合，从而使它们具有相当稳定的遗传能力。目前，杂交育种是改良现有品种和创造新品种的一条途径。

杂交在养猪生产中有着十分重要的作用，即杂交育种和杂种优势的利用，后者习惯上称为经济杂交。生产实践证明，猪经杂交利用后，其后代的生长速度、饲料效率和胴体品质可分别提高5%~10%、13%和2%；杂种母猪的产仔数、哺育率和断奶窝重，大约分别提高8%~10%、25%~40%和45%。因此，杂交利用已成为发展现代养猪生产的重要途径。

（二）杂种优势极其度量

杂种一代（F_1）与纯和亲代均值间的差数，称为杂种优势值。生产中可以用杂种优势率来表示，即杂种优势值和纯和亲代均值的比值。

经过性能测定测得到的个体记录可能受到三种效应的作用。例如：母猪的窝产仔数受到三个效应的影响：父本效应，公猪配种能力以及精液的受精力；母本效应，母猪的排卵数及子宫内环境；子代效应，仔猪的抵抗力和生活力。父本效应直接作用到受精，母本效应对于评价繁殖力的各个指标都具有重要的意义，个体效应对于生长发育个体的一些性状的作用更为重要，如胴体性状。

对于杂种优势效应，根据不同动物的基因型可以进行相应类型的划分。

1.父本杂种优势

父本杂种优势取决于公猪系的基因型，是指杂种代替纯种作父本时公猪性能所表现出的优势，表现出杂种公猪比纯种公猪性成熟早、睾丸较重、射精量较大、精液品质较好、受胎率高、年轻公猪的性欲强等特点。

2.母本杂种优势

母本杂种优势取决于母猪系的基因型，是指杂种代替纯种作母本时母猪所表现出的优势，表现出杂种母猪产仔多、泌乳力强、体质健壮、易饲养、性成熟早、使用寿命长等特点。

3.个体杂种优势

个体杂种优势也称子代杂种优势或直接杂种优势，取决于商品肉猪的基因型，指杂种仔猪本身所表现出的优势，主要表现在杂种仔猪的生活力提高、死亡率低、断奶窝重大、断奶后生长速度快等方面。

（三）杂种优势显现的一般规律

（1）遗传力低的性状表现出强的杂种优势，如健壮性（抗应激能力、四肢强健程度等）和繁殖性能。

（2）遗传力中等的性状表现出中等杂种优势，如生长速度快和饲料利用率高等。

（3）遗传力高的性状表现出弱的或不表现杂种优势，如胴体性状、背膘厚、胴体长、眼肌面积、肉的品质等改变不大。

需要说明的是，胴体瘦肉率没有杂种优势，杂种猪低于或等于双亲均值，但比母本（地方品种或培育的肉脂型品种）高，这对于我国目前开展猪经济杂交，提高瘦肉率有重要意义。

（四）杂交亲本的选择

所谓杂交亲本，即猪进行杂交时选用的父本和母本（公猪和母猪）。

1.杂交父本的选择

实践证明，要想使猪的经济杂交取得显著的饲养效果，一个重要的条件父本必须是高产瘦肉型良种公猪。如近几年我国从国外引进的长白猪、大约克夏猪、杜洛克猪、汉普夏猪、迪卡配套系猪等高产瘦肉型种公猪等是目前最受欢迎的父本。它们的共同特点是生长快、饲料利用率高，胴体品质好，同时性成熟早、精液品质好，适应当地环境条件等。凡是通过杂交选留的公猪，其遗传性能很不稳定，要坚决淘汰，绝对不能留作种用。三元杂交或多元杂交时，选择最后一个杂交父本（终端父本）尤其重要。

2. 杂交母本的选择

作为杂交母本，一般应该具备下列条件：数量多，分布广，适应性强；繁殖力强，母性好，泌乳力高；体格不宜过大，以减少能量维持需要。我国绝大多数地方品种和培育品种猪都具有作为杂交母本品种的条件，如太湖猪、内江猪、北京黑猪、里岔黑猪或者其他杂交母猪。由于地方母猪适应性强，母性好，产仔率高、泌乳力强、耐粗饲、抗病力强等，所以，利用良种公猪和地方母猪杂交后产生的后代，一是生长快，饲料报酬高；二是繁殖力强，产仔多而均匀，初生仔体重大，成活率高；三是生活力强，耐粗饲，抗病力强，胴体品质好。由此可知，亲本间的遗传差异是产生杂种优势的根本原因。不同经济类型（兼用型与瘦肉型）的猪杂交比同一经济类型的猪杂交效果好。因此，在选择和确定杂交组合时，应重视对亲本的选择。

（五）选择合理的杂交方式

根据实际饲养条件及模式，因地制宜、有计划地合理选择杂交方式，是养猪场（户）搞好猪经济杂交的前提。

1. 二元经济杂交

二元经济杂交又称简单经济杂交，是指两个纯种猪间的杂交。二元经济杂交的优点：简单易行，应用广泛；缺点：母系杂种优势得不到利用。简单经济杂交所产的杂种一代，一般全部用来育肥，这是目前养猪生产推广的"母猪本地化、公猪良种化、肥猪杂交一代化"，是应用最广泛、最简单的一种杂交方式。

2. 二元级进杂交

二元级进杂交模式。优点：可提高瘦肉率，在母猪瘦肉率太低时采用，还可以提高窝产仔数；缺点：杂种的生活力、健康水平有所下降，日增重和饲料利用率也较二元经济杂交的杂种商品猪为差。

3. 三元杂交

三元杂交是用甲品种母猪与乙品种公猪杂交的一代杂种猪群选育的母猪，再和丙品种公猪进行交配所产生的后代，全部育肥。这种杂交方式由于母本是二元杂种，能充分利用母本杂种优势。另外，三元杂交比二元杂交能更好地利用遗传互补性。因此，三元杂交在商品肉猪生产中已被逐步采用。

4. 轮回杂交

轮回杂交是用两个或两个以上不同品种猪进行杂交，以保持后代杂种优势。母本也可以从三元杂交猪群中直接选择，再和另一良种公猪进行杂交。采用轮回杂交方式，不仅能够保持杂种母猪的杂种优势，提供生产性能更高的杂种猪用来育肥，可以不从外地引进纯种母猪，以减少疫病传染的风险，而且由于猪场只养杂种母猪和少数不同品种良种公猪来轮回相配，在管理上和经济上都比二元杂交、三元杂交具有更多的优越性。这种杂交方式，不论养猪场还是养猪户都可采用，不用保留纯种母猪繁殖群，只要有计划地引用几个肥育性能好和胴体品质好，特别是瘦肉率高的良种公猪作父本，实行固定轮回杂交，其杂交效果和经济效益都十分显著。

5. 顶交

顶交指近交程度很高的公猪与没有亲缘关系的非近交母猪交配，可充分发挥特定近交系公猪的长处，又因母猪为非近交个体而避免了近交衰退。缺点是母猪间变异大，所以杂交后代不一致。

（六）杂交利用措施

1. 杂交亲本的选优和提纯

杂种优势的显现受到许多因素的限制，开展杂种优势利用是一项复杂而又细致的工作。首先应从亲本的选优和提纯入手，这是杂种优势利用的主要环节。选优就是通过选择，使亲本群原有的优良、高产基因的频率尽可能增大。提纯就是通过选择和近交，使亲本群在主要性状上纯合子的基因型频率尽可能增加，个体间的差异尽可能减小。提纯的重要性不亚于选优。亲本纯度越高，才能使亲本基因频率之差加大，配合力测定的误差也就越低，可得到更好的杂种优势效益，杂种群体才能整齐，接近规范。

重视亲本群选育，一定要在纯繁阶段把可以选择提高的性状尽量提高；否则，盲目进行杂交，不可能得到好的效果。

2. 配合力测定和最优杂交组合的筛选

配合力就是种群间的杂交效果。配合力测定的目的，是通过杂交试验，测定种群间的杂交效果，找出最优的杂交组合，以求最大限度提高肉猪的生产性能。

配合力分为一般配合力和特殊配合力。一般配合力是指一个种群与其他各种群杂交，所能获得的平均效果。例如，内江猪与地方品种猪杂交，都获得较好的效果，这就是内江猪的一般配合力好。特殊配合力则是两个特定种群之间的杂交所能获得的超过一般配合力的杂种优势。在杂种优势利用中，追求的是特殊配合力，它通过杂交组合的选择而获得。例如，用上海白猪与杜洛克、苏白猪、长白猪等品种进行配合力测定，四个组合的育肥性能都超过纯种上海白猪，其中，杜洛克和上海白猪的组合超过其他三个组合，表明上海白猪与杜洛克猪之间特殊配合力好，是一个值得推广应用的杂交组合。

3. 建立健全杂交繁育体系

所谓繁育体系，就是为了协调整个地区猪的经济杂交工作而建立的一整套合理的组织机构和各种类型的猪场。

（1）原种场。主要是杂交所用的父本和母本品种进行选育和提高，为繁殖场或商品场提供优良的杂交父本、母本。对母本的选育重点应放在繁殖性能上，对父本的选育重点应放在生长速度、饲料利用率和胴体品质上。

（2）繁殖场。主要任务是扩大繁殖杂交用的父本、母本种猪，提供给商品场，尤其是母本品种。母本种猪包括纯种和杂种母猪。选育重点还应放在繁殖性能上。

（3）商品场。从繁殖场得到的母本，从原种场或繁殖场得到的父本，进行经济杂交生产商品肥育猪。工作重点应立足于商场肥育猪的科学饲养管理方面。

4. 改善杂种的培育条件

通过配合力测定所确定的最优秀的杂交组合，奠定了杂交优势产生的遗传基础，这是获得高杂种优势率和高生产率的前提。但是，猪生产性能的表现是遗传基础和环境共同作用的结果，遗传潜力的发挥必须有相应的环境条件作保证。所以，对杂种饲养管理条件的好坏，直接影响杂种优势表现的程度。与以前农村散养户的养猪模式相比，当前规模猪场的饲养管理模式和生产条件有了很大的改善，但与先进国家相比还有很大的差距。为了更大地发挥我国杂交猪的生产潜能，提高猪场经济效益，必须采取科学的、先进的生产和管理模式。

三、猪群品种结构的不断优化

规模化养猪必须做好两个猪群的调控工作，即种猪群和商品群（仔猪出生至出栏）。科学合理调控猪群品种结构，通过不同途径对规模化商品猪场的生产运行和经济效益产生决定性作用。

两个猪群包括了生产全过程组群，是控制生产和控制疾病的实体对象，这两个群体各有不同的生产目标和特点。但是这又是以种猪群为生产龙头而影响商品群的，所以规模化养猪要抓好生产管理，首先必须抓好种猪群的生产调控。

种猪群结构管理调控可分以下几个方面来落实。

（一）种猪群遗传品种结构

选择优秀性能的种猪和杂交模式，为商品猪生产打下良好的遗传基础，将有可能生产出具有较高经济指数的上市肉猪。如果没有良好的遗传基础，使商品猪具有好的经济指数几乎不可能。因为："性状 = 遗传 + 环境"。不同的性状表现不同的遗传力，繁殖性状属低遗传力，受环境因素的影响较大（如管理、饲养、疾病等），如产仔数、成活率等；生产性状属中等遗传力，20%~30% 受遗传控制，如出栏日龄、日增重、料肉比等，这些性状的 70%~80% 受饲养管理控制；结构性状属高遗传力，40%~60% 受遗传控制，瘦肉率、背膘厚、乳头数等猪体结构。所以要获得上市猪较高的经济指数就必须选择优秀的品种和杂交模式，生产性状、结构性状属中高遗传力，容易通过品种进行改良。而繁殖性状则需通过良好的饲养管理来获得。目前较实用的杂交模式为"杜洛克 × 长白 × 大约克"，同一品种不同品系的性能也有差别，选择优秀的品种及杂交模式是您获得较好经济效益的重要基础。

（二）种猪群结构

种猪群饲养管理目标是以较低的成本保证种猪健康稳定的可持续均衡生产和提供更多的优秀断奶仔猪。

抓好种猪群结构是保持种猪群持续高指标稳产的基础；主要体现在年龄结构，公母猪结构、均衡生产、疾病结构方面，是保持全场猪群结构恒定稳产的基础，是保证各项管理指标正常落实执行的基础，是保证资金正常运行的基础。

种猪群必须有一个科学的年龄结构。应保持的一般年龄结构为：母猪、初产母猪 15%~17%，6 胎以上 13%~15%，2~6 胎 65%~70%。初产母猪和老龄母猪不但产仔数和哺乳能力差以外，而且仔猪质量也低于平均值，上市肉猪经济指数也下降，如生长速度、料肉比等，所以要提高种猪群的繁殖性能和断奶仔猪质量，第一步就要使母猪群有一个科学的年龄结构。这就要求要按母猪更新计划认真落实母猪群的更新工作。一般生产母猪在 200~300 头的猪场不宜自繁后备母猪，300 头以上的生产母猪群可由种猪场引入后备母猪，或自繁后备母猪，同时减少引入种猪也是减少疾病传入的重要方面。根据生产母猪群结构及更新计划组合纯种核心群，并制订严格的繁殖培育方案及计划，以保证更新计划的落实。公猪群的组群结构以公母比例为 1 :（20~25）为宜，老、中、青三结合，建议公猪使用年限不超过 2.5 年，个别性能和遗传特别好的个体可适当延长到 3 年。实践证明中青年公母猪的后代活力和经济性能高于群体平均值。

均衡性生产对猪场的管理、生产运行、资金运行具有重要意义。只有均衡生产才能保证诸如工资方案、猪群周转、疫病控制、栏舍使用、资金运行等计划和指标的有效落实。种猪群的均衡生产决定了全场的均衡生产，在生产实践中必需科学地制订生产计划，包括周、月、年生产计划，配准率、分娩率、产仔率等目标计划，达不到预定计划的要查找原因，及时解决，确保计划的完成率。

（三）疾病结构控制

每一个猪场的疾病结构都存在有差异，在生产中必须切实掌握本场的疾病结构，疾病的控制必须从种猪群着手去控制，根据不同类型疾病的特点及在本场的特点制订疾病控制计划。包括繁殖系统、呼吸道系统、胃肠道系统、寄生虫病等四大系统疾病；控制疾病必须采取："提高猪群群体素质，减少病原的传入和繁殖"的原则进行制订落实控制计划。如营养、环境卫生、全进全出、消毒、疫苗注射、药物防治、疫病监视等措施，根据不同疾病的特点使之有机结合，才能达到预期的效果，单一的指标往往达不到预期的效果。

有了合理的种猪群计划，其商品群也有了生产计划的基础，为保证出栏计划的实现，就必须对这一群体进行科学的管理，使与之有关的指标逐步完成。

第四章

猪高效生产的营养与饲料

第一节　猪的消化生理和营养概述

一、猪的消化生理

（一）概述

食物中的营养物质主要有蛋白质、脂肪、碳水化合物、水、无机盐和维生素等，其中水、无机盐和维生素的结构比较简单，可以直接被机体吸收利用，而蛋白质、脂肪和碳水化合物一般都是大分子物质，结构复杂，不能直接被动物利用，它们必须在消化器官被分解为简单的小分子，才能被吸收利用。食物在消化道内的这种分解过程就叫作消化。食物经过消化后，通过消化道管壁的黏膜进入血液循环的过程叫作吸收。消化和吸收是两个密切联系的过程，完整的消化概念包括这两个过程。营养物质的消化和吸收主要在胃、小肠、胰及肝脏中进行。消化系统的容量、酶的分泌能力、小肠黏膜的吸收能力等影响动物的消化吸收能力。

食物在消化道内有三种消化方式，即物理性消化、化学性消化和微生物消化。物理性消化即机械性消化，在消化中发挥着重要作用，是指各段消化道通过收缩运动，包括咀嚼、吞咽和胃肠的运动等，将大块的食物磨碎，分裂为小块。增加食物与消化液的接触面积，有利于进一步消化；另外，由于胃肠的收缩运动，使已消化的营养物质能与消化道壁紧密接触，有利于消化产物的吸收。化学

· 77 ·

性消化主要指消化液含有的消化酶对食物的消化作用。动物的消化液包括唾液、胃液、肠液、胰液和胆汁等，其中除胆汁外都含有消化酶。这些消化酶都是水解酶类，可将结构复杂的大分子物质水解为简单的小分子物质，如蛋白质水解为氨基酸，碳水化合物（主要是淀粉）水解为单糖（主要是葡萄糖），脂肪水解为脂肪酸和甘油等。微生物消化是指消化道内的微生物参与的消化作用，对草食家畜特别重要。在猪的大肠内也存在微生物，并参与食物的消化过程。三种消化作用是互相联系，同时进行的。

猪的消化器官由一条长的消化道和与其相连的一些消化腺组成。消化道起始于口腔，向后依次为咽、食管、胃、小肠（包括十二指肠、空肠和回肠）、大肠（包括盲肠、结肠和直肠），最后终止于肛门。消化腺包括唾液腺、肝、胰和消化道壁上的小腺体。消化腺合成消化酶，分泌消化液，经导管输送到消化道内，促使饲料中的蛋白质、脂肪和糖类发生水解作用。

（二）猪的消化道结构及其功能

猪对营养物质的消化吸收过程是通过消化器官、消化腺体、消化液和神经调节整体稳定恒控制完成的。消化器官主要有：口腔、咽、食管、胃、小肠、大肠组成。消化液主要包括唾液、胃液、肠液、胰液、胆汁等。

1. 口腔

猪的口腔器官包括吻突、唇、腭、齿和唾液腺。食物在口腔内经咀嚼磨碎，降低其颗粒大小并混入唾液淀粉酶，形成食团，然后经咽部吞下。口腔前端以口裂与外界相通，后端通咽。口腔内面（除齿外）衬有黏膜，黏膜较厚，富有血管。口腔黏膜上有唾液腺的开口。口腔是消化系统的起始部，在这里主要进行物理性消化和部分化学性消化。物理性消化主要为进行采食、饮水、咀嚼、混合唾液和形成食丸向后推送。

2. 咽

咽位于口腔、鼻腔的后方，喉和食管的前上方，是一个呈漏斗状的肌肉囊，为消化、呼吸的共同通道。

3. 食管

食管是连接口腔和胃的一个肌肉发达的管道，食道的作用是直接把食物通过胸腔送入胃内，而不影响胸部器官的正常功能。

4. 胃

胃位于腹腔内，在膈和肝的后方，前端以贲门接食管，后端以幽门与十二指肠相通。胃有暂时贮存食物、分泌胃液、进行初步消化和推送食物进入十二指肠等功能。猪胃壁黏膜分为有腺部和无腺部，有腺部黏膜根据腺体不同分为贲门腺区、胃底腺区和幽门腺区，胃底腺是分泌消化液的主要腺体。无腺部靠近贲门，无消化腺，不分泌消化液。整个胃黏膜表面还分布黏液细胞，分泌黏液形成保护层，防止黏膜受胃酸的侵蚀。胃的主要功能是通过胃壁的紧张性收缩和蠕动将猪在胃内的食物与胃液充分混合，使食团变成半流体的食糜，便于化学性消化，并使胃内容物通过幽门向十二指肠移动。

5. 肠

肠起自幽门，止于肛门，可分小肠和大肠两部分，小肠分为十二指肠、空肠和回肠三部分，大肠分为盲肠、结肠和直肠三段。

（1）小肠。小肠最长，管较小，是消化道中最重要的消化部位。肠壁黏膜形成许多环行的褶和微细肠绒毛，突入肠腔中，以增加与食物接触的面积。小肠部的消化腺很发达，有壁内腺和壁外腺两大类。壁内腺有肠黏膜的肠腺和十二指肠黏膜下层的十二指肠腺，壁外腺有肝、胰分泌的胆汁和胰液由导管通入。消化腺的分泌物中含有多种酶，能消化各种营养物质。十二指肠是小肠的第一段，较短，肝管和胰管即开口于此。空肠是小肠中最长的一段，也是食物消化和营养物质吸收的重要场所。回肠是小肠末段，较短，肠壁较厚，其末端开口于盲肠或盲结肠交界处。食糜中的各种营养物质在胆汁、胰液和小肠液中各种消化酶的作用下，分解成小分子物质，经小肠绒毛吸收进入血液和淋巴，供身体各部分利用。小肠黏膜具有很大的吸收表面积，因此小肠也是各种物质被充分吸收的主要场所。

（2）大肠。大肠黏膜中的腺体分泌碱性、黏稠的消化液，其中含消化酶很少。所以大肠内的消化主要靠随食糜带来的小肠消化酶和微生物的作用。食糜经过消化和吸收后，其中的残余部分进入大肠的后段。在这里，水分被大量吸收，大肠的内容物逐渐浓缩而形成粪便。

（三）猪的消化液及其功能

1. 唾液及在消化中的主要作用

唾液是腮腺、颌下腺和舌下腺三对主要唾液腺和口腔黏膜中许多小腺体分泌的混合液。唾液分为浆液型、黏液型和混合型三类。唾液为无色透明的液体，呈弱碱性。

唾液的主要作用：① 唾液含有大量的水分，可湿润饲料，便于咀嚼和吞咽，同时唾液溶解食物中某些可溶物质，从而引起味觉，促进消化液的分泌；② 唾液中的黏蛋白富有黏性，有助于咀嚼和吞咽；③ 猪的唾液含少量淀粉酶，在适宜环境下将淀粉分解为麦芽糖。

2. 胃液及在消化中的主要作用

胃液是无色透明并带有一定黏性的酸性液体，pH 值为 0.5~1.5。除水分外，主要由盐酸、消化酶、黏蛋白和电解质组成。胃酸即指盐酸。胃液主要有以下几方面的功能。

（1）胃酸。① 是胃蛋白酶原的致活剂。② 维持胃内酸性，为胃内消化酶提供适宜环境，并使钙、铁等矿物质元素游离，易于吸收。③ 杀死进入胃的细菌，保护机体免受侵害。④ 胃酸的浸泡，可使食物中的蛋白质变性，有利于酶的消化。⑤ 胃酸进入小肠后，可促进胰液、胆汁的分泌，促进胆囊收缩胆汁进入小肠，有利于小肠的消化。

（2）胃蛋白酶。将蛋白质分解成简单的肽和胨，主要作用于苯丙氨酸和酪氨酸的肽键。

（3）黏液。主要是糖蛋白，其作用为：① 润滑作用，食物易于通过；② 保护胃黏膜不受食物机械损伤；③ 黏液偏碱性，降低黏膜层酸度，防止酸和酶对黏膜的消化。

（4）内在因子。由细胞壁分泌的一种黏蛋白，可与维生素 B_{12} 结合成复合物，促进肠壁上皮对维生素 B_{12} 的吸收。

3. 胰液及在消化中的主要作用

胰液由胰腺分泌，通过胰管与胆管合并，由胆管口分泌入十二指肠。胰液是无色透明的碱性液体，pH 值为 7.8~8.4，其渗透压与血浆相等。胰液中除水（约 90%）外，还含有无机盐电解质和有机物。胰液的酶种类多，作用强，在消化中起主要作用。胰淀粉酶主要分解 α – 淀粉；胰脂肪酶类将脂类分解成甘油一酯和游离脂肪酸；胰蛋白酶类主要是多种蛋白酶原，在胰液的肠激酶作用下激活，将蛋白质、肽分解成游离氨基酸。胰液还有中和作用，即胰液的碱性无机盐可中和胃酸，以维持肠内适宜的酸碱度，保护肠壁。

4. 胆汁及在消化中的主要作用

胆汁是橙黄色、有黏性、味苦的弱碱性液体，胆汁中不含消化酶，主要成分为胆色素、胆酸、胆固醇、卵磷脂及其他磷脂、脂肪和矿物质等。胆汁对消化的作用，是由胆酸盐来实现的。

胆汁的消化作用：① 参与脂肪的消化，胆汁可以激活胰脂肪酶，促进脂肪的乳化，以增加脂肪和脂肪酶接触的表面积，胆酸盐与脂肪酸结合，形成水溶性的复合物，能促进脂肪酸的吸收；② 促进脂溶性维生素 A、维生素 D、维生素 E、维生素 K 的吸收；③ 胆汁中的碱性无机盐可中和一部分由胃进入肠中的酸性食糜，维持肠内的适当反应；④ 胆汁能刺激小肠运动。

5. 小肠液及在消化中的主要作用

小肠液是小肠黏膜中各种腺体分泌物的混合。纯净的小肠液是无色的浑浊液，pH 值为 8.2~8.7，含有碳酸氢钠和多种消化酶。小肠液中含有种类齐全的消化酶，如肠肽酶、肠脂肪酶、分解糖类的酶以及分解核酸和核苷酸的酶等，其对饲料中营养物质的消化作用是十分全面而彻底的，可将蛋白质、脂肪和碳水化合物水解为可被机体吸收利用的形式。

（四）消化后营养物质的吸收

饲料中营养物质在动物消化道内经物理的、化学的、微生物的消化后，经消化道上皮细胞进入血液或淋巴的过程称为吸收。动物营养研究中，把消化吸收了的营养物质视为可消化营养物质。

各种动物口腔和食道内均不吸收营养物质，猪的营养物质主要吸收场所在小肠，吸收机制有以下三种方式。

1. 胞饮吸收

胞饮吸收是肠黏膜伸出伪足或物质接触处的膜内陷，从而将这些物质包入细胞内。以这种方式吸收的物质，可以是分子形式，也可以是团块或聚集物形式。初生哺乳仔猪对初乳中免疫球蛋白的吸收就是胞饮吸收，这对初生仔猪获取抗体具有十分重要的意义。

2. 被动转运

被动转运主要通过滤过、弥散、渗透等作用进行，是将消化了的营养物质吸收进入毛细血管和毛细淋巴管，进入血液和淋巴液。这种吸收形式不需要消耗机体能量。一些分子量低的物质，如简单多肽、各种离子、电解质和水等的吸收即为被动转运。

3. 主动转运

主动转运需要载体和消耗能量（ATP），是依靠细胞壁"泵蛋白"来完成一种逆电化学梯度的物质转运形式，即物质从浓度低或电荷低的一侧向浓度高或电荷高的一侧转运。这种吸收形式是猪吸收营养物质的主要方式。

二、猪的营养概述

养猪生产是将低质的自然资源或农副产品转变成优质动物性食品（猪肉）的理想途径，猪为了维持自身的生存和繁衍后代的需要，必须从外界环境中摄取所需要的营养物质。含有一种以上养分，能被畜禽采食、消化、利用，并对畜禽无毒无害的物质称为饲料。植物及其产品是猪饲料的主要来源。饲料中凡能被动物用以维持生命、生产产品的物质，称为营养物质，简称养分。饲料中养分可以是简单的化学元素，如钙、磷、钾、钠、氯、铁、铜、锰、锌、碘等，也可以是复杂的化合物，如蛋白质、脂肪、碳水化合物和各种维生素。按常规饲料分析方法，可将猪需要的营养素及饲料中存在的营养素分为六大成分，即水分、粗灰分（Ash）、粗蛋白质（CP）、粗脂肪或醚浸出物（EE）、粗纤维（CF）和无氮浸出物（NFE）（图4-1）。因每一成分都包含着多种营养成分，成分不完全固定，故又称之为概略养分。

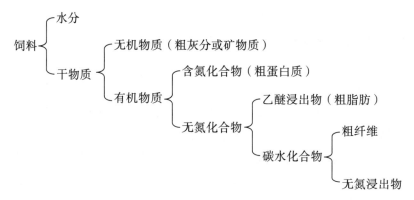

图4-1 概略养分与饲料组成之间的关系

（一）水分

猪机体和饲料中均含有水分，但猪生理阶段不同，饲料种类不同，其含量差异很大。构成机体和饲料的水分有两种存在形式，一种含于体细胞间，与细胞结合不紧密，容易挥发，故又称之为游离水；另一种是与细胞内的胶体物质紧密结合，形成胶体外面的水膜，较难挥发，故称为结合水。

水是猪机体一切细胞和组织的必需构成成分，在机体所有化合物中，水的比例最大。水分布于各种组织、器官和体液中，体液以细胞膜为界，分为细胞内液和细胞外液。在健康猪机体中，细胞内液占体液的 2/3，主要存在于肌肉、脏器和皮肤细胞中，细胞外液主要指血浆和间质液，约占体液的 1/3，细胞内液、间质液和血浆之间的水不断进行着交换，保持动态平衡。

（二）粗蛋白质

粗蛋白质是指机体或饲料中一切含氮物质的总称。在含氮化合物中，蛋白质不是唯一含氮物质，核酸、游离氨基酸、铵盐等不是蛋白质，但它们也含有氮，为此将蛋白质分为两部分，即真蛋白质和非蛋白含氮化合物。在自然界中存在的真蛋白质中，含氮量平均为 16%，因此，在常规饲料分析法中规定，用含氮量乘以 6.25（N%×6.25）来计算粗蛋白质含量。

（三）粗脂肪

脂肪是指机体及饲料中油脂类物质的总称，包括真脂肪（甘油三酯）和类酯两类。在营养学研究规定的饲料分析方案中，是用乙醚浸提样品所得的乙醚浸出物。粗脂肪中除包括真脂肪外，还含有其他溶于乙醚的有机物质，如叶绿素、胡萝卜素、有机酸、脂溶性维生素等，故称为粗脂肪或醚浸出物。

（四）粗灰分

粗灰分是指动植物体所有物质全部氧化后剩余的残渣，即动植物体燃烧后的灰分，主要为钙、硫、钠、钾、镁等矿物质氧化物或盐类，有时还含有少量泥沙，故称为粗灰分或矿物质。

（五）粗纤维

粗纤维由纤维素、半纤维素、多缩戊糖、木质素及角质素等组成，是植物细胞壁的主要成分，猪体内不含有粗纤维。粗纤维在化学性质和构成上均不一致，纤维素可称之为真纤维，其化学性质稳定；半纤维素和多缩戊糖主要由单糖及其衍生物构成，但含有不同比例的非糖性质的分子结构，猪对纤维素、半纤维素、多缩戊糖的消化利用率很低；木质素则是最稳定、最坚韧的物质，不属于糖，化学结构极为复杂，至今尚未弄清楚，对猪无任何营养价值。

（六）无氮浸出物

饲料中除去水、粗灰分、粗蛋白质、粗脂肪和粗纤维以外的有机物质的总称，主要包括多糖、双糖和单糖。无氮浸出物又称易消化碳水化合物，猪的消化利用率很高。常规饲料分析不能直接分析饲料中无氮浸出物含量，而是通过计算求得：

无氮浸出物 %=100% –（水分＋灰分＋粗蛋白质＋粗脂肪＋粗纤维）%

常用饲料中无氮浸出物含量一般在 50% 以上，特别是植物籽实和块根块茎饲料中含量高达 70%~85%，主要成分是淀粉。饲料中无氮浸出物含量高，适口性好，消化率高，是动物能量的主要来源。动物性饲料中无氮浸出物含量很少。

猪的营养就是指猪摄取、消化、吸收、利用饲料中营养物质的全过程，是一系列化学、物理及生理变化过程的总称。它是猪的一切生命活动（生存、生长、繁殖、产奶、免疫等）的基础，整个生命过程都离不开营养。

动物（猪）与植物（饲料）在化学组成上非常相似，大概含有 60 多种元素。这些元素中，以碳、氢、氧、氮含量最多，占总量 95% 以上。矿物元素的含量较少，约占 5%。按化学元素在动植物体内含量的多少，可分为常量元素和微量元素两大类。动植物体内含量不低于 0.01% 的化学元素称为常量元素，如碳、氢、氧、氮、硫、钙、磷、钾、钠、氯、硅、镁等；动植物体内含量低于 0.01% 的化学元素称为微量元素，如铁、铜、锰、锌、碘、硒、钴等。实验证明，组成动物、植物细胞的化学元素种类基本相同，但含量略有差异。

饲料在生猪生产中占总养殖成本的 65% 左右，因此，给猪提供何种的饲料关系着养猪盈利的多少，是生猪生产获得效益的关键。

三、猪的营养需要及饲养标准

猪为了生存和生长等生产活动，需要不断从饲料中摄取各项营养物质。而这些营养物质被消化吸收后，首先用于维持正常的体温、血液循环、机体代谢等必要的生命活动消耗，然后再用于生长、肥育、妊娠、泌乳等各项生产需要。因此，猪的营养需要是指达到期望的生产性能时，每天每头猪对脂肪、蛋白质、矿物质和维生素等各种营养物质的需要量。

猪的饲养标准是根据大量试验结果和动物生产的实际，对猪所需要的各种营养物质的定额做出的规定。饲养标准是动物营养需要研究应用于动物饲养实践的权威表述，反映了动物生存和生产对饲料及营养物质的客观要求，高度概括和总结了营养研究和生产实践的最新进展，具有很强的科学性和广泛的指导性。它是动物生产计划中组织饲料供给、设计饲料配方、生产平衡饲料以及对动物实行高效饲养的技术指南和科学依据。

随着动物营养学家对猪的营养需要的研究不断深入，饲养标准也在逐步发展和完善，所考虑的营养元素也在不断增加，猪的阶段划分也更加细化，最终目的都是满足猪的最佳营养需求，用最低的生产成本来创造最大的养殖效益。目前，在养猪生产实际中常采用的营养标准有美国的 NRC 标准、法国的 ARC 标准及中国地方品种猪标准等。

四、配合饲料的概念及分类

（一）配合饲料的概念

随着集约化养猪的发展，全封闭管理环境的出现，使动物处于基本上与自然环境隔绝的条件下，其所需要的营养物质完全取决于养殖业者提供的饲料。日粮是指满足一头动物一昼夜所需要各种营养物质而提供的各种饲料总量。配合饲料是指以动物的不同生长阶段、不同生理要求、不同生产用途的营养需要，以及以饲料营养价值评定的实验和研究为基础，按科学配方把多种不同来源的饲料，依一定比例均匀混合，并按规定的工艺流程生产的饲料。

（二）配合饲料的分类

配合饲料产品种类很多，分类方法也不同。

1. 按营养成分分类

按营养成分分类配合饲料可分为四大类：添加剂预混料、浓缩饲料、全价配合饲料和精料补充料。

（1）添加剂预混料。添加剂预混料基本原料是各种饲料添加剂，由一种或多种饲料添加剂经一定处理后与载体或稀释剂配制而成。市场中的"复合维生素""微量元素添加剂"以及含有各种添加剂的综合添加剂预混料都属于这一类。添加剂预混料是全价配合饲料的核心部分，一般占有全价配合饲料的0.5%~10%，属于半成品饲料，不能单独饲喂动物。不同动物的添加剂预混料组成成分不同，不能随便使用，也不能随意超量使用，以防某些微量成分过量引起中毒。

（2）浓缩饲料。添加剂预混料、蛋白质饲料和矿物质饲料按特定配比均匀混合，即可制成浓缩饲料。浓缩饲料也是半成品饲料，不能单独饲喂动物，使用前必须按说明与一定比例的能量饲料相混合。一般浓缩饲料占全价配合饲料的15%~40%。

浓缩饲料的类型较多，不同的畜牧场，可以根据实际情况选用不同的产品类型。尤其是各地的饲料资源千差万别，有针对性地生产与当地畜禽生产相适应的浓缩饲料，对开发和利用各地饲料资源，促进农村畜牧业的发展，将起到积极作用。

（3）全价配合饲料。浓缩饲料与能量饲料配合，便可制成全价配合饲料。该饲料内含有能量、蛋白质和矿物质饲料以及各种饲料添加剂等。全价配合饲料是配合饲料的最终产品，用于完全舍饲的非草食单胃动物，在营养上能全面满足某种动物的需要，是全日粮型配合饲料。可直接饲喂相应的动物，不需要外加任何其他饲料。

（4）精料补充料。浓缩饲料与能量饲料配合后，也可制成精料补充料。精料补充料同样是配合饲料的最终产品，是用于草食动物的，而且在营养上不能完全满足动物的需要，属于半日粮型配合饲料。饲喂时还应搭配一定数量的青绿饲料和粗饲料等。

2. 按形态分类

按形态分类全价配合饲料又可以分为粉料、颗粒料、碎粒料、膨化饲料、液体饲料。

（1）粉料。粉料是目前饲料厂生产的主要料型，它与颗粒料相比，容易引起挑食，造成浪费，且其容重相差较大的饲料原料混合而成的粉料易产生分级现象。粉料的生产工艺简单，加工成本低，易与其他饲料搭配。但加工粉料时粉尘较大，采食时容易造成损失。

（2）颗粒料。以粉料为基础的经过蒸汽调质、加压处理、冷却后制成的颗粒饲料，其形态有圆筒状和角状。这种饲料容量大，改善了饲料的适口性，因而可增加采食量，避免挑食，保证了饲料的营养全价性，饲料报酬高。用于幼猪，一般可使增重提高5%~15%。但加热加压处理可使部分维生素、抗生素和酶等受到影响，且耗能大，成本高。

（3）碎粒料。碎粒料是颗粒饲料的一种特殊形式，用机械方法将生产好的颗粒饲料破碎、加工成细度为2~4毫米的碎料。其特点与颗粒饲料相同，雏禽饲料应用碎粒料较多，养猪生产中少用，有部分小猪教槽料使用碎粒料。

（4）膨化饲料。膨化饲料的适口性好，容易消化吸收，是幼年动物的良好开食饲料；同时，膨化饲料密度小，多孔，保水性好，是水产养殖的最佳浮饵。膨化饲料密度比水轻，可在水上漂浮一段时间。由于膨化饲料中的淀粉在膨化过程中已胶质化，增加了饵料在水中的稳定性，因此可减少饲料中水溶性物质的损失，保证了饵料的营养价值。膨化饲料是把粉状的配合饲料加温加压，使之糊化，在通过机器喷嘴时的 10~20 秒时间内突然加热至 120~180℃挤出，使之膨胀发泡成饼干状，再根据需要切成适当的大小。

（5）液体饲料。液体饲料在国内畜牧业中应用不多见，国外有些大型现代化养殖场为了需要和输送的方便，有时将配合饲料制成流体状。

3.按饲喂对象分类

按饲喂对象分类全价配合饲料又可以分为乳猪料、断奶仔猪料、生长猪料、育肥猪料、妊娠母猪料、哺乳母猪料、公猪料等。

第二节　饲料原料特性及质量标准

因为预混料的添加比例较小，一般仅含有微量元素、维生素及矿物质元素等，其他大宗原料需要猪场自己购买，因此猪场购买饲料原料时，要制定一套科学严谨的原料质量控制标准，规定原料的各营养元素的含量、水分大小、霉变程度等，以保证饲料成品质量。例如玉米，要严格控制其水分含量、杂质和霉变程度，另外还需注意其蛋白质含量。国际饲料分类方法中根据饲料的营养特性将饲料分为粗饲料、青绿饲料、青贮饲料、能量饲料、蛋白质饲料、矿物质饲料、维生素饲料、饲料添加剂 8 大类。本节主要介绍一些常用饲料原料的特性及质量控制标准。

一、能量饲料

能量饲料是指在干物质中粗纤维含量低于 18%，粗蛋白质含量低于 20% 的谷实类、糠麸类、脱水块根块茎及其加工副产品、动植物油脂等饲料。能量饲料在动物饲粮中所占比例最大，一般为 50%~70%，对动物主要起着供能作用。

（一）玉米

玉米，又名苞米、苞谷等，为禾本科玉米属一年生草本植物。玉米的亩产量高，有效能量多，是最常用而且用量最大的一种能量饲料。

玉米中养分含量与营养价值参见表 4-1。

玉米中碳水化合物在 70% 以上，多存在于胚乳中。主要是淀粉，单糖和二糖较少，粗纤维含量为 2%。粗蛋白质含量一般为 7%~9%，其品质较差，赖氨酸、蛋氨酸、色氨酸等必需氨基酸含量相对贫乏。粗脂肪含量为 3.5%~4.5%，主要存在于胚芽中，其粗脂肪主要是甘油三酯，构成的脂肪酸主要为不饱和脂肪酸，如亚油酸占59%，油酸占27%，亚麻酸占0.8%，花生四烯酸占0.2%，硬脂酸占2%以上。

表4-1　一些谷实饲料中养分含量　　　　　　　　　　（%）

饲料名称	干物质	粗蛋白质	粗脂肪	无氮浸出物	粗纤维	粗灰分	钙	总磷
玉米	86.0	8.7	3.6	70.7	1.6	1.4	0.02	0.27
小麦	87.0	13.9	1.7	67.6	1.9	1.9	0.03	0.41
稻谷	86.0	7.8	1.6	63.8	8.2	4.6	0.03	0.36
糙米	87.0	8.8	2.0	74.2	0.7	1.3	0.06	0.35
碎米	88.0	10.4	2.2	72.7	1.1	1.6	0.09	0.35
皮大麦	87.0	11.0	1.7	67.1	4.8	2.4	0.04	0.33
裸大麦	87.0	13.0	2.1	67.7	2.0	2.2	0.13	0.39
高粱	86.0	9.0	3.4	70.4	1.4	1.8	—	0.36
燕麦全粒	87.0	10.5	5.0	58.0	10.5	3.0	—	—
除壳燕麦	87.0	15.1	5.9	61.6	2.4	2.0	0.12	—
粟	86.5	9.7	2.3	65.0	6.8	2.7	0.05	0.30
甜荞麦	83.2	9.6	1.8	59.2	9.7	2.9	0.08	0.26
苦荞麦	88.9	10.1	2.3	60.3	14.0	2.2	0.02	0.26

玉米为高能量饲料，猪的消化能为14.27兆焦/千克。粗灰分较少，仅1%多，其中钙少磷多，但磷多以植酸盐形式存在，对单胃动物的有效性低。玉米中其他矿物元素尤其是微量元素很少。维生素含量较少，但维生素E含量较多，为20~30毫克/千克。

玉米质量指标及分级标准参考见下表（表4-2）。以粗蛋白质、容重、不完善粒总量、水分、杂质、色泽、气味为质量控制指标，分为4级。其中，粗蛋白质以干物质为基础；容重指每升中的克数；不完善粒包括虫蚀粒、病斑粒、破损粒、生芽粒、生霉粒、热损伤粒；杂质指能通过直径3.0毫米圆孔筛的物质、无饲用价值的玉米、玉米以外的物质。

表 4-2 玉米质量指标及分级标准

	质量指标	1级	2级	3级	不合格
必检	水分（%）	≤ 13.0	13.1~14.0	14.1~15.0	≥ 15.1
	含杂率（%）	≤ 0.5	0.6~1.0	1.1~1.9	≥ 2.0
	感官性状	籽粒整齐、均匀、色泽呈黄色，无霉变，无虫蛀，无异味、异嗅，无污染等	色泽呈黄色，籽粒不均，无霉变，无虫蛀，无异味、异嗅，无污染等	色杂，籽粒不均，有极少部分霉变、虫蛀粒，有轻微异味、异嗅，无污染等	色杂，籽粒不均，有部分霉变，虫蛀，有异味、异嗅，有污染等
参考	不完善率（%）	≤ 5.0	5.1~6.5	6.6~8.0	≥ 8.1
	生霉粒（%）	≤ 2.0			≥ 2.1
	容重（克/升）	≥ 710	685~709	660~684	≤ 659
	脂肪酸价（毫克/千克）	≤ 50	50~60	60~70	≥ 70
	黄曲霉毒素 B_1（微克/千克）	≤ 50			>50
	霉菌总数（10^3 个/千克）	<40			≥ 40

（二）小麦

按栽培季节，可将小麦分为春小麦和冬小麦。按籽粒硬度，可将小麦分为硬质小麦、软质小麦。小麦在我国为用量第二大的能量饲料。小麦中的养分含量与营养价值参见表4-1，质量指标及分级标准见表4-3。

小麦有效能值高，猪的消化能为14.18兆焦/千克。粗蛋白质含量居谷实类之首位，一般达12%以上，但必需氨基酸尤其是赖氨酸不足，因而小麦蛋白质品质较差。无氮浸出物多，在其干物质中可达75%以上。粗脂肪含量低（约1.7%），这是小麦能值低于玉米的原因之一。矿物质含量一般都高于其他谷实，磷、钾等含量较多，但一半以上的磷以植酸磷形式存在，动物很难直接利用。小麦中非淀粉多糖（NSP）含量较多，可达小麦干重6%以上。小麦非淀粉多糖主要是阿拉伯木聚糖，这种多糖不能被动物消化酶消化，而且有黏性，在一定程度上影响小麦的消化率。

小麦次粉是以小麦为原料磨制各种面粉后获得的副产品之一，比小麦麸营养价值高。由于加工工艺不同，制粉程度不同，出麸率不同，所以次粉成分差异很大。因此，用小麦次粉作饲料原料时，要对其成分与营养价值进行实测。

小麦对猪的适口性好，添加以阿拉伯木聚糖酶为主的复合酶可作猪的能量饲料，不仅能减少饲粮中蛋白质饲料的用量，而且可提高肉质，但应注意小麦的消化能值低于玉米。小麦用作育肥猪饲料时，宜磨碎；小麦用作仔猪饲料时，宜粉碎；作饲料原料时最好用陈小麦，当年收获的小麦要慎用。

表4-3 小麦质量指标及分级标准

	质量指标	1级	2级	3级	不合格
必 检	水分（%）	≤11.5	11.6~12.5	12.6~13.5	≥13.6
	感官性状	淡橙黄色颗粒，籽粒整齐，色泽新鲜一致。无发酵、霉变、虫蛀、结块及异味、异嗅等，无污染	淡橙黄色颗粒，籽粒整齐，色泽新鲜一致。无发酵、霉变、虫蛀、结块及异味、异嗅等，无污染	淡橙黄色颗粒，有极少数不完善粒，色泽新鲜一致。无发酵、霉变、虫蛀、结块及异味、异嗅等，无污染	色泽不一致、不新鲜，有较多不完善粒。有杂、有污染。有发酵、霉变、虫蛀、结块及异味、异嗅等
参 考	容重（克/升）	≥770	750~770	730~750	≤730
	粗蛋白（%）	≥14.0	13.9~13.0	13.0~11.1	≤11.0
	杂质（%）	≤0.5	0.6~1.0	1.0~1.9	≥2.0
	黄曲霉毒素 B_1（微克/千克）	≤30	>30		
	霉菌总数（10^3 个/千克）	<40			≥40

（三）稻谷

稻谷按粒形和粒质，可将我国稻谷分为籼稻、粳稻和糯稻3类。稻谷脱壳后，大部分果种皮仍残留在米粒上，称为糙米。

稻谷中所含无氮浸出物在60%以上，但粗纤维达8%以上，粗纤维主要集中于稻壳中，且半数以上为木质素。因此，稻壳是稻谷饲用价值的限制成分。稻谷中粗蛋白质含量为7%~8%，粗蛋白质中必需氨基酸如赖氨酸、蛋氨酸、色氨酸等较少。稻谷因含稻壳，有效能值比玉米低得多。

糙米中无氮浸出物多，主要是淀粉。糙米中粗蛋白质含量（8%~9%）及其氨基酸组成与玉米相似。糙米中脂质含量约2%，其中不饱和性脂肪酸比例较高。糙米中灰分含量（约1.3%）较少，其中钙少磷多，磷仍多以植酸磷形式存在。糙米质量指标及分级标准见表4-4。

表4-4　糙米质量指标及分级标准

	质量指标	A 级	B 级	C 级	不合格
必检	水分（%）	≤ 11.0	11.1~12.5	12.6~13.0	≥ 13.1
	感官性状	土黄色或白色近椭圆形颗粒，籽粒均匀。无污染、无霉变、无异味、异嗅、异色粒等	土黄色或白色近椭圆形颗粒，籽粒均匀。无污染、无霉变，无异味、异嗅、异色粒等	色杂，籽粒不均，有极少部分霉变粒，有轻微异味、异嗅等	色杂，籽粒不均，有部分霉变，有杂、有污染，有异味、异嗅等
参考	含杂率（%）	≤ 0.4	0.4~0.6	0.6~0.7	≥ 0.8
	不完善率（%）	≤ 2.0	2.1~4.0	4.1~6.0	≥ 6.1
	碎米（%）	≤ 8.0	8.1~12.0	12.1~16.0	≥ 16.1
	黄曲霉毒素 B_1（微克/千克）	≤ 40			>40
	霉菌总数（10^3 个/千克）	<40			≥ 40

（四）小麦麸

小麦麸俗称麸皮，是以小麦籽实为原料加工面粉后的副产品。小麦麸的成分变异较大，主要受小麦品种、制粉工艺、面粉加工精度等因素影响。

小麦麸中养分含量与营养价值参见表4-5。

粗蛋白质含量高于小麦，一般为15%左右，氨基酸组成较佳，但蛋氨酸含量少。与原粮相比，小麦麸中无氮浸出物（60%左右）较少，但粗纤维含量高，达到10%，甚至更高。正是这个原因，小麦麸中有效能较低，如消化能（猪）为9.37兆焦/千克。灰分较多，所含灰分中钙少（0.1%~0.2%）磷多（0.9%~1.4%），钙、磷比例（约1:8）极不平衡，但其中磷多为（约75%）植酸磷。另外，小麦麸中铁、锰、锌较多。由于麦粒中B族维生素多集中在糊粉层与胚中，故小麦麸中B族维生素含量很高，如含核黄素3.5毫克/千克，硫胺素8.9毫克/千克。

另外，小麦麸容积大。还具有轻泻性，可通便润肠，是母畜饲粮的良好原料。

表4-5　小麦麸和米糠中各养分含量　　　　　　　　　　（%）

类别	干物质	粗蛋白质	粗脂肪	无氮浸出物	粗纤维	粗灰分	钙	总磷
小麦麸	87.0	15.7	3.9	56.0	6.5	4.9	0.11	0.92
米糠	87.0	12.8	16.5	44.5	5.7	7.5	0.07	1.43
米糠饼	88.0	14.7	9.0	48.2	7.4	8.7	0.14	1.69
米糠粕	87.0	15.1	2.0	53.6	7.5	8.8	0.15	1.82

小麦麸质量指标及分级标准参见表4-6，以粗蛋白质、粗纤维、粗灰分为质量控制指标，各项指标均以87%干物质计算，分为4级。

表4-6　小麦麸质量指标及分级标准

质量指标		1级	2级	3级	不合格
必检	水分（%）	≤12.5	12.6~13.0	13.1~13.5	≥13.6
	粗灰分（%）	<6.0			>6.0
	感官性状	细碎屑状，新鲜一致，无发酵、霉变，无结块、虫蛀及异味、异嗅，无掺杂，无污染等	细碎屑状，色泽新鲜一致，无发霉、发酵、结块、虫蛀及异味、异嗅，无掺杂，无污染等	细碎屑状，色泽不一致，有轻微异味，无发酵、虫蛀、霉变及异嗅，无掺杂，无污染等	形状不一，色泽不一致，有霉变、结块、虫蛀、异味，有掺杂污染等现象
参考	粗蛋白（%）	15.0	14.9~14.5	14.4~13.5	≤13.4
	粗纤维（%）	≤8.0	8.1~9.0	9.1~10.0	≥10.1
	黄曲霉毒素B_1（微克/千克）	≤30			>30
	霉菌总数（10^3个/千克）	<40			≥40

（五）米糠

水稻加工大米的副产品，称为稻糠。稻糠包括砻糠、米糠和统糠。砻糠是稻谷的外壳或其粉碎品。稻壳中仅含3%的粗蛋白质，但粗纤维含量在40%以上，且粗纤维中半数以上为木质素。米糠是除壳稻（糙米）加工的副产品。统糠是砻糠和米糠的混合物。例如，通常所说的三七统糠，意为其中含三份米糠，七份砻糠。二八统糠，意为其中含二份米糠，八份砻糠。

米糠是糙米精制时产生的果皮、种皮、外胚乳和糊粉层等的混合物。果皮和种皮的全部、外胚乳和糊粉层的部分，合称为米糠。米糠的品质与成分，因糙米精制程度而不同，精制的程度越高，米糠的饲用价值愈大。

米糠、米糠饼、米糠粕中养分含量参见表4-5。

米糠中粗蛋白质含量较高，约为13%，氨基酸的含量与一般谷物相似或稍高于谷物，但其赖氨酸含量高。脂肪含量高达10%~17%，脂肪酸组成中多为不饱和脂肪酸。粗纤维含量较多，质地疏松，容重较轻。但米糠中无氮浸出物含量不高，一般在50%以下。米糠中有效能较高，如含消化能（猪）为12.64兆焦/千克。有效能值高的原因显然与米糠粗脂肪含量高达10%~18%有关，脱脂后的米糠能值下降。所含矿物质中钙少磷多，钙、磷比例极不平衡（1:20），但80%以上的磷为植酸磷。B族维生素和维生素E丰富。米糠质量指标及分级标准见 表4-7。

表4-7　米糠质量指标及分级标准

质量指标		A级	B级	C级	不合格
	水分（%）	<11.0	11.0~12.9	13.0~13.5	>13.5
	粗蛋白%	>13.0	13.0~12.1	12.0~11.0	<11.0
必检	感官性状	呈淡灰黄色的粉状，色泽新鲜一致，无杂无污染、无酸败、霉变、虫蛀、结块及异嗅、异味等	呈淡灰黄色的粉状，色泽新鲜一致，无杂无污染、无酸败、霉变、虫蛀、结块及异嗅、异味等	呈淡灰黄色的粉状，色泽新鲜一致，无杂无污染、无酸败、霉变、虫蛀、结块及异嗅、异味等	颜色不一，色泽不新鲜，有酸败、霉变、虫蛀、结块及异嗅、异味、污染等
参考	粗纤维（%）	<6.0	6.0~6.9	7.0~8.0	>8.0
	粗灰分（%）	<8.0	8.0~8.9	9.0~10.0	>10.0
	黄曲霉毒素B$_1$（微克/千克）	≤30			>30
	霉菌总数（10^{3}个/千克）	<40			≥40

（六）油脂

饲用油脂种类较多，按室温下形态分，液态的为油，固态的为脂；按脂肪来源，可分为动物性脂肪和植物性脂肪。动物性脂肪主要有牛、羊、猪、禽脂肪和鱼油，植物性脂肪包括大豆油、菜籽油、玉米油、花生油等。油脂容易酸败，尤其是夏季，因此饲料中添加油脂时一定注意其质量。油脂质量指标及分级标准见表4-8。

表 4-8　油脂质量指标及分级标准

质量指标		A 级	B 级	C 级	不合格
必检	酸价（毫克氢氧化钾 / 克）	≤ 1.0	1.1~4.0	4.1~5.0	≥ 5.1
	过氧化值（％）	≤ 0.15	0.16~0.2	0.21~0.25	≥ 0.26
	碘价	≥ 120	115~120	110~115	≤ 110
	感官性状	油色橙黄，清澈透明，气味、滋味正常，无掺假、无污染等	油色橙黄至棕黄，稍为混浊，气味、滋味正常，有微量沉淀物存在，无掺假、无污染等	油色橙黄至棕褐色，稍混浊，有少量悬浮物存在，静置后有少量沉淀物，气味、滋味正常，无掺假、无污染等	色泽气味、滋味发生异常，有哈味，混浊，有明显悬浮物存在，有掺假、有污染等
参考	水分及挥发物（％）	≤ 0.2	0.21~0.3	0.31~0.4	≥ 0.41
	杂质（％）	≤ 0.2	0.21~0.5	0.51~1.0	≥ 1.1
	黄曲霉毒素 B_1（微克 / 千克）	≤ 20			>20
	矿物油	不得检出			

　　猪饲料中添加油脂主要是提高日粮的能量水平、减少粉尘、降低饲料加工设备的磨损及改善饲料风味等作用。油脂的饲用价值主要有油脂的有效能值高，油脂总能和有效能远比一般的能量饲料高。例如，猪脂肪总能为玉米总能的 2.14 倍；大豆油代谢能为玉米代谢能的 2.87 倍，因此，油脂是配制高能量饲粮的首选原料。植物油、鱼油等富含动物所需的必需脂肪酸，它们常是动物必需脂肪酸的最好来源。同时油脂可作为动物消化道内的溶剂，促进脂溶性维生素的吸收。在血液中，油脂有助于脂溶性维生素的运输。添加油脂，能增强饲粮风味，改善饲粮外观，防止饲粮中原料分级，还使猪的热增耗降低。

二、蛋白质饲料

　　蛋白质饲料是指干物质中粗纤维含量低于 18%，同时粗蛋白含量大于等于 20% 的饲料。包括植物性蛋白质饲料、动物性蛋白质饲料、单细胞蛋白质饲料及非蛋白氮饲料。

（一）大豆

　　大豆为双子叶植物纲豆科大豆属一年生草本植物，原产中国。全世界大豆总产量中，美国产量最高，占全世界总产量的一半以上。中国总产量约占全世界总产量的 1/10，居第二位。

大豆蛋白质含量为 32%~40%。生大豆中蛋白质多属水溶性蛋白质（约90%），加热后即溶于水。氨基酸组成良好，植物蛋白中普遍缺乏的赖氨酸含量较高，如黄豆和黑豆分别为 2.30% 和 2.18%，但含硫氨基酸较缺乏。大豆脂肪含量高，达 17%~20%，其中不饱和脂肪酸较多，亚油酸和亚麻酸可占 55%。大豆碳水化合物含量不高，无氮浸出物仅 26% 左右。纤维素占 18%。矿物质中钾、磷、钠较多，但 60% 的磷为不能利用的植酸磷。铁含量较高。维生素与谷实类相似，含量略高于谷实类；B 族维生素含量较多而维生素 A、维生素 D 少。大豆营养成分见表 4-9。

表 4-9　大豆的饲料成分及营养价值

（中国饲料数据库，2002 年第 13 版）　　（%）

名称	含量	名称	含量
干物质	87.0	赖氨酸	2.20
粗蛋白质	35.5	蛋氨酸	0.56
粗脂肪	17.3	胱氨酸	0.70
粗纤维	4.30	苏氨酸	1.41
无氮浸出物	25.7	异亮氨酸	1.28
粗灰分	4.20	亮氨酸	2.72
钙	0.27	精氨酸	2.57
磷	0.48	缬氨酸	1.50
非植酸磷	0.30	组氨酸	0.59
消化能（猪）（兆焦 / 千克）	16.61	酪氨酸	1.64
代谢能（猪）（兆焦 / 千克）	14.77	苯丙氨酸	1.42
代谢能（鸡）（兆焦 / 千克）	13.56	色氨酸	0.45

生大豆中存在多种抗营养因子，其中加热可被破坏者包括胰蛋白酶抑制因子、血细胞凝集素、抗维生素因子、植酸十二钠、脲酶等。加热无法被破坏者包括皂苷、胃肠胀气因子等。此外大豆还含有大豆抗原蛋白，该物质能够引起仔猪肠道过敏、损伤，进而发生腹泻。

生大豆饲喂畜禽可导致腹泻和生产性能的下降，加热处理方法得到的全脂大豆对各种畜禽均有良好的饲喂效果。在猪饲粮中应用生大豆作为唯一蛋白质来源，对猪生产性能有很大影响，与大豆粕相比，会增加仔猪腹泻率、降低生长育肥猪的增重和饲料转化率、降低母猪生产性能，而经过加热处理的全脂大豆因其良好的效果在养猪生产中得到越来越多的应用。全脂大豆因其蛋白质和能量水平都较高，是配制仔猪全价料的理想原料。大豆质量指标及分级标准见表4-10。

表4-10　大豆质量指标及分级标准　　　　　　　　　　　（％）

	质量指标	A级	B级	C级	不合格
必检	水分	≤ 11.5	11.5~12.5	12.5~13.5	≤ 13.5
	粗蛋白	≤ 36.0	35.0~36.0	34.0~35.0	≤ 34.0
	感官性状	大豆的种皮呈黄色，籽粒为圆形或椭圆形，表面光滑有光泽，脐为黄色、深褐色或黑色。无污染，无发酵、霉变、结块、虫蛀及异味、异嗅等	大豆的种皮呈黄色，籽粒为圆形或椭圆形，表面光滑有光泽，脐为黄色、深褐色或黑色。无污染，无发酵、霉变、结块、虫蛀及异味、异嗅等	大豆的种皮呈黄色，籽粒为圆形或椭圆形，表面光滑有光泽，脐为黄色、深褐色或黑色。无污染，无发酵、霉变、结块、虫蛀及异味、异嗅等	大豆的种皮颜色不一，粒籽形状不一，表面无光泽，脐颜色不一。含有青大豆、黑色大豆、褐色大豆等。有污染，有发酵、霉变、虫蛀、结块及异味、异嗅
参考	含杂	< 0.5	0.5~1.0	1.0~2.0	> 2.0
	不完善粒	< 3.0	3.0~5.0	5.0~8.0	> 8.0

（二）大豆饼（粕）

大豆饼（粕）是以大豆为原料取油后的副产物。由于制油工艺不同，通常将压榨法取油后的产品称为大豆饼，而将浸出法取油后的产品称为大豆粕。我国大豆总产量中约有40%用于取油，年产大豆饼（粕）约500万吨，主要用作饲料原料。

大豆饼（粕）粗蛋白质含量高，一般在40%~50%，必需氨基酸含量高，组成合理。赖氨酸含量在饼（粕）类中最高，占2.4%~2.8%。赖氨酸与精氨酸比约为100∶130，比例较为恰当。大豆饼（粕）色氨酸、苏氨酸含量也很高，与谷实类饲料配合可起到互补作用。蛋氨酸含量不足，在玉米—大豆饼（粕）为主的饲粮中，一般要额外添加蛋氨酸才能满足畜禽营养需求。大豆饼（粕）粗纤维含量较低，主要来自大豆皮。无氮浸出物主要是蔗糖、棉籽糖、水苏糖和多糖类，淀粉含量低。矿物质中钙少磷多，磷多为植酸磷（约占61%），硒含量低。

此外，大豆饼（粕）色泽佳、风味好，加工适当的大豆饼（粕）仅含微量抗营养因子，不易变质，使用上无用量限制。大豆粕和大豆饼相比，脂肪含量较低，而蛋白质含量较高，且质量较稳定。大豆在加工过程中先经去皮而加工获得的粕称去皮大豆粕，近年来此产品有所增加，其与大豆粕相比，粗纤维含量低，一般在 3.3% 以下，蛋白质含量为 48%~50%，营养价值较高。

大豆饼与大豆粕成分及营养价值见表 4-11。

表 4-11　大豆饼与大豆粕成分及营养价值

（中国饲料数据库，2002 年第 13 版）　　　　　　　　　　（%）

名称	大豆饼	大豆粕	名称	大豆饼	大豆粕
干物质	89.0	89.0	赖氨酸	2.43	2.66
粗蛋白质	41.8	44.0	蛋氨酸	0.60	0.62
粗脂肪	5.80	1.90	胱氨酸	0.62	0.68
粗纤维	4.80	5.20	苏氨酸	1.44	1.92
无氮浸出物	30.7	31.8	异亮氨酸	1.57	1.80
粗灰分	5.90	6.10	亮氨酸	2.75	3.26
钙	0.31	0.33	精氨酸	2.53	3.19
磷	0.50	0.62	缬氨酸	1.70	1.99
非植酸磷	0.25	0.18	组氨酸	1.10	1.09
消化能（猪）（兆焦／千克）	14.39	14.26	酪氨酸	1.53	1.57
代谢能（猪）（兆焦／千克）	12.59	12.43	苯丙氨酸	1.79	2.23
代谢能（鸡）（兆焦／千克）	10.54	9.83	色氨酸	0.64	0.64

大豆饼（粕）是大豆加工后的产品，也含有一些抗营养因子。评定大豆饼（粕）质量的指标主要为抗胰蛋白酶活性、脲酶活性、水溶性氮指数、维生素 B_1 含量、蛋白质溶解度等。许多研究结果表明，当大豆饼（粕）中的脲酶活性在 0.03~0.4 时，饲喂效果最佳。也可用饼（粕）的颜色来判定大豆饼（粕）加热程度适宜与否，正常加热时为黄褐色，加热不足或未加热时，颜色较浅或灰白色，加热过度呈暗褐色。

适当处理后的大豆饼（粕）也是猪的优质蛋白质原料，适用任何种类、任何阶段的猪。因大豆饼（粕）中粗纤维含量较多，多糖和低聚糖类含量较高，幼畜体内无相应消化酶，故在人工代乳料中，应对大豆饼（粕）的用量加以限制，以小于 10% 为宜，否则易引起下痢。乳猪宜饲喂熟化的脱皮大豆粕，育肥猪无用量限制。大豆粕质量指标及分级标准见表 4-12。

表 4-12　大豆粕质量指标及分级标准

质量指标		A 级	B 级	C 级	不合格
必检	水分（%）	≤ 11.5	11.6~12.5	12.6~13.0	≥ 13.1
	粗蛋白（%）	≥ 45.0	44.9~43.0	42.9~42.5	≤ 42.4
	尿酶活性（%，定性）	5~20 分钟之内变红	5~20 分钟之内变红	3~5 分钟之内变红	3 分钟之内变红
	感官性状	浅黄色，不规则碎片，色泽一致，无发酵、霉变、结块，无虫蛀及异味、异嗅，无掺杂和污染等	浅黄色，不规则碎片，色泽一致，无发酵、霉变、结块，无虫蛀及异味、异嗅，无掺杂和污染等	浅黄色，色泽不一致，有轻微发酵、霉变、结块、虫蛀及异味、异嗅，无掺杂和污染等	色泽不一致，有霉变、结块、异味、异嗅，有掺杂掺假和污染现象等
参考	粗灰分（%）	≤ 5.0	5.1~6.0	6.1~7.0	≥ 7.1
	尿酶活性（%，定量）	0.05~0.25	0.26~0.40	0.26~0.40	≥ 0.41
	蛋白溶解度 PS（%）	75~80		74~71 80~84	≥ 85 ≤ 70
	黄曲霉毒素 B_1（微克/千克）	≤ 30			>30
	霉菌总数（10^3 个/千克）	<50			≥ 50

（三）鱼粉

鱼粉用一种或多种鱼类为原料，经去油、脱水、粉碎加工后的高蛋白质饲料。全世界的鱼粉生产国主要有秘鲁、智利、日本、丹麦、美国、俄罗斯、挪威等，其中秘鲁与智利的出口量约占总贸易量的 70%。中国的鱼粉产量不高，主要生产地在山东省、浙江省。

鱼粉的主要营养特点是蛋白质含量高，一般脱脂全鱼粉的粗蛋白质含量高达60% 以上。氨基酸组成齐全、平衡，尤其是主要氨基酸与猪、鸡体组织氨基酸组成基本一致。钙、磷含量高，比例适宜。微量元素中碘、硒含量高。富含维生素 B_{12}、脂溶性维生素 A、维生素 D、维生素 E 和未知生长因子。所以，鱼粉不仅是一种优质蛋白源，而且是一种不易被其他蛋白质饲料完全取代的动物性蛋白质饲料。但鱼粉营养成分因原料质量和加工工艺不同，变异较大。

通常真空干燥法或蒸汽干燥法制成的鱼粉，蛋白质利用率比用烘烤法制成的鱼粉约高 10%。鱼粉中一般含有 6%~12% 的脂类，其中不饱和脂肪酸含量较高，极易被氧化产生异味。进口鱼粉因生产国的工艺及原料而异，质量较好的是秘鲁鱼粉及白鱼鱼粉，粗蛋白质含量可达 60% 以上。国产鱼粉由于原料品种、加工工艺不规范，产品质量参差不齐。

1. 鱼粉的质量标准与分级标准

鱼粉质量指标与分级标准见表 4-13。因鱼粉中不饱和脂肪酸含量较高并具有鱼腥味，故在畜禽饲粮中使用量不可过多，否则导致畜产品异味。生长育肥猪饲粮中鱼粉用量应控制在 8% 以下，否则会使体脂变软、肉带鱼腥味。为降低成本，猪育肥后期饲粮可不添加鱼粉。鱼粉应储藏在干燥、低温、通风、避光的地方，防止发生变质。计算配方时应考虑鱼粉的含盐量，以防食盐中毒。

表 4-13 鱼粉质量指标及分级标准

<table>
<tr><th colspan="2">质量指标</th><th>A 级</th><th>B 级</th><th>C 级</th><th>不合格</th></tr>
<tr><td rowspan="8">必检</td><td colspan="1">水分（%）</td><td>≤ 10.5</td><td>10.6~11.5</td><td>11.6~12.0</td><td>≥ 12.1</td></tr>
<tr><td>粗蛋白（%）</td><td>≥ 64.0</td><td>63.9~62.0</td><td>61.9~61.0</td><td>≤ 60.9</td></tr>
<tr><td rowspan="5">感官性状</td><td>黄棕或黄褐色，具有鱼粉正常气味，无异嗅及焦鸭味，无发霉变质，无结块，无掺假掺杂，无污染等</td><td>黄棕或黄褐色，具有鱼粉正常气味，无异嗅及焦鸭味，无发霉变质，无结块，无掺假掺杂，无污染等</td><td>黄棕或黄褐色，具有鱼粉正常气味，无异嗅及焦鸭味，无发霉变质，无结块，无掺假掺杂，无污染等</td><td>深褐色，有异味、结块、霉变，有掺假掺杂，有污染等</td></tr>
<tr><td>镜检</td><td colspan="3">无掺假</td><td>有明显掺假</td></tr>
<tr><td rowspan="8">参考</td><td>粗脂肪（%）</td><td>≤ 10.0</td><td>≤ 10.0</td><td>≤ 10.0</td><td>≥ 10.1</td></tr>
<tr><td>沙分（%）</td><td>≤ 2.0</td><td>2.1~4.0</td><td>2.1~4.0</td><td>≥ 4.1</td></tr>
<tr><td>粗灰分（%）</td><td colspan="3">13.0~21.0</td><td>≥ 21.1</td></tr>
<tr><td>盐分（%）</td><td colspan="3">≤ 4.0</td><td>≤ 4.0</td></tr>
<tr><td>酸价（毫克/克）</td><td>≤ 4.0</td><td>4.1~5.0</td><td>5.1~7.0</td><td>≥ 7.0</td></tr>
<tr><td>沙门氏杆菌</td><td colspan="3">不得检出</td><td>检出</td></tr>
<tr><td>细菌总数（10^6 个/克）</td><td colspan="3"><2.0</td><td>≥ 2.0</td></tr>
<tr><td>黄曲霉毒素 B_1（微克/千克）</td><td colspan="3">≤ 10</td><td>>10</td></tr>
</table>

2. 鱼粉的品质鉴别

（1）色泽与气味。不同种类的鱼粉色泽存在差异，正常鲱鱼粉呈淡黄或淡褐色；沙丁鱼粉呈红褐色；鳕鱼等白鱼粉呈淡黄色或灰白色；蒸煮不透、压榨不完全、含脂较高的鱼粉颜色较深；各种鱼粉均具鱼腥味。如果具有酸、臭及焦灼腐败味，品质欠佳。

（2）定量检测。鱼粉中水分含量一般为 10% 左右。水分过高不宜储藏，过低可能存在加热过度，会导致氨基酸利用率降低。粗蛋白质含量一般应在 60% 左右。正常鱼粉的胃蛋白酶消化率应在 88% 以上。粗脂肪含量一般不应超过 12%，大于 12% 可能存在加工不良或原料不新鲜，这样的鱼粉储藏时易发生酸败，出现异味，并影响其他营养物质的消化利用。

一般进口鱼粉含盐 2% 左右，国产鱼粉含量应小于 5%。但有些国产鱼粉含盐量很高，易造成畜禽食盐中毒，故检测鱼粉含盐非常重要。

全鱼粉粗灰分含量多在 16%~20%，超过 20% 疑为非全鱼鱼粉。

三、矿物质饲料

矿物质饲料是补充动物矿物质需要的饲料。它包括人工合成的、天然单一的和多种混合的矿物质饲料，以及配合有载体或赋形剂的痕量、微量、常量元素补充料。矿物质元素在各种动植物饲料中都有一定含量，虽多少有差别，但由于动物采食饲料的多样性，可在某种程度上满足对矿物质的需要。但在舍饲条件下或饲养高产动物时，动物对它们的需要量增多，这时就必须在动物饲粮中另行添加所需的矿物质。常量矿物质饲料包括钙源性饲料、磷源性饲料、食盐以及含硫饲料和含镁饲料等。

1. 食盐

食盐，化学名称为氯化钠，含有氯元素和钠元素，是动物营养中重要的养分。精制食盐含氯化钠 99% 以上，粗盐含氯化钠为 95%。纯净的食盐含氯 60.3%，含钠 39.7%，此外尚有少量的钙、镁、硫等杂质。食用盐为白色细粒，工业用盐为粗粒结晶。

植物性饲料大都含钠和氯的数量较少，相反含钾丰富。为了保持生理上的平衡，对以植物性饲料为主的畜禽，应补饲食盐。食盐除了具有维持体液渗透压和酸碱平衡的作用外，还可刺激唾液分泌，提高饲料适口性，增强动物食欲，具有调味剂的作用。

一般食盐在猪风干饲粮中的用量 0.25%~0.5% 为宜。补饲食盐时，除了直接拌在饲料中外，也可以以食盐为载体，制成微量元素添加剂预混料。由于食盐吸湿性强，在相对湿度 75% 以上时开始潮解，作为载体的食盐必须保持含水量在 0.5% 以下，并妥善保管。

2. 石粉

石粉又称石灰石粉，为天然的碳酸钙，一般含纯钙 35% 以上，是补充钙的最廉价、最方便的矿物质原料。按干物质计，石灰石粉的成分与含量如下：灰分96.9%、钙35.89%、氯0.03%、铁0.35%、锰0.027%、镁2.06%。

天然的石灰石中，只要铅、汞、砷、氟的含量不超过安全系数，都可用作饲料。石粉的用量依据畜禽种类及生长阶段而定，一般畜禽配合饲料中石粉用量为0.5%~2%。

石粉作为钙的来源，粒度以中等为好，一般猪为0.5~0.7毫米，禽为0.6~0.7毫米。

3. 磷酸氢钙

磷酸氢钙也叫磷酸二钙，为白色或灰白色的粉末或粒状产品，又分为无水盐和二水盐两种，后者的钙、磷利用率较高。磷酸二钙一般是在干式法磷酸液或精制湿式法磷酸液中加入石灰乳或磷酸钙而制成的。市售品中除含有无水磷酸二钙外，还含少量的磷酸一钙及未反应的磷酸钙。磷酸氢钙含磷18%以上，钙21%以上。饲料级磷酸氢钙应注意脱氟处理，含氟量不得超过标准（表4-14）。

表4-14　饲料级磷酸氢钙质量标准（HG2861—1997）

项目	指标	项目	指标
钙（Ca）含量，%（m/m）	15.0~18.0	砷（As）含量，%（m/m）	≤ 0.004
总磷（P）含量，%（m/m）	≥ 22.0	重金属（以Pb计）含量，%（m/m）	≤ 0.003
水溶性磷（P）含量，%（m/m）	≥ 20.0	pH值	≥ 3.0
氟（F）含量，%（m/m）	≤ 0.20	水分，%（m/m）	≤ 3.0
		细度（通过500微米筛），%	≥ 95.0

4. 骨粉

以家畜骨骼加工而成，因制法不同而成分与名称各异，可当作磷补充物使用。骨粉含氟量低，只要灭菌消毒彻底，便可以安全使用。但因成分变化大，来源不稳定，而且有异嗅，在饲料工业上的使用量已逐渐减少。骨粉按工艺可分为以下几类。

（1）蒸制骨粉。蒸制骨粉是家畜骨骼在高压下（2个大气压）以蒸汽加热，除去大部分蛋白质及脂肪后，加以压榨，干燥而成。蒸制骨粉一般含钙量24%，含磷量为10%，含粗蛋白质量为10%。

（2）脱胶骨粉。脱胶骨粉的制法与蒸制骨粉基本相同，用4个大气压处理，骨髓和脂肪几乎都已除去，故无臭味。为白色粉末，含磷量可达12%。

（3）其他骨粉类。未用加压蒸煮所制的骨粉，因品质不稳，最好不用。

骨粉是我国配合饲料中常用的磷源饲料，优质骨粉含磷量可以达到12%以上，钙磷比例为2:1左右，符合动物机体的需要，同时还富含多种微量元素。一般在猪饲料中添加量为1%~3%。值得注意的是，低劣的骨粉有异臭，灰泥色，常带有大量的细菌，用于饲料易引发疾病传播。有的动物骨骼收购场地，为避免蝇蛆繁殖，喷洒敌敌畏等药剂，而使骨粉带毒，这种骨粉绝对不能用作饲料。应谨慎选择优质的骨粉使用。

第三节　添加剂的选择和使用

一、添加剂的选择

目前，猪的饲料添加剂种类繁多，功能也各不同，主要有以下分类。

（一）营养性饲料添加剂

主要有氨基酸添加剂、维生素添加剂、微量元素添加剂等。这类添加剂的用途是补充基础日粮营养成分不足，以使日粮达到营养成分平衡即全价性。

（二）药物饲料添加剂

主要有抗生素添加剂、激素类添加剂、驱虫剂、抗菌促生长剂、生菌剂、中草药添加剂等。国内禁止使用激素类、镇静剂类等用作饲料添加剂，绝不允许使用以提高肉猪瘦肉率为目的的β-兴奋剂类。药物饲料添加剂的功效，主要在于增强机体免疫力，促进生长，提高经济效益。欧盟对抗生素的使用有严格的规定，我国也禁止滥用，须严格按《饲料和饲料添加剂管理条例》执行。

（三）改善饲料质量添加剂

主要有抗氧化剂、脂肪氧化抑制剂、乳化剂、防霉剂、调味剂、着色剂等。选择添加剂一定根据猪的生理特点及生长需要进行选择，有些厂家过分夸大添加剂的效果，因此用户一定本着科学、严谨的态度进行选择，先小规模地进行试验比较，效果好后再进行全场推广使用。同时，选择太多种类的添加剂或者过量使用都会造成养殖成本增加。

1. 抗氧化剂

抗氧化剂主要用于脂肪含量高的饲料，以防止脂肪氧化酸败变质。也常用于含维生素的预混料中，它可防止维生素的氧化失效。乙氧基喹啉（EMQ）是目前应用最广泛的一种抗氧化剂，为黏滞的橘黄色液体，不溶于水，溶于植物油。由于其液体形式难以与饲料混合，常制成25%的添加剂，国外大量用于鱼粉。其他常用的还有二丁基羟基甲苯（BHT）和丁基羟基茴香醚（BHA）。BHT常用于油脂的抗氧化，适于长期保存且不饱和脂肪含量较高的饲料。

2. 防霉剂

防霉剂的种类较多，包括丙酸盐及丙酸、山梨酸及山梨酸钾、甲酸、富马酸及富马酸二甲酯等。主要使用的是苯甲酸及其盐、山梨酸、丙酸与丙酸钙。丙酸及其盐是公认的经济而有效的防霉剂，常用的有丙酸钠和丙酸钙。饲料中丙酸钠的添加量为0.1%，丙酸钙为0.2%。防霉剂发展的趋势是由单一型转向复合型，如复合型丙酸盐的防霉效果优于单一型丙酸钙。

3. 酸化剂

酸化剂是一类广泛使用的饲料添加剂。常用的有机酸添加剂包括乳酸、富马酸、丙酸、柠檬酸、甲酸、山梨酸等。酸化剂的主要功能是补充幼年动物胃酸分泌的不足，降低胃肠道pH，促进无活性的胃蛋白酶原转化为有活性的胃蛋白酶；减缓饲料通过胃的速度，提高蛋白质在胃中的消化，有助于营养物质的消化吸收；杀灭肠道内有害微生物或抑制有害微生物的生长与繁殖，改善肠道内微生物菌群，减少疾病的发生；改善饲料适口性，刺激动物唾液分泌，增进食欲，提高采食量，促进增重；同时某些酸是能量代谢中的重要中间产物，可直接参与体内代谢。目前多以复合产品为主，其一般由两种或两种以上的有机酸复合而成，主要是增强酸化效果，其添加量在0.1%~0.5%。

4. 酶制剂

酶是一类具有生物催化性的蛋白质。饲用酶制剂采用微生物发酵技术或从动植物体内提取制得，随着科学技术的发展，生物技术已用于酶制剂的生产，可提高酶制剂的生产效率，降低生产成本。饲用酶制剂按其特性及作用主要分为两大类：一类是外源性消化酶，包括蛋白酶、脂肪酶和淀粉酶等，畜禽消化道能够合成与分泌这类酶，但因种种原因需要补充和强化；另一类是外源性降解酶，包括纤维素酶、半纤维素酶、β-葡聚糖酶、木聚糖酶和植酸酶等。动物组织细胞不能合成与分泌这些酶，但饲料中又有相应的底物存在（多数为抗营养因子）。这类酶的主要功能是降解动物难以消化或完全不能消化的物质或抗营养物质，提高饲料营养物质的利用率。由于饲用酶制剂无毒害、无残留、可降解，使用酶制剂不但可提高畜禽的生产性能，充分挖掘现有饲料资源的利用率，而且还可降低畜禽粪便中有机物、氮和磷等的排放量，缓解发展畜牧业与保护生态环境间的矛盾，开发应用前景广阔。

复合酶制剂是由两种或两种以上的酶复合而成，包括蛋白酶、脂肪酶、淀粉酶和纤维素酶等。其中蛋白酶有碱性蛋白酶、中性蛋白酶和酸性蛋白酶3种。许多试验表明，添加复合酶能使饲料代谢能提高5%以上，蛋白质消化率提高10%左右，改善饲料转化率。

植酸酶是生产中用量最多的单一酶制剂。磷在植物性饲料中含量不一，但大部分以植酸及植酸盐的形式存在，植酸磷约占植物性饲料总磷的70%以上，难以被单胃动物消化利用，未被利用的磷随动物的粪便排出体外，污染环境；另外植酸还通过螯合作用降低动物对锌、锰、铁、钙等矿物元素和蛋白质的利用率。因此，植酸及植酸盐是一种天然抗营养因子。在植物性饲粮中添加植酸酶可显著地提高磷的利用率，促进动物生长和提高饲料营养物质转化率。

据报道，猪饲料中添加植酸酶能使锌、铜和铁的表观利用率分别提高13%、7%和9%；猪回肠氮消化率从55%提高到68%。以植酸酶替代部分或全部无机磷可降低饲料总磷含量，降低饲料成本，提高经济效益，同时可减少30%~50%的粪磷排放量，防止磷对环境的污染。

谷物类饲料中存在的非淀粉多糖（NSP）可通过添加相应的非淀粉多糖酶来解决。小麦、黑麦和小黑麦中含有大量的水溶性阿拉伯木聚糖，而高粱、玉米中的则多为不溶于水的，大麦和燕麦中主要含有水溶性β-葡聚糖。在饲料中添加外源性的β-葡聚糖酶和木聚糖酶，可水解相应的NSP，减轻这些NSP对动物生产的负效应和动物排泄物对环境的污染。一些饼（粕）类饲料中的果胶含量较高，如豆饼中果胶占其干物质量的14%左右，应用果胶酶则可明显降低其负面作用，提高饲料的利用率。

由于酶对底物选择的专一性，酶制剂的应用效果与饲料组分、动物消化生理特点等有密切关系，故使用酶制剂应根据特定的饲料和特定的畜种及其年龄阶段而定，并在加工及使用过程中尽可能避免高温。饲料在生产过程中，由于粉碎、预混、制粒、静电及其他原因，都可能使酶的活性受损甚至变性，因此使用酶制剂应尽可能减少生产工艺对酶活性的影响。没有经过特殊稳定性处理的植酸酶很难经受住制粒工艺而仍维持较高的酶活，更不能适应膨化工艺。

二、添加剂的合理应用

在饲料中合理正确地应用添加剂，可提高畜禽的生产性能，减少饲料消耗，提高畜牧生产的经济效益。由于不同品种的动物、不同生长阶段或不同生产目的（产肉、产蛋、产奶或产毛等）动物对所需物质不同，生产添加剂所用的各种原料性质及加工工艺也不同，合理应用添加剂十分重要。

（一）注意使用对象，重视生物学效价

饲料添加剂的应用效果受动物的种类、饲料加工方法及使用方法等因素影响。如益生素，单胃动物应用的微生态制剂所用菌株一般为乳酸菌、芽孢杆菌、酵母等，而反刍动物则是真菌酵母等。在动物处于出生、断奶、转群、外界环境变化等应激时，活菌制剂能发挥最佳的饲用效果。而在制粒或膨化过程中，高温高压蒸气明显地影响微生物的活性，制粒过程可使 10%~30% 孢子失活，90% 的肠杆菌损失。在 60℃ 或更高温度下，乳酸杆菌几乎全部被杀死，酵母菌在 70℃ 的制粒过程中活细胞损失达 90% 以上。选择添加剂时还应关注其可利用性，选用生物效价好的添加剂。

（二）正确选用产品，确定适宜的添加量

当前，添加剂市场可供选择的添加剂品种繁多，而且质量也参差不齐，每一种添加剂都有其不同的特点和作用。在选择时，一定要事先充分了解此添加剂的各种性能，根据动物种类、生理阶段、饲养目的等选用，同时要考虑经济效益。目前国内外生产添加剂的企业很多，由于各产品的配方不同，所含有效成分的量和生物学效价也不同，应根据所饲养的不同畜禽，以经济有效为原则，选用不同的添加剂产品。由于各地区的自然条件不同，饲料资源状况也不同，因此选用添加剂产品也需因地而异。一般在添加剂生产中，为方便配方设计，便于产品的商业流通，往往不考虑各种配合饲料各组分中含有的物质量，而将其作为安全裕量，使用时要按其标签说明，确定适宜的添加量，而不可随意变换添加量。

（三）注意理化特性，防止拮抗

应用添加剂时，应注意各种物质的理化特性，防止各种活性物质、化合物间、元素间的相互拮抗。

1. 常量元素与微量元素间的拮抗作用

钙与铜、锰、锌、铁、碘存在拮抗作用；硫与硒有拮抗作用，饲粮中硫酸盐可减轻硒酸盐的毒性，但对亚硒酸盐无效；提高饲粮中钙、磷含量会增加仔猪对锰的需要量；提高铁含量会增加仔猪对磷的需要；锰和镁有拮抗作用，锰能减轻镁元素过剩时的不良作用，镁在饲粮中过多时，可在消化道中形成磷酸镁，从而阻碍磷的吸收。

2. 微量元素之间的拮抗作用

锌和镉有拮抗作用，锌能减轻镉的毒性，锌与铁、氟与碘、铜与钼、硒与镉有拮抗；铜与锌、锰也有拮抗作用；肠道中钴与铁具有共同的载体物质，两元素通过竞争载体而影响对方的吸收。

3. 蛋白质与微量元素之间的作用

饲料蛋白质全价性差时会影响铁的吸收；缺锌将导致动物对蛋白质的利用率下降；氨基酸是动物消化道中潜在的具有络合性质的物质，可影响微量元素的吸收。

4. 微量元素与维生素之间的作用

硒和维生素 E 均具抗氧化作用，维生素 E 在一定条件下可替代部分硒的作用，但硒不能代替维生素 E；饲粮中维生素缺乏时能阻碍动物体对碘的吸收；血清铜离子浓度随维生素缺乏症发生而降低；铜和维生素 A 能促进动物体对锌的吸收和利用；维生素 C 有促进铁在肠道内吸收的作用，如饲粮中铜过量，补喂维生素 C 能减轻因饲粮内过量铜而引起的疾病。

5. 益生素与其他物质之间的作用

益生素的生物学活性受到 pH 值、抗生素、磺胺类药物、不饱和脂肪酸、矿物质等因素影响。抗生素与化学合成的抗菌剂对益生素有较强的杀灭作用，一般不能与这类物质同时使用。

（四）加强技术管理，采用科学生产工艺

添加剂的产品质量直接关系到使用安全性及畜牧生产的经济效益，必须予以重视，采用科学的生产工艺，严格管理。添加剂的混合均匀度是一个十分重要的加工质量指标，添加剂所占比例很小，搅拌不匀会造成其在一部分饲料中过量，一部分饲料中不足的现象，这势必会影响添加剂的应用效果，严重者可能造成动物中毒。加工生产添加剂应选用性能好的混合机组，复配前要有准确的称量系统作保证。添加时应采用逐级扩大的方法，保证与饲料原料充分混合，搅拌均匀，

其均匀度变异系数应控制在 4% 以内。

加工细度对添加剂产品的质量关系密切，粉碎细度只有达到一定标准，才便于矿物元素在饲料中均匀分布，尤其是矿物元素的比重大于一般饲料原料，极易在转运中分级，只有达到一定细度要求，才有利于载体承载，防止分级发生。

（五）重视配合比例，提高有效利用率

矿物元素的有效吸收利用受许多因素的影响，矿物元素之间的比例是否平衡就是其中的一个重要问题，在复配矿物元素添加剂时，必须重视各元素的配合比例，防止因某种元素的增量而造成另一元素的吸收利用不良。比如饲粮中钙磷比例过大、脂肪过多等使钙在动物消化道中形成钙皂，影响钙的吸收与利用。

（六）注意贮运条件，及时使用产品

选用饲料添加剂要考虑价格、饲养对象、适口性、产品理化特性及质量标准。大多数添加剂具吸湿性，不耐久贮，在运输及储存过程中要防潮避光，防止产品结块，并在产品的保质期限内使用。有些化合物不稳定，易氧化，有些化合物间会发生化学反应，添加剂的生物学效价或有效物质含量常常随储存时间的延长而下降，因此储存超期的产品不宜使用。如维生素添加剂的稳定性受多种因素的影响，商品维生素制剂对氧化、还原、水分、热、光、金属离子、酸碱度等因素具有不同程度的敏感性。维生素添加剂应在避光、干燥、阴凉、低温环境条件下分类储藏。维生素在全价配合饲料中的稳定性也取决于贮存条件，有高剂量矿物元素、氯化胆碱及高水分存在时，维生素添加剂易受破坏。

第四节　使用全价配合饲料

一、全价配合饲料的优势

全价配合饲料因为其营养全面，直接用来饲喂动物，使用方便，因此越来越受到养殖业的青睐。与自配料相比，全价料既有自身的优势，也存在一定的劣势。

全价料在成品使用、原料购买、质量检验、配方制作及加工工艺方面都存在一定的优势。

（一）使用方便

对畜禽养殖来说，全价配合饲料最大的优势就是使用方便，可以直接饲喂动物，减少养殖过程中的劳动力投入，从而也节省了部分劳动力成本。

（二）原料采购价格偏低

目前国内大型全价配合料企业往往在购买原料时都是大批量购买，并与供应商签订购买合同，要求保证原料质量，同时因为购买量大，在价格上也相对较低，具有一定的原料成本优势。

（三）原料和成品都经过检验，质量得到保证

大型配合饲料厂一般都设置完善的化验机构，有专业的品管人员对原料和成品进行质量检验，不合格的原料不准入厂，不合格的成品不准出厂，因此饲料厂的全价配合饲料在质量上有所保证。同时有专业的配方师制作饲料配方，配方师会根据不同情况调整配方，因此饲料品质更加有所保障，饲料中的配方技术含量更高。

（四）高温调质

全价配合颗粒饲料一般都经过 80℃左右的高温调质过程，原料如玉米等经过高温熟化，使其带有很好的谷香味，适口性得到改善，消化利用率更高，降低猪的料肉比，提高猪的生长速度，缩短猪的出栏时间。同时在高温调质过程中也可以将原料中有害微生物杀死，减少猪病的发生。

二、全价配合饲料的劣势

第一，因为有一些配合饲料厂在饲料的加工过程中，质量把控不严，造成成品质量存在问题。特别是一些小型饲料厂，只注重眼前利益，不注重长远利益，购买一些质量低劣甚至霉变的饲料原料进行生产，结果用户使用后，饲料利用率很低，猪只生长缓慢甚至死亡，给养殖户造成严重损失，也给配合饲料带了不良影响，使养殖户对饲料厂产生不信任感，影响着养殖户对配合饲料的选择和购买。为了保证饲料质量，有些养殖户更愿意自己配制饲料。

第二，全价配合颗粒饲料经过高温熟化，一些热敏物质如植酸酶、微生态制剂和维生素等，在受热过程中损失严重，影响产品质量，降低产品性能。安全阈

值提高水平多少为宜？就常识而言，只要是酶蛋白，高温下存活的概率不超过10%，那么超量添加意味着什么？

第三，全价配合饲料在使用过程中，普遍存在加药困难。当给猪进行全群疾病预防或发病用药治疗时，需要大面积进行加药，这就需要重新将颗粒料粉碎，否则药物添加不均匀，造成猪的用药效果不佳，甚至给猪带来危害或死亡。

三、为什么要使用全价配合饲料

猪的高效生产，饲料成本占65%以上，是养殖能否获得高效益的一个关键。现今的养殖场饲料来源主要分为两种：一种是从配合饲料厂直接购买全价配合颗粒饲料，另一种是购买预混料，然后自己加上玉米粉、豆粕、麸皮等原料配制成的配合粉料。很多养殖户都有个疑惑，究竟哪一种料能够给自己带来最好的经济效益？

（一）从价值方面分析

一般饲料厂每吨全价颗粒料的利润为20~30元；预混料厂每吨预混料的利润为800元左右，按4%的用量计算，每吨预混料可配出25吨粉料。而25吨全价粒料的利润为500~750元。两组数据一对比，粒料成品和利润还比不上粉料的其中一种成分"预混料"的利润。另外，饲料厂采购大宗原料如玉米、豆粕等都是几百、几千吨的量，而一般自配料户的采购量都是几吨、十几吨地进货，价格方面应该会比饲料厂要贵。单从配方成本方面分析，全价料比粉料要低。

（二）从质量方面分析

饲料厂每进一种原料都要经过肉眼和化验室的严格化验，要每个指标均合格才能进厂使用，而一般的养猪户大部分都是凭感观或批发商提供的指标去进货，并无准确的化验数据。某公司曾经在市场抽取过几种豆粕样品，经化验室测试结果只有30%的蛋白质，未测前有经验的采购员和仓管员都认为豆粕品质很好，结果大跌眼镜，更何况是一般的饲料店老板和普通养殖户？甚至有极少数原料供应商，有意或无意挑选一些超水分或发霉变质的玉米打粉或掺低价值的原料，如麸皮掺石粉、沸石粉、统糠等，而养猪户根本无法分辨。很多养猪户有这样的经历：用同一预混料，猪养得时好时坏，多数人都怀疑预混料不稳定，其实很大程度是出在所选的原料上。相反，绝大多数成熟的饲料厂和预混料厂都不会采用此类短期行为。

（三）从加工工艺及过程分析

养猪户自行配料时通常在猪舍旁的料仓进行，设备简陋及卫生条件差，场地及设备都极少清洁消毒，水分难以检测及控制，再加上基本都不添加防霉剂、脱霉剂等，极易引起变质，从而影响粉料质量，而全价料在保质方面比粉料要稳定得多。有些中小猪场的粉碎机、混合机等饲料生产设备比较落后，达不到饲料质量要求，甚至一些养猪户用粉都是用手工搅拌，这样相比大型饲料厂的生产设备在粉碎粒度、混合均匀度上要差一些。用自配料的养猪户通常自己随意调整配方，在营养平衡方面肯定比不上专业配方师的水准，再加上原料来源不固定，经常出现缺少某种原料而被迫改用其他原料代替现象，如无麸皮改用米糠等，因此质量经常出现波动。另外全价颗粒料经过高温熟化，一般的细菌都被杀死，对疾病方面的控制应比粉料好；而粉料粉尘较大，易引起猪的呼吸道疾病，未经熟化杀菌又易引起肠道疾病；而吸收利用率也会比粉料要高。用粉料的养猪户通常会认为用预混料，再通过自己采购原料，成本肯定要比购买全价料低，从以上几方面分析，其实养殖成本要比全价料高，用自配料可说是平卖贵用。

四、如何选择全价配合饲料

目前国内全价配合饲料厂家非常多，在选择厂家时要考虑以下几个方面。

1. 看质量

养殖户在选择哪个品牌的饲料时，首先会考虑其产品质量。配合饲料厂家众多，产品质量也良莠不齐，首先应该考虑规模较大的配合饲料厂，大型配合饲料厂一般生产设备和生产工艺比较先进，产品质量从硬件上能够得到基本的保证。同时，大型饲料厂信誉度高，有着专业品控队伍，对质量要求比较严格，产品品质较好。

2. 看距离

因为全价配合饲料使用量大，因此饲料厂的生产量和销售量也大，这就存在一个生产及时且送货方便的问题，所以应该尽量选择在当地设厂的公司。如果饲料厂离养殖场距离太远，会造成运输成本增加，导致产品价格提高，或者同等价钱的饲料其质量要相对差一些，遇到紧急情况送货可能也不够及时。

3. 比价格和质量

养殖户一般都要求在保证产品质量的同时，价格越低越好，即要求饲料质优价廉，这其实存在一定的隐患，价格要求越低，其质量可能就得不到保证，因此不能过分注重价格，更不能只使用最便宜的饲料。俗话说"一分钱，一分货"，一定要综合判断，在价格和质量上有所取舍。

4. 比服务

现在饲料厂不仅是在卖产品，更是在卖服务，因为在猪的饲养过程中，养殖户会遇到一些饲养技术问题或猪发病现象，因此一定要考虑饲料厂家的售后技术服务。饲料厂的专业技术服务是饲料产品最重要和最实用的一项附加值，好的服务就等于给养殖买了一份保险。选择饲料售后服务好、技术强的厂家，可以让饲料产品发挥最佳效果的同时，还能带来先进的生产理念和养殖技术，提高猪场的养殖技术水平，消除猪场对疾病的担忧，从而降低养殖风险和综合成本。因为饲料厂的销售人员一般对猪的价格都比较关注，他们交往的人员和联系的业务也较广，与饲料厂人员多沟通，也可以拓宽猪的销售渠道，让猪卖个好价钱，实现猪场效益最大化。

总之，选择哪个饲料厂家，最终看的是总体养殖效益，猪场可以对各个厂家的饲料进行饲养试验，在使用过程中留心观察猪的生长情况和发病情况，通过试验结果进行比较，最终选择性价比最高的厂家。

第五节　使用浓缩料与预混料

一、自配料的优势和劣势

（一）自配料的优势

自配料就是选择猪的浓缩料或预混料，然后自己根据推荐配方购买饲料原料，自己进行配料。使用自配料也有着自身的优劣势。首先，饲料质量用户自己把控。目前中小养殖企业使用3%~5%比例的预混料较多，用户需要自己购买其他原料，因此在饲料质量上，养殖户可以自己把握控制。同时，农户如果拥有一些农副产品，也可以灵活调整配方进行配料。其次，投药方便。在饲养过程中，有时需要对猪进行用药预防或治疗，可以在饲料配制过程中进行投药，使药物能够均匀地加入饲料，保证了用药效果。

（二）自配料的劣势

第一，养殖企业在购买大宗原料时，因为其没有专业的饲料检测部门，也缺乏专业的检测工具，因此在购买原料时质量不容易控制，有时甚至买到一些低劣或假冒的原料。第二，因为对原料的购买没有专业饲料厂量大，在价格上也处于劣势，造成原料成本的提高。第三，在饲料配制过程中，有时不按专业推荐配方进行配料，随意改动饲料配方，又没有专业配方人员，因此对产品质量造成影响。第四，因为饲料生产设备问题，例如粉碎机的筛片不合规格，使原料粉碎粒度偏大或偏小；有时混合均匀度出现问题，混合机达不到要求，变异系数增高，如果是人工拌料，其变异系数更高，影响饲料质量。

二、浓缩料的挑选和使用

科学地挑选好浓缩料在平时就要多注意观察：选择好浓缩料的品牌，同时要多注意产品的说明书及产品是否有合格证、是否有注册商标、产品标签等。

目前，我国生产的浓缩饲料品种不少，质量也有差别，有的甚至是不合格的伪劣产品。因此，一定要选购产品质量可靠的厂家生产的浓缩饲料。同时应根据猪的品种、用途、生长阶段等选购相应的产品，不能把其他动物用的浓缩饲料用于猪，也不能把种猪的浓缩饲料用于生长育肥猪。

根据国家对饲料产品质量监督管理的要求，凡质量可靠的合格浓缩饲料，必须要有产品标签、说明书、合格证和注册商标。只有掌握这些基本知识，才不会上当受骗。此外，一次购买的数量不宜过多，以保证其新鲜度和适口性。

（一）选购浓缩料时应注意的问题

1.正确认识浓缩料的质量

浓缩料的质量优劣决定上述组分中原料质量的优劣和配比是否符合不同阶段猪生长、生产所需的营养需要。但目前许多农户在购买浓缩料时，单纯把饲料中有无鱼粉，作为鉴别其质量好坏的标准。当然，鱼粉是优质的蛋白质原料，但绝不是维持高产的唯一特效剂。片面认为有鱼粉的饲料质量就好，无鱼粉的饲料质量就是差的看法，是一种认识上的偏见，况且目前因鱼粉价格昂贵，配合饲料正趋向于无鱼粉化。只要其中含有足量的有效成分即可达到预期的饲喂效果。

2.正确认识浓缩料的价格

有的养殖场户为了盲目追求效益，片面认为价格高是厂家为了谋取更多利润，而选购价格相应较低的所谓"经济料"，来降低饲养成本，以企望提高效益。殊不知这种只问售价，而不注重质量，特别是盲目使用"经济料"的养殖场户，不仅未能获得预期效益，而造成不应有的经济损失。所以，养殖场户使用饲料时，既要正确认识饲料的价格，也要注重饲料的质量。为保证选购到质优价廉的浓缩料，最好购买大型正规化饲料厂生产的名牌产品。

3. 要根据养殖对象选购饲料

不同的猪品种、不同的生长发育阶段和不同生产用途，对各项营养成分需要的差异极大。如蛋鸡料中所含的蛋白质和钙磷比例比其他类的饲料要高。若用蛋鸡料喂猪，既浪费了高蛋白饲料，增加了养猪成本，且易引起猪的钙磷代谢紊乱，造成消化不良而引起生长缓慢。反之，若用育肥猪料养蛋鸡，则既不能满足蛋鸡对蛋白质与磷钙的需要，出现产蛋减少或停产，还可引起产软壳蛋、啄蛋等异食恶癖。所以，养殖场户选购时，要首先了解产品的性能、适用对象等情况，然后再结合自己饲养的猪品种、生长阶段、生产用途等实际对号入座，切忌不加选择地见料就用。

4. 购时要做到"三看一捏"，以购买到新鲜的真饲料

即选购浓缩料时要做到一看包装袋上是否印有饲料标签所规定的内容，其内容是否完全可靠，以及外包装袋的新旧程度，名牌产品也不例外，若外观陈旧、毛糙、字迹图形褪色、模糊，说明产品储存过久或转运过多，或者是假冒产品，不宜购买。二看包装缝口线路及合格证标签与说明，要特别注意出厂日期，宜选购包装严密、缝合良好完整和近期生产的产品。过期产品，营养会有所损失。三看产品颜色的色度是否一致，有无稻壳、麸皮等物质。一捏，即选购时，对购整包者，可先用手捏缝口内及包装的四角。若感觉不松散，有成团现象，可能是储存过久或运输途中被水淋湿，不宜购买；若零购时，可用手捏一把，正常时松开手即自然松散，出现手松后不散或轻重成团块现象，说明水分含量过高，易发霉变质，不要购买。同时注意一次不要购得太多，以免存放时间过长而变质。

（二）使用浓缩料应注意的事项

1. 正确配比稀释

浓缩料必须与一定比例的能量饲料配合后，才能饲喂。使用时加过量的能量饲料，就会使饲料质量营养指标达不到标准，导致饲喂效果差；若按配比加入能量饲料的同时，又额外补加豆粕等蛋白质原料，虽使一些营养指标超过了标准，但又破坏了营养平衡；或者超量添加浓缩料，降低能量饲料的比例，均不能产生预期效果。所以，使用浓缩料时，一定要参照产品说明书推荐的比例正确稀释，才能达到配合后营养平衡，也才会产生预期效果。但在生产实践中，往往所推荐的常用饲料原料与养殖场户自产饲料原料不相符，这就需要自己能够计算配合比

例。通常采用简单且易掌握的对角线法。现以 20~60 千克体重的生长育肥猪为例，说明这种计算方法。

例如：养殖户已购入含粗蛋白 38% 的猪用浓缩饲料，并有自产的玉米、小麦麸、糠饼三种饲料原料，这三种饲料原料配合比例计算方法和步骤是：第一步，确定配合饲料营养水平，生长肥猪营养需要为，消化能 12.9 兆焦 / 千克饲料，粗蛋白质 15%；第二步，列出自有饲料原料营养成分含量；第三步，根据当地饲料原料和以往经验，初步确定浓缩饲料的大概配比，大约为 20%，然后计算出要配的能量饲料的消化能。

2. 避免重复使用添加剂

一般浓缩料均含有微量元素、维生素和防病保健添加剂，使用时不需再添加。特别是应注意像喹乙醇、呋喃唑酮等用量很少的保健防病添加剂，若重复添加，将会引起药物中毒。若要另加也要添加其产品中未含有的成分。

3. 必须混合均匀

浓缩饲料在全价配合饲料中的比例一般不超过 35%，大量料是能量饲料，若与能量饲料混合不均匀，猪吃得少导致营养不良，吃多了又会引起营养过剩，所以，稀释浓缩料时，应采用逐步多次稀释法混合均匀再用。

4. 注意生料干喂或拌潮后即喂，切忌加热处理

浓缩料与能量饲料混合后，便成为全价配合饲料，使用时应生料干喂或拌潮后即喂，不必作任何处理，若把饲料煮熟后再喂或者发酵后饲喂，就会使其中的营养成分遭受破坏，而降低饲料报酬。所以，使用浓缩料应生喂。

三、预混料的选择与使用

预混料中含有猪生长发育所必需的维生素、微量元素、氨基酸等营养成分及药物等功能性添加剂，规格大多为 1%~5%。养殖户购回后，只需按照推荐配方，选用优质原料，经过粉碎、混合，即成为全价饲料。只要将其合理使用，预混料自配料就可保证饲料质量，同时降低生产成本，取得良好的效果。

（一）营养标准的选择

规模养殖场在使用预混料时，可以根据标签的推荐配方进行配制饲料，但这样配制的饲料配方成本一般较高，因此可以让预混料厂家技术人员根据猪场情况和当地原料来源设计符合本猪场的饲料配方。如果猪场自己有专业配方人员，可以自己制作配方，制作饲料配方的第一步就是选择猪的营养标准。根据所养猪的品种选择相应的营养标准。目前在养猪生产实际中常采用的营养标准有美国的 NRC 标准、法国的 ARC 标准及中国地方品种猪标准等。猪场应该根据所养猪的品种进行选择，也可以根据猪的体况或季节进行细微的调整。

（二）配料过程控制

1.严把原料质量关

禁止使用发霉变质原料；不要使用水分超标的玉米；严禁使用过期浓缩料或预混料。

2.原料称量要准确

采用人工称量配料，称量是配料的关键，是执行配方的首要环节。称量的准确与否，对饲料产品的质量起至关重要的作用。要求操作人员一定要有很强的责任心和质量意识，否则人为误差很可能造成严重的质量问题。在称量过程中，首先要求磅秤合格有效。要求每周由技术管理人员对磅秤进行一次校准和保养，每年至少一次由标准计量部门进行检验；其次每次称量必须把磅秤周围打扫干净，称量后将散落在磅秤上的物料全部倒入下料坑中，以保证原料数据准确；第三切忌用估计值来作为投料数量。

每种物料因为添加比例不同，其称量精确度要求也不一样，大致要求称量误差在 4% 以内。

3.原料粉碎粒度要合适

粉碎机是饲料加工过程中减小原料粒度的加工设备。应定期检查粉碎机锤片是否磨损，筛网有无漏洞、漏缝、错位等。粉碎机对产品质量的影响非常明显，它直接影响饲料的最终质地和外观的形状。操作人员应经常注意观察粉碎机的粉碎能力和粉碎机排出的物料粒度。

该项技术的关键是将各种饲料原料粉碎至最适合动物利用的粒度，使配合饲料产品能获得最大饲料饲养效率和效益。要达到此目的，必须深入研究掌握不同动物及动物的不同阶段对不同饲料原料的最佳利用粒度。大料粉碎粒度要合乎要求，例如玉米粉碎时筛片的孔径选择一般为教槽料 0.6 毫米、保育料 1.5 毫米、中小猪料 2.0 毫米、大猪料 2.5 毫米、公母猪料 4.0 毫米等。

4.原料添加顺序要合理

首先加入量大的原料，量越小的原料应在后面添加，如维生素、矿物质和药物添加剂，这些原料在总的配料过程中用量很小，所以，不能把它们直接添加到空的搅拌机内。如果在空的搅拌机内先添加这些微量成分，它们就可能落到缝隙或搅拌机的死角处，不能与其他原料充分混合。这不仅造成了经济价值较高的微量成分损失，而且使饲料的营养成分不能达到配方的水平，还会对下一批饲料造成污染。所以，量大的原料应首先加入到搅拌机中，在混合一段时间后再加入微量成分。有的饲料中需要加入油等液体原料，在液体原料添加前，所有的干原料一定要混合均匀。然后再加入液体原料，再次进行混合搅拌。含有液体原料的饲料需要延长搅拌时间，目的是保证液体原料在饲料中均匀分布，并将可能形成的饲料团都搅碎。有时在饲料中需加入潮湿原料，应在最后添加，这是因为加入潮湿原料可能使饲料结块，使混合不易均匀，从而增加搅拌时间。

5. 混合时间要合适

混合均匀度指搅拌机搅拌饲料能达到的均匀程度，一般用变异系数来表示。饲料的变异系数越小，说明饲料搅拌越均匀；反之，越不均匀。生产成品饲料时，变异系数不大于10%。搅拌时间应以搅拌均匀为限。确定最佳搅拌时间是十分必要的。搅拌时间不够，饲料搅拌不均匀，影响饲料质量；搅拌时间过长，不仅浪费时间和能源，对搅拌均匀度也无益处；卧式搅拌机的搅拌时间为3~7分钟。

6. 防止交叉污染

饲料发生交叉污染的场所主要有：储存过程中的撒漏混杂；运输设备中残留导致不同产品之间的交叉污染；料仓、缓冲斗中的残留导致的交叉污染；加工设备中的残留导致的交叉污染；由有害微生物、昆虫导致的交叉污染等。因此需要采用无残留的运输设备、料仓、加工设备和正确的清理、排序、冲洗等技术和独立的生产线等来满足日益高涨的饲料安全卫生要求。

7. 成品包装要准确

成品包装准确，首先要所用包装袋的包装型号要与饲料相匹配，不要出现错装或混装。其次包装重量要准确，这样方便饲养员的取用，利于饲养员饲喂量的控制。

（三）使用过程中的注意事项

在实际生产使用中，由于养殖户对其认知不够，仍存在着诸多问题，影响了预混料的使用效果，打击了养殖户使用预混料的积极性。

1. 慎重选料

目前预混料的品牌繁多，质量不一，预混料中的药物添加剂的种类和质量也相差甚大，所以选择预混料不能只看价格，更重要的是看质量，要选择信誉高、加工设备好、技术力量强、产品质量稳定的厂家和品牌。

2. 妥善保管

预混料中维生素、酶制剂等成分在储存不当或储存时间过长时，效价会降低，因此应放在遮光、低温、干燥的地方贮藏，且应在保质期内尽快使用。

3. 严格按规定剂量使用

预混料的添加量是预混料厂按猪不同生长发育阶段精心设计配制的，特别是含钙、磷、食盐及动物蛋白在内的大比例预混料，使用时必须按规定的比例添加。有的养殖户将预混料当作调料使用，添加量不足；有的养殖户将预混料当成了万能药，盲目增加添加量；有的将不同厂家的产品混合使用。不按规定量添加，就会造成猪的营养不平衡，不仅增加了饲养成本，还会影响猪的生长发育，甚至出现中毒现象。

4. 合理使用推荐配方

养殖户所购买的预混料，其饲料标签或产品包装袋上都有一个推荐配方，这个配方是一个通用配方，能备齐推荐配方中各种原料的养殖户，可按推荐配方配料。也可充分利用当地原料优势，请预混料生产厂家的技术人员现场指导，不要自己随意调整配方，否则会使配出的全价饲料营养失衡影响使用效果。

5. 把握饲料原料的质量

预混料的添加量仅有 1%~5%，而 95%~99% 的大部分成分是饲料原料，因此原料质量至关重要。目前，农村市场饲料原料的质量差异很大。因此，应尽量选择知名度高、信誉好的厂家的原料。

6. 注意原料的粉碎粒度

粒度较大的原料，如玉米、豆粕，使用前必须粉碎，猪饲料的粉碎粒度为 500~600 微米为宜，饲喂的饲料混合均匀度变异系数通常不得大于 10%。

7. 正确饲喂

预混料不能单独饲喂，必须按配方混合后方可饲喂，不能用水冲或蒸煮后饲喂。更换料时要循序渐进，一星期左右完成换料，尽量减少换料引起的采食减少、生长下降等应激。

第五章

种公猪的高效饲养与管理

第一节　种公猪的生理特点与营养需求

一、种公猪的生理特点

（一）公猪射精量大

在正常的情况下，成年公猪 1 次射精量可达 150~350 毫升，平均为 250 毫升左右，高的可达 600 毫升，精子总数在 200 亿~800 亿个。

（二）精液中含有多种物质

精液中水分约占 97%，粗蛋白质占 1.2%~2%，脂肪约占 0.2%，灰分约占 0.9%，各种有机浸出物约占 1%。其中粗蛋白质占干物质的 60% 以上。

（三）公猪交配时间比其他家畜长

一般 5~10 分钟，长的可达 25 分钟，长于其他家畜。牛和羊的射精时间仅有 3 秒左右。体力与营养物质消耗很大。

（四）保证配种受胎率和种公猪体质猪群应保持合理的公母比例

本交情况下公母比例为 1∶（25~30）。人工授精情况下公母比例为 1∶（150~200）。

二、种公猪的营养需求

一般种公猪每次配种射精量在 200 毫升左右，变动范围依品种年龄可在 50~500 毫升。种公猪在配种期间消耗极大，如按 2 次 / 天的频率，每日排出精液量为 100~1 000 毫升，故在营养需求方面需十分讲究，才能维持公猪持久有效的配种能力。要充分发挥种公猪的生产性能，就要保证足够的优质蛋白质、维生素、矿物质供给等。

（一）能量

合理供给能量，是保持种公猪体质健壮、性机能旺盛和精液品质良好的重要因素。在能量供给量方面，未成年公猪和成年公猪应有所区别。未成年公猪由于尚未达到体成熟，身体还处于生长发育阶段，消化能水平以 12.6~13.0 兆焦 / 千克为宜，成年公猪可适量降低。以 12.5~12.9 兆焦 / 千克为宜。

（二）蛋白质

蛋白质对增加射精量，提高精液品质和配种能力以及延长精子存活时间都有重要作用。如果蛋白质不足会造成精液数量少，精子密度低，发育不完全并且活力差，使与配母猪受胎率下降，严重时，公猪甚至失去配种能力。因此，公猪日粮中，蛋白质一般在 15% 以上，赖氨酸在 0.7%~0.8%。蛋白质饲料可多样化，可喂些青绿饲料。

（三）维生素

公猪饲料中一般添加复合维生素，尤其是维生素 A 和维生素 E 对精液品质有很大影响。长期缺乏维生素 A，引起睾丸肿胀或萎缩，不能产生精子，失去繁殖能力。每千克饲料中维生素 A 应不少于 3 500 国际单位。维生素 E 也影响精液品质，每千克饲料中维生素 E 应不少于 9 毫克。维生素 D 对钙磷代谢有影响，间接影响精液品质，每千克饲料中维生素 D 应不少于 200 国际单位。如果公猪每天有 1~2 小时日照，就能满足对维生素 D 的需要。

（四）矿物质

矿物质对公猪精液品质与健康影响也较大。钙和磷不足使精子发育不全，降低精子活力，死精增加，所以饲料中应含钙 0.6%~0.7%、含磷 0.55%~0.6%。

微量元素必须添加铁、铜、锌、锰、碘和硒，尤其是硒缺乏时可引起睾丸退化，精液品质下降。

三、种公猪饲料的配方原则

公猪饲粮配方的原则是浓度高、体积小、营养全、酸碱平。一般公猪饲粮的粗蛋白水平在16%左右，能量水平在13.39兆焦/千克，钙>0.75%，总磷>0.60%、有效磷>0.35%、钠0.15%、氯0.12%、镁0.04%、钾0.2%、铜5毫克/千克、碘0.14毫克/千克、铁80毫克/千克、锰20毫克/千克、硒0.15毫克/千克、锌50毫克/千克、维生素A 4 000国际单位、维生素D_3 200国际单位、维生素E 44国际单位、维生素K 0.5毫克/千克、生物素0.2毫克/千克、胆碱1250毫克/千克、叶酸1.3毫克/千克、尼克酸10毫克/千克、泛酸12毫克/千克、核黄素3.75毫克/千克、硫胺素1毫克/千克、吡哆醇1毫克/千克、维生素B_{12} 15微克/千克、亚油酸0.1%。

要满足上述营养需要，饲粮配方基本是一个精料型组合，而且以玉米豆粕为主、糠麸为辅，配合以4%的预混料，才能完成配方的营养指标。由于公猪数量有限，不便专门为公猪开动一次搅拌机，为有限的公猪拌出1年以上的饲粮存入仓库，易招致公猪饲粮的霉变或过度氧化导致的维生素失效。一个比较简单的变通方法是用哺乳母猪的饲粮代替公猪饲粮，其原因是哺乳母猪饲粮周转较快，可以保持新鲜，同时，哺乳母猪和公猪的营养要求十分接近，只是公猪饲粮要求更精一些。为此，对公猪可以通过以下手段额外加强营养。

（1）鸡蛋每日2~8枚，饲喂时直接打入饲粮。

（2）胡萝卜打浆后按1:2与羊奶混合，每头补饲1.5升/天，一个万头猪场养5只萨能母山羊可以满足全场种公猪的额外补饲需求量。

（3）青饲料，每头1千克/天，以叶菜类效果最佳，如韭菜、紫花苜蓿、白菜、苋菜、红薯叶等。

（4）汤类，用杂鱼煲汤，原料以河中杂鱼，或人工养殖的河蚌肉煨汤，适当配入鸡架、枸杞、山药适量，食盐少许，每头公猪每日喂量可按河鲜加鸡架总重1千克为妥。常用此剂公猪精神抖擞，性欲感极强。

第二节 种公猪高效饲养管理的要素

一、饲养方式

年轻公猪或者小公猪舍可以为 2.5 米 × 2.5 米（长 × 宽），年龄较大的公猪可以上升到 3.0 米 × 3.0 米。也可以选择使用试探交配区，这样联合了公猪较大的畜栏以及临近的交配区域。交配面积至少得 2.5 米 × 3 米，地面不能太滑。因为光滑的地板，母猪拒绝站立，这样会使公猪受挫，或者公猪滑倒失去信心，不愿意再爬跨母猪。

如果饲养环境极其恶劣，必须慎重考虑提供坚固的、隔热较好的猪舍给猪休息和采食。因为公猪在各自栏中会感到孤单，尤其是它们对温度的变化比较敏感。成熟的、清瘦的种公猪全身覆盖脂肪比较少，因此抗寒能力比较弱，所以在冬季必须提高饲喂水平或者考虑提供一些垫料或采取一些其他的保温措施。夏季高温也会影响猪的生产性能。猪的性欲以及活力常常受到影响进而影响精子的质量。如果遇到极高的温度，精子质量可能会受到 6 周的影响，因此必须采取一些降温措施。

地板表面过于粗糙或光滑都会给公猪带来严重后果。围栏被用来圈养公猪是很正常的，交配区的面积必须是饲养区的两倍。在交配过程中，如果地板表面比较光滑，母猪站立不动接受交配可能有问题，母猪很容易滑倒，从而导致母猪或者公猪受到伤害。如果一头公猪爬上母猪，它的后腿通常放在与母猪腿平行的前方。因为公猪得插入，所以必须从后腿获得平衡。如果滑倒就很容易伤害到自己。在射精的过程中，公猪是不动的。但是如果地板很滑，它可能没有交配完全进而受挫。因此地板必须很硬而且不滑。可以考虑在交配区撒些锯屑、稻壳或者相似的东西以提供较好的交配环境。

二、饲喂方法

高效饲喂公猪，要定时定量，体重 150 千克以内公猪日喂量 2.3~2.5 千克，150 千克以上的公猪日喂量 2.5~3.0 千克全价配合饲料，以湿拌料或干粉料均可，要保证充足的清洁饮水。公猪日粮要有良好的适口性，并且体积不宜过大，以免把公猪喂成大肚子，影响配种。在满足公猪营养需要的前提下，要采取限饲，定时定量，每顿不能吃得过饱；严寒冬天要适当增加饲喂量，炎热的夏天提高营养浓度，适当减少饲喂量，饲喂时要根据公猪的个体膘情给予增减，保持7~8成膘情。公猪过肥或过瘦，性欲会减退，精液质量下降，产仔率会有影响。

而实际上，生产第一线的饲养员经常与种猪场的技术员和场长就公猪饲喂问题争得面红耳赤。原因很简单，从技术领导出发，场方必然给饲养员下达明确的投喂量标准，并随时检查执行情况。比如一般地方品种公猪饲粮在2~3千克/天，而流行瘦肉品种相应在2.5~5.0千克/天。这只是纸上的计划方案，在生产实际中几乎没有1头健康公猪会按定量吃。公猪吃多少全凭自己的心气，心情愉悦之时可以1天吃掉10千克。心情一郁闷，1天就吃几口甚至绝食24小时以上也是常有之事。这种"猪坚强"的生物学本性在公猪身上表现得十分突出。当我们面对猪场的一大排公猪栏时就会发现有的公猪槽已被舔得精光，而另一些猪槽还有不少剩料，公猪对之"视而不见"，而是远离食槽东张西望，满口白沫，口中振振有声，完全是要出门寻花问柳的心境，哪有心思进餐？

可见给公猪设定的饲养标准是一回事，而公猪实际摄入的营养却是另一回事。由于公猪摄入的营养直接影响到精液品质，所以有经验的饲养员从不遵循教条主义按计划规定投料，而是细心观察诱导公猪采食，这是我们生产中要强调的公猪个性化、人性化、猪性化的辩证饲养。一个万头规模的猪场中几乎找不出食欲完全相同的2头公猪，所以养公猪的饲养员应当是全场最精明能干而又通晓公猪生理健康和心理健康的行家里手。

公猪的投料形式相当讲究。冬季以颗粒料或膨化料为好，春秋以湿拌粉料为好，夏季气温超过24℃时，则以稀料为宜，该稀料不是凉水冲拌的粉料，而是青料打浆后与粉料混合，或青浆与发酵变酸的粉料混合成稀料喂公猪效果亦佳。公猪每次只能喂八成饱，切忌一次喂到十成饱，导致公猪撑大肚皮影响配种。公猪可日喂3次以上，每次掌握在七八成饱，投料后的1小时应看到槽底被舔干净，如1小时后槽底还有剩料说明投料过量或公猪食欲有问题了，应立即清理食槽。在非上槽采食时间（3次/天，每次1小时左右为正常上槽时间），食槽永远是空而净的，剩料变质和公猪采食无规律是公猪拉稀的最常见因素。

三、种公猪的管理

（一）种公猪的运动

适当运动是加强机体新陈代谢，锻炼神经系统和肌肉的主要措施。合理的运动可促进食欲，帮助消化，增强体质，提高繁殖机能。目前多数养猪场饲养的种猪运动量都不够充分，特别是使用限位栏（定位栏）的猪场，运动更少。公猪运动过少，精液活力下降，直接影响受胎率。公猪运动最好在早晚进行为宜。配种期一般每天上下午各运动一次，夏天应早晚进行，冬季应在中午运动，如遇酷热或严寒、刮风下雨等恶劣天气时，应停止运动。配种期要适度运动，非配种期和配种准备期要加强运动。

传统的公猪很少有不配种和肢蹄病的问题，而现代猪场的公猪无性欲和肢蹄病加起来占到种公猪存栏的 25% 左右。品种的变更固然是原因之一，但最主要的原因是现代公猪缺乏足够的运动。有些猪场的公猪甚至被养在限喂栏里，除了配种之外基本没有运动，这样的公猪衰老很快，一般不到 3 岁就被淘汰出局。作为原种场加快世代间隔，3 岁公猪或 2 岁公猪有了后代的成绩就可以从原种场淘汰。这种淘汰公猪如果性生理健康依然，可以在商品场继续发挥作用到 5 岁以上。目前许多原种猪场淘汰的 2~3 岁公猪由于伤病已无配种能力十分可惜。因此，公猪的保健和运动当引起有关场家的足够重视。

一头性成熟的公猪大约需要多大的运动量才能有效地保证体格强健和性欲旺盛呢？经验说明，每日 3 000 米的驱赶运动较为合适。此 3 000 米的路程大约有 1 000 米的漫步（启动）+1 000 米快步（小跑）+ 1 000 米漫步（动松），总计耗时约 30 分钟。中国传统的养公猪户经常赶公猪走村串户给附近农户的母猪配种，一走就是好几里地，故运动量也足够。半个世纪前的中国传统饲养公猪模式使当时的公猪可以利用到 5~10 岁。由于人与公猪同时运动，饲养员中也极少有"三高"病例发生，倒是一种人猪和谐共同健康的模式。

驱赶公猪走动和跑动有技术讲究，一般是在早上饲喂前或配种前空腹运动，或者下午太阳落山时，饲喂或配种前也可进行。忌中午烈日当空，饱食或配种后进行驱赶运动。驱赶运动要掌握好"慢—快—慢"三步节奏。公猪刚一出门时就容易猛跑、撒欢，要多加安抚，如给公猪擦痒、梳毛、刷拭背部可使公猪慢慢安静下来，徐徐而行。也可故意将公猪赶至有木桩、树干等路边大目标边，公猪有对路边物体探索性嗅觉辨认、舔啃、擦痒的习性，从而放慢了速度。公猪行程当中 1/3 路程要加快速度，跑成快步或对侧步，使公猪略喘粗气达到一定的运动量。1 周岁以下的青年公猪体质强健者可以用袭步疾跑冲刺 100~200 米，在行程的后 1/3 路段要控制猪的速度，使之逐步放慢成逍遥漫步，并达到呼吸平稳。此时一般不加人为驱赶，猪在小跑 1 000 米之后略有疲乏之感会主动放慢步速。公猪在回程路上既要平稳慢行又不可停留，要争取直奔原圈，如果停留时间过长，公猪易起异心，会向配种舍或母猪舍方向奔袭，使局面不易控制。公猪运动通常是单人单猪，专人专猪。切忌几头公猪同时放牧运动（即使这几头公猪是从小一起长大的），更切忌2头公猪对面相逢。如有此事，势必是一山难容二虎，2头公猪中必有1头被咬死，另1头不致残也会有所外伤。在国外为了节省人工，每头公猪栏外设有30米×3米的公猪逍遥运动场，任公猪自行运动玩耍，有一定作用，但成年公猪往往贪睡不动而导致运动量不足。现代猪场有设公猪跑道运动场，使公猪在狭窄通道上自行运动，省工省力，但存在公猪容易在狭道中睡觉的弊端。

（二）种公猪的管理

放牧公猪，是培养人猪亲和的极好机会，有经验的饲养员能抓住机会主动与公猪套近乎，比如刷拭、抚摸、轻唤公猪的名字，有的饲养员能骑在猪背上或站在猪背上。公猪对饲养员有敏锐的感觉和记忆力，一旦建立良好和谐的人猪关系，公猪会很温顺地配合饲养员的指挥，主动和饲养员接近。有个别猪场甚至可以把公猪训练得拉小架子车运送饲料，堪称绿色环保种猪之楷模。公猪对负面刺激的感觉和记忆更加强烈。有些公猪对打过它甚至于骂过它的人记得刻骨铭心，一旦机会成熟就会对它的"仇人"发起攻击，这种攻击的凶猛程度可以如狼似虎。所谓"机会成熟"是指公猪对它的"仇人"通过嗅觉和视觉验明正身之后，会处心积虑地与之周旋相互的地势位置，并寻找有利的地形和进攻角度，胆小的公猪会尽量避开与"仇人"直面相对并保持距离。如果公猪被逼到墙角或成狭路相逢之势，公猪会低头挑目而形成敌视站姿，口嚼白沫，叭嗒有声，其锋犬齿直举向前如同两把匕首。公猪发起冲锋攻击是瞬间暴发的动作，其冲刺速度接近职业运动员百米起跑的速度。因此公猪一旦攻人往往十拿九稳，因为在相同矢量方向上人的两条腿没有猪的四条腿快。大型种猪场的饲养员被种公猪的利齿送进医院的事时有发生，从未断绝。这说明我们在种公猪的饲养管理方面还有许多不到位之处，至少对种公猪的生理行为特点认识得不够深刻。

为了避免公猪伤人事件的发生，可以从以下几点入手：①不打骂公猪；②不与公猪争风吃醋，不要在公猪配种时令其强行退下或强行将其赶走；③专人饲养公猪，不要随便换人，饲养员绝不参与给公猪打针、上鼻捻子、捆绑、保定、采血等负面刺激。上述负面刺激要尽量避免或减少，要做也是由兽医人员执行，使公猪记得那不是主人干的事。有些负面刺激是可以避免的，比如把公猪捆起来修蹄匣，这是不得已才干的事。应该从每天保证公猪在粗砂地面运动自然磨损蹄匣来主动预防蹄匣过长的问题。再如免疫注射是公猪总要"挨扎"的技术性负面刺激，有的饲养员把公猪堵在笼子里打针，甚至捆起来或上鼻捻子打针，给公猪造成极大应激，直接影响精液品质。先进的猪场，兽医利用公猪熟睡之际，用"飞针手法"将针头用极快速度猛插入皮下或肌层，然后用注射器跟进疫苗或药物，此动作2~3秒完成。现代创新的无针注射也有异曲同工之美，公猪的感觉是梦中被牛虻叮了一口，醒来还没明白是怎么一回事，苗已注射完毕，再一看来者不是主人。日后这个负面印象不会与饲养员有所牵连。如此，饲养员才能安全地在公猪左右饲管，包括采精。

（三）驱虫和刷拭

种公猪的寄生虫病主要有消化道线虫病和体外寄生虫病，如疥螨、虱等寄生虫病，严重影响种猪的生产性能。一年内定期驱虫和消灭螨虫病，公猪每年要驱虫三次，应定期体外杀虫。阿维菌素、伊维菌素、乙酰氨基阿维菌素等驱虫药可以同时驱杀动物体内外寄生虫，具有用量小、疗效高等特点，已经广泛应用于养殖生产中。

公猪最好每天刷拭身体1~2次，夏天给猪经常洗澡，以防止皮肤病和外寄生虫病，并能增加性活动。

（四）防止公猪早衰

种公猪必须有健康的体质、良好的精液和强烈的性机能，才能保证公猪配种能力，延长使用年限。但由于饲养管理不当，或配种技术掌握得不好等原因，常常会使种公猪早期衰退。

1. 早衰的原因

（1）配种过早易引起公猪未老先衰。为此必须克服早配，作到适龄配种。

（2）饲料单一，青饲料过少，种公猪营养不良或因配种过度，造成公猪提前早衰。为此应利用质量可靠的预混料，以及氨基酸含量齐全的蛋白质，配制成全价料，并要严格控制配种次数。

（3）长期圈养运动不足，或能量饲料过高，使公猪过肥，性欲减弱，精液品质下降，丧失配种能力。为此要饲喂优质全价料，保证公猪每天做3千米的充分运动，以降低膘情，保持旺盛的配种能力。

（4）公母猪同圈饲养存在弊病。由于经常爬跨接触，不仅影响食欲和增长，更容易降低性欲和配种能力，减少使用年限。为此种公猪必须单圈饲养，保持环境安静，免受外界刺激，不使公猪受惊。最好使公猪看不见母猪，听不见母猪声，闻不到母猪味。

2. 种公猪的淘汰

种公猪年淘汰率在33%~39%，一般使用2~3年。种公猪淘汰原则：淘汰与配母猪分娩率低、产仔少的公猪；淘汰性欲低、配种能力差的公猪；淘汰有肢蹄病、体型太大的公猪；淘汰精液品质差的公猪；淘汰因病长期不能配种的公猪；淘汰攻击工作人员的公猪；淘汰4分以上膘情公猪。每月统计1次每头公猪的使用情况，包括交配母猪数、生产性能（与配母猪产仔情况），并提出公猪的淘汰申请报告。

（五）搞好种公猪疫病防治

首先根据本猪场特点制定一个合理有效的防疫程序，并按时实施。特别要搞好春秋2次预防接种，并注意检查疫苗质量，注意更换注射针头。保持圈舍清洁卫生，定期消毒猪舍内外环境。经常观察种猪健康状况，发现疾病，及早诊治。

四、公猪的利用

（一）中国地方品种的传统利用方式

中国传统养公猪的模式是小农经济的专门化公猪户养猪，通常的公猪户是养一大一小，大公猪游乡串户给附近农户的发情母猪配种，小公猪通常是大公猪的嫡传后代，留作接班。大公猪通常日配1~2头发情母猪，每头母猪通常只配1次，其产仔数亦不少。配种繁忙的季节，老公猪可以日配4头以上，曾有过日配7头全部怀胎的记录。待老公猪数年之后精力衰退时就淘汰换一头年轻公猪。中国地方品种中的老公猪使用年限较长，超过5年者不在少数。

传统公猪配种利用还有更为经济的形式，即小公猪3~4月龄即用于配种，充分利用中国猪种的性早熟。一旦确认母猪怀胎，约4月龄的小公猪立即阉割去势供作肥育商品猪，这样基本省去了大公猪的饲养成本。同时由于3~4月龄的小公猪只有15~18千克重，一把就可以抓在手里放入竹笼或麻袋，乘车乘船时宛如提一个手提箱，运输十分方便，可以送到较远的农村给母猪配种。

（二）现代公猪的利用方式

现代公猪通常是通过测定本身和父母代日增重、背膘厚、眼肌面积、饲料利用率等后选出的顶级公猪。这些公猪生产性能超群，最优秀的公猪 108 日龄已达到 100 千克活重，其料重比只有 1.9。但是，性能越优秀的公猪越脆弱，其繁殖性能尤其低下，通常这种公猪在良好的猪舍饲养、运动条件下只能每周配种或采精 1~2 次。好在这种顶级公猪在 1 年之后就会被它的儿子取代，这是育种工作争取短世代间隔、大遗传进展的需要，所以顶级公猪需要保持性机能旺盛至少 1 年以上。

五、公猪调教

（一）公猪个性差异

公猪调教的第一步是建立人猪亲和关系。必须做到公猪把饲养员当成自己的主人，允许饲养员接近、伴随和采精等操作。由于公猪的个性差异极大，故饲养员的人猪亲和工作务必循序渐进，从给猪抓痒、刷拭开始，逐渐增加语言口令，这对调教采精尤其重要。调教成功的可能性与公猪的攻击性成负相关，故饲养员对公猪的攻击性要明察秋毫。公猪的攻击性与品种有一定关系，但同一品种内差异也很大，就不同品种而言攻击性排序如下。

1. 较强攻击型

杜洛克猪（含白杜洛克猪）、中国华北型猪（八眉猪除外）。

2. 一般攻击型

巴克夏猪、高加索猪、汉普夏猪、皮特兰猪、中国华中型猪的大部分。

3. 较弱攻击型

中国华南型猪的大部分，以文昌猪、桂墟猪为典型；中国江海型猪的一部分，以太湖猪为典型。

（二）后备公猪调教要领

后备公猪初次参加配种是建立公猪自信心的关键。许多公猪的良好条件反射和动力定型或恶癖皆由首次配种造就。故小公猪第 1 次配种务必尽量减少环境应激，将身材娇小的后备发情母猪先赶至干净的配种栏，然后再将小公猪徐徐赶出公猪栏并途中经过众多母猪栏舍以唤醒性兴奋。待公猪开始兴奋、口嚼白沫、摇头摆尾之时将其轻轻赶入小母猪栏，此时小公猪乘兴而上，争取一次成功。此举对该公猪一生一世的配种能力打下良好基础。初次配种有两大忌。

一是切忌将小公猪突然从公猪栏赶出，未经母猪调情直奔配种栏。

二是切忌小公猪与成年身高马大的发情母猪配对。

大型母猪出于自然本性偏爱高大威猛的公猪而嫌弃瘦小公猪，如果小公猪初次面对发情大母猪而讨不到欢心，被大母猪一个调头回马枪猛咬一口，势必吓得落荒而逃，并从此埋下深刻的自卑。这种初恋失败打击可导致该公猪终身害怕大母猪或见了母猪就有三分怵，从而每次配种都不顺利，严重影响受胎率和产仔数。如果是调教人工采精，可在小公猪性兴奋起来时用台猪或台猪加发情小母猪同时挑逗，争取一次成功。采精人员不要更换，公猪很认人。

六、猪场公猪编制设定

（一）瘦肉型猪原种猪场

瘦肉型猪主要指杜洛克猪、长白猪、大白猪、汉普夏猪、皮特兰猪等，是当前瘦肉商品猪的主要品种组分。作为商品猪场一般是控制公母比例 1：25（本交）或 1：100（人工授精），但育种场或原种场则需要保持每个品种 10 个以上的血缘，俗称 10 条线，有些原种场保持 12 条线则更安全。这种战略的意图有二：其一是防止近交退化；其二是加大品系特点或品种内适度分化，如父系和母系的分化，高肌内脂肪系和普通系的分化，这种分化对适应市场多变的形势是有利的。

（二）地方猪育种场

按育种的有效含量原理也应具有 10 个以上的血缘，但目前国内能做到 10 个血缘的地方猪种寥寥无几，故提倡尽量多留血统，希望每个地方猪种能达到 6 个血统以上。由于一般地方猪种都比较耐近交，故 6 个血统亦能基本维持目前保种形势。由于育种的延续性，猪场中通常是二世同堂，即种公猪与其接班儿子同堂。所以地方猪种的公猪设置至少是 6×2=12 头以上。种公猪不但数量要充足，遗传质量更要优秀。最不可忽略的是饲养的水平和环境的稳定，使优秀基因有表现机会。一头饲养到位的种公猪只要一进展示厅一亮相，立马使所有观众耳目一新。

第三节　后备公猪的高效饲养管理

一、饲料及喂量

饲料应用公猪专用料，如果场内公猪少可用哺乳母猪料代替，饲料中蛋白质含量为 17%~18%，可消化能在 3 200~3 300 千卡 / 千克，高温季节可适当增加赖氨酸、维生素 E、维生素 C 的含量，以提高公猪的抗应激能力和精液的质量。

饲喂量在 2~3 千克，注意保证清洁的饮水，膘情控制在比同日龄的母猪低 1 分（按 5 分制的评分标准）即可。

二、温度

公猪管理的最佳温度为 15 ℃，适宜温度为 15~20 ℃，相对湿度为 60%~80%，公猪的睾丸温度正常应比体温低 2~3℃，如果高温下睾丸的温度升高将导致生殖上皮变性，雄性激素合成受阻，精子受损，生精机能下降，精液品质下降；如果温度超过 30℃，公猪的精液品质需要 6~8 周的时间才可能恢复，因此夏天对公猪进行防暑降温，将室温控制在 30℃以内是十分必要的。

由于温度对公猪精液质量影响很大，夏秋季节要采取有效的降温措施：公猪关在定位栏的猪场由于空间小，可使用空调进行降温，降温效果明显；公猪比较多或者关在大栏的猪场可采用水帘降温，循环水一定要使用地下水，保证室温在 28℃左右；一些开放式的公猪舍可采用吊扇 + 喷淋，或在公猪圈外修一个 25 厘米高的水池，舍外覆盖一层遮阳网，使公猪能卧于水池中降温。

三、隔离与适应

隔离与适应程序是猪场保持健康的一项必要措施，也越来越被大家所接受，特别是蓝耳病阳性场引进阴性猪时此项工作显得尤为重要，否则公猪极有可能会出现无精、死精、精液稀薄的情况。

（一）隔离

在实际操作中隔离的时间最少不应低于 2 周，以 4 周为宜，如果原有猪场为蓝耳病阳性，则需隔离 8 周以上。隔离期完毕后如果猪只正常就进入适应期，可一直持续到配种。

（二）适应

目的是使新进的种猪能适应原有猪群的微生物环境，使原有猪群能与新种猪在微生物环境上达到平衡。

第一周可用产房仔猪的粪便与新公猪接触；第二周用产房的新鲜死胎（剖开）、胎衣、木乃伊拌料喂给新公猪吃；第三周按1∶（5~10）的比率将30~40千克的生长猪与新公猪相邻关放，最好能通过猪栏进行接触；适应的第四周至配种前，按1∶20的比率将淘汰的公母猪与新公猪相邻关放（防止新公猪受伤）。如出现严重的不良反应，应立即停止接触。

四、免疫

疫苗是保证猪只健康重要的措施之一，在隔离期完成后进行，疫苗注射的种类每个场不一定相同，主要是根据当地的疫情和猪场的地理位置、生物安全的力度及猪群的健康状况来决定。

猪瘟疫苗：配种前至少一次；口蹄疫疫苗：每3~4个月普防一次；乙脑疫苗：虽说乙脑的母源抗体可持续150日龄，但是实际生产中经常出现公猪睾丸一大一小，建议公猪到场后尽快注射乙脑；伪狂犬疫苗：适应期注射两次；细小病毒疫苗：180日龄、210日龄注射两次；蓝耳病疫苗：根据实际情况自行决定；喘气病疫苗：如果原有猪场为喘气病阳性，喘气病阴性猪到场后3~7天就要注射疫苗，3周后加强一次。

五、配种强度

调教阶段7~9月龄：每周采精一次；早期配种阶段10~12月龄：每周采精1.5次；成熟阶段12月龄以上：每周采精2次。即使不用每周也必须采精一次（弃之），以保持睾丸内精子的活力。

六、后备公猪的调教

后备公猪的日龄达到6~7月龄就可以开始调教，一般来说只要方法得当10月龄以下的公猪90%以上都能调教成功。生产中有些人认为公猪很难调教，主要是因为缺乏耐心，不会与公猪交谈，或者采精台的安置可能存在问题：后备公猪应单栏饲养，不要混养，防止相互爬跨；公猪调教日龄如果太晚，会出现本交；如果设计不合理，假台畜在隔壁的房间，公猪看不见其他公猪采精的过程；如果采精栏太大会分散公猪的注意力。

（一）调教的一般方法

现在规模化猪场基本上都采取人工授精技术，所以训练可用后配公猪爬台，是一件比较艰难的事。有一部分不用引教，自己会爬跨假台，这种公猪，性欲往往比较强烈；而大部分可能再怎么引教，都不尽人意。下列两套训练公猪爬台方法，可供大家参考。

调教要在采完精后，采精栏不许冲洗；假台降到适当的高度，假台尾部降到与猪肛门平行处；让猪成为人的朋友，可以经常用洗衣服的刷子，刷洗猪身上，亲近猪更容易，严禁打吓猪；选择在栏内不安、兴奋的猪先训练。

方法 1

第一步：使猪自由进入采精栏，让它和过道旁边的公猪交流，调起性欲。如长时间不走，可用脚轻轻推着走。

第二步：挤出包皮的积尿。用毛巾擦掉包皮上的尿，粪便。

第三步：套（上下按摩）包皮，使阴茎硬起。如果猪不停地咬采精栏的东西，可以让猪自由在栏内活动，人坐在采精栏，不要动猪，可以消除猪对人的恐惧，5 分钟左右再进行第三步。

第四步：阴茎伸出后，用"反向法"抓住龟头。如阴茎转动，手抓住龟头反方向地转动。如龟头软时，抓住龟头一紧一松。目的是挑起性欲。

第五步：抓住伸出的龟头，有大多猪会表现出兴奋（有的猪抓住龟头后，过段时间才会兴奋），想转头爬跨人，可松手，人站在假台后面，猪一般会追人，可以发出轻柔的声音（如"来来来来……"），引猪爬跨假台。如果松手后，猪不追人，可用同样的方法抓住龟头，用另一只手引猪爬台，或轻轻用脚把猪头推在假台边上，猪一般会爬跨假台。

第六步：猪爬跨在假台上时，即时用身体顶住猪的屁股，不让后退，用手套包皮，龟头伸出时，人可蹲下来，使用"反向法"抓住龟头，让阴茎自动伸出。

第七步：采完精后，阴茎会自动收缩，可以慢慢地松手，让猪自己下台，不要催赶公猪下台。

方法 2

要求有一头发情盛期的小母猪，按背不动，并多人配合。

第一步：把母猪与公猪赶入采精栏，激发公猪的性欲。

第二步：把母猪与假台平行摆好，按住背部，不让母猪走动。

第三步：引公猪爬跨母猪，摆正公猪，可以套包皮，加快阴茎的伸出。

第四步：抓住龟头，使用"反向法"抓住伸出的阴茎。

第五步：其他人把公猪抬上假台，做到"轻、快"，减少公猪的反应，如公猪还是跳下假台，强制性摆正公猪，套包皮，使用"反向法"抓住伸出的阴茎。

第六步：把母猪赶走，不要公猪看见，采完精后，让它自己下台。

以上操作，连续放精三次，一天一次。

（二）后备公猪调教的特殊方法

猪的人工授精技术因为具有可使优秀公猪基因利用最大化、减少公猪饲养数量、降低饲养成本和减少疾病传播概率等优点，而在规模化猪场中得到越来越广泛的应用。

后备公猪的调教是整个人工授精工作的基础。一般情况下，后备公猪每次调教20~30分钟，经过几次调教就会爬假台畜，如果公猪不爬假台畜，只要时间达到20~30分钟也要把公猪赶回原栏，让公猪休息。每次调教时间不能太长，防止公猪对假台畜失去兴趣而给调教工作增加难度。在实际工作中，绝大部分公猪能够通过这种方法调教成功，但总有一小部分公猪，用理论方法很难调教成功。在国家核心育种场，每一头种猪都是一个宝贵的基因库，是育种工作的优秀素材，特别是直接从国外进口的原种猪，轻易就决定淘汰，非常可惜。因此要千方百计地调教成功，留下后代。所以，对这些比较特殊的公猪就要具体问题具体分析，针对每头公猪的具体情况采取一些比较特殊的方法进行调教，绝不放弃。

笔者将实际工作中碰到的几例特殊情况及其调教成功的方法介绍如下，供同行参考。

第一类：性欲起来慢的公猪，需延长调教时间。笔者曾经碰到1头长白公猪，刚开始调教的时候，像调教其他正常的公猪一样，每次调教30分钟就把公猪赶回原栏，让它休息，如此几次公猪都对假台畜没有反应，有时感觉像有性欲，但就是不爬假台畜。后来就逐步延长调教时间，让公猪在采精栏内任意性地嗅、咬、撕假台畜；人工按摩包皮，刺激公猪的性欲。公猪也满嘴泡沫，性欲也有了，但感觉就好像火候不到，就是不爬假台畜，性欲几起几落，经过1个多小时的调教性欲才达到高潮，开始爬假台畜，顺利采出精液，至此调教成功。

第二类：害羞的公猪，与母猪同放一栏，人员离开。笔者在实际工作中碰到1例杜洛克公猪。把公猪赶到采精室，任你怎么调教、引诱，公猪就是不爬假台畜；把发情母猪赶到公猪栏内，公猪也有性欲，满嘴泡沫，也拱母猪，母猪呆立反射也很好，但公猪就是不爬母猪，甚至后来公猪睡倒了，不理睬母猪，而母猪去拱公猪，叫公猪起来。没有办法，把这头公猪和3头长期不发情的母猪放在同一个栏内，让它们24小时在一起，同吃同住，碰巧第二天有1头母猪发情了，下午上班后，饲养员发现栏内地面上有公猪射精时排出的胶冻样物质，说明中午时分公猪与母猪自然交配成功，笔者得到消息就立即叫饲养员把公猪赶出来单独放，第三天上午（也就是自然交配后的第二天），把公猪赶到采精室，公猪很快就爬假台畜了。

第三类：反应迟钝、不开窍的公猪，变着法子调教。笔者碰到1头长白公猪，睡着采精。该公猪性欲很好，就是不爬假台畜，也不爬母猪，领导都决定要淘汰了，但从育种的角度来说，因该公猪是单独的一个家系，必须要留下后代，如果现在把它淘汰了，这个家系就断了，更重要的是这头猪是从国外引进来的优良猪种，如果家系断了就很难再补充进来。因此，在决定淘汰前笔者想再确定一下能否调教成功，保住这个家系。笔者把1头因肢蹄问题要淘汰刚好又发情的母猪赶进公猪栏，观察公猪反应，发现公猪一直在拱母猪且满嘴泡沫，笔者感觉到它性欲很旺盛，就是不知道爬母猪，应该能够调教成功，就决定暂时不淘，再调教看看。笔者先叫调教人员把它赶到调教栏的隔壁栏，让它观摩其他公猪的采精过程，在观摩3天之后仍然不知爬假台畜，笔者就把发情母猪赶到它的栏内，它就是只拱母猪，不知道爬母猪，拱累了便自己睡倒了，但睡不了几分钟又起来拱母猪，反复多次。后来，在它睡倒的时候，采精人员按摩公猪的包皮，结果公猪阴茎勃起、坚挺伸出体外，调教人员立即用手握住龟头，并施以按摩，公猪侧睡着伸出整个阴茎，调教人员顺势完成第一次采精工作。间隔1天也就是第三天，把该公猪赶到采精间调教，仍然不爬假台畜，还是采取第一天的办法，用发情母猪诱情，在公猪侧睡的情况下完成采精工作的。如此3次，每次都是把公猪赶到采精间调教爬假台畜，在公猪不爬假台畜的情况下，用发情母猪诱情，在第四次把公猪赶到采精间调教的时候，公猪开始爬假台畜，在假台畜上完成采精工作，至此调教成功。

第四类：聪明的公猪，压抑其性欲。特别是那些日龄比较大的公猪，或者是自然交配过的公猪，它们非常聪明，只认母猪不认假台畜，只要是母猪，性欲马上起来，立即就要爬母猪。对于这类公猪，让其远离母猪，至少1个月不让其接触母猪，包括母猪的气味都不让它闻到，充分压抑其性欲。1个月以后，再把公猪赶入采精区，这时公猪脑子里对母猪的影像可能已淡薄了，在假台畜强烈气味的刺激下，有的公猪就会爬假台畜。笔者在实际工作中就是采取这一办法调教成功 1 头老大难大约克公猪。

第五类：晚熟的公猪，不急于淘汰，耐着性子调教。一般的公猪 8 月龄开始调教，早的 6 月龄就开始调教。笔者在实际工作中，碰到 2 头特例，1 头长白公猪，到 10 月龄才调教成功，另 1 头杜洛克公猪，到 10 月龄了都不爬母猪，考虑到这头猪性能很好，又是单独的家系，就决定再养一段时间，结果都到 1 岁了才调教成功。这两头公猪虽然成熟较迟，但在以后的生产过程中，其精液品质却较稳定。在夏季，其他公猪的精液品质都不同程度受到高温的影响，甚至不能使用，而这两头公猪的精液品质却较稳定不影响使用，这是否与其晚熟有关，有待探讨。

以上是在实际工作中碰到的 5 种不同类型的后备公猪，通过普通的调教方法，很难调教成功，通过实际观察，在生产一线，针对每头公猪的实际情况采用不同的调教方法进行调教。第一类公猪性欲起来得慢，就采取逐步延长调教时间的方法调教成功；第二类公猪非常害羞，第一次与母猪交配不愿让人在旁边观看，笔者就把它放到母猪栏，在中午饲养员下班，旁边无人的情况下，主动与发情母猪完成第一次交配，第二次就不害羞了，习惯了，假台畜也爬了；第三类公猪属于迟钝型的，性欲旺盛，就是不知爬假台畜，在躺着采精 3 次后，第四次才开始爬假台畜；第四类公猪属于聪明绝顶型的，它的脑子里有母猪的影像，通过长期的隔绝，一方面压抑其性欲，另一方面也逼着公猪忘记母猪的样子，顺利爬假台畜；第五类公猪属晚熟型，不能急，要有耐心，养到 10 月龄甚至 12 月龄再看看，不能急于淘汰，因为留下来作为后备公猪的都是生产性能比较优秀的个体，都是优秀的育种素材，轻易就淘汰掉，比较可惜。

以上几类公猪之所以能够调教成功，原因在于：在调教公猪的时候一定要有耐心，不能急；要有信心，相信一定能调教成功。30 分钟不行就 40 分钟，40 分钟不行就 50 分钟，50 分钟不行就 1 个小时，一次次延长调教时间，不能每次都只调教 20~30 分钟。同时要采取各种方法，灵活多变。要摸清每头公猪的脾气，针对不同脾气的公猪，采取不同的方法进行调教。殊道同归，无论用什么办法，只要能把公猪调教成功，那就是好办法。

第四节　人工授精技术

人工授精是采集公猪的精液，再将精液经稀释处理后，输入特定的生殖生理时期的母猪生殖道，达到使母猪怀孕的技术。随着养殖业的专业化、规模化，母猪的人工授精技术已越来越被广泛应用。其优点是提高了优秀种公猪的利用率，减少公猪的饲养头数，节省饲料成本，1头优秀的公猪每年配种母猪可达2 500头左右，杜绝了疾病的传播，克服了公母体格差异和母猪患肢蹄病而造成的配种困难，方便于散养户和偏僻山区的养殖户，对这些养殖户不需要驱赶公猪，只需携带几瓶精液和输精管进行人工授精即可。

一、采精室的条件

（一）采精室的温度控制

采精室的温度应控制在10~28℃。采精室最好是安装有空调的房间，以使公猪的性欲表现和精液不受影响。周围环境要安静，没有什么大的噪声。另外，要干净卫生。

（二）物品传递应方便

采精室最好与处理精液的实验室只有一墙之隔，隔墙上安装一个两侧都能开启的壁橱，以便从实验室将采精用品传递到采精室和采集的精液能尽快传递到实验室进行处理。

（三）应有安全区

公猪是非常危险的动物，在采精时，工作人员不能掉以轻心，采精室设计应考虑到采精员的安全。在距采精区距门口80~100厘米处，设一道安全栏，用直径12厘米的钢管埋入地下，使高出地面70~75厘米，净间距28厘米，并安装一个栅栏门。这样就形成里边的采精区和外边的安全区，栅栏门打开时，使采精室与外门形成一个通道，让公猪直接进入采精区，而不会进入安全区。当公猪进入采精区后，将栅栏门关闭，可防止公猪逃跑。一旦公猪进攻采精员，采精员可以迅速进入安全区。另外，采精室最好有一个赶猪板，防止公猪进攻人时，采精员可用赶猪板将猪与人隔开，避免受到攻击。

（四）地面

采精室地面要略有坡度，以便进行冲刷，水泥地面不要提浆打光，以保持地面粗糙，防公猪摔倒。最好在假母台的前面铺上一张厚约2厘米的皮垫子，防止公猪滑倒并且可以对公猪的后肢起到保护作用。

二、采精调教

公猪调教或采精，首先要制作一个假台猪。假台猪的大小应根据种公猪体躯的大小而定，一般采用杂木制作，要求木质坚实，不易腐烂，一般长120厘米、宽30厘米、高50厘米即可，现在市场上也有成型的假母台，但是有的需要提前在地面上打好螺丝，用的时候装好，最好在台体的两侧焊接一些钢管以固定假母台，这样会更结实。为了以后成年种公猪采精方便耐用，做成条凳或木架，可用破棉絮、麻袋片等物堆放在木板上，然后用麻袋片（或塑料编织袋）包好，反扣在木板的背面上，用压条钉紧即成为假猪背即可。

种公猪采精时间，夏季采精宜在早晚进行；冬季寒冷，室温最好保持在15~18℃。调教时间一般由专人在早饭后8：00—10：00钟进行（夏季早一点，冬季晚一点）。将种公猪放出栏圈，赶进采精室。采精人员要有足够的耐性，不允许粗暴，要人性化善待公猪，并掌握一定的技巧。先用温肥皂水将种公猪包皮处洗净，擦干。如果是刚开始的种猪调教时，可以收集一些怀孕母猪的尿液泼洒在假母台的母猪皮上面，诱导种公猪爬架子，同时调教的专门人员一边用手轻轻敲打假母台，并且一边唤着种公猪，尽量模仿发情母猪的叫声，以提高公猪的性欲。

性欲好的公猪，在放出栏后表现为嘴不停地张合，前肢爬地，尾根紧张，阴茎部有急尿表现，并频频排出少量尿液。这种性欲旺盛的公猪，一进采精室就有强烈的性欲要求，但又不会上架，乱咬采精架（假母猪）或用嘴把它挑起，对这类公猪要特别小心以防伤人。这时将采精架的一端提起，让爬跨的一端降低，使它便于公猪的爬跨，同时注意采精架的保定。一旦爬跨成功，要连续三天在同一地点进行调教采精，使公猪形成条件反射，巩固下来。每次调教完后，要认真清理采精室，搞好卫生，消好毒。对性欲不强的公猪的调教，可先让其与母猪交配1~2次，然后再调教。

对以往采用本交公猪的调教方法是先停配，后调教。对性欲好的公猪，暂停配种2~3天，待其表现不安时开始调教；对性欲不好的公猪要暂停配种一周后再调教；对性欲不强又过肥不爱动的公猪，要加强驱赶运动，待表现性欲后再调教。

三、采精

经过训练的公猪，爬跨上假母猪并做交配动作时，采精员在假母猪的左侧，首先按摩公猪阴茎龟头，排出包皮尿液、积液，用右手掌按压阴茎部数分钟，等感到阴茎在阴鞘内来回抽动时，用手隔着皮肤握着阴茎来回滑动数下，公猪的阴茎即可伸出包皮外。这时应握住种公猪的阴茎龟头。公猪的龟头呈螺旋状，在它收缩的时候很容易从手中抽回，龟头最好顶在小拇指和无名指的中间部位，并且顺着阴茎伸出的方向，不能随意地更改阴茎的伸展方向，那样容易损害阴茎或者使公猪感觉不舒服。握住阴茎的时候用中指、食指和大拇指均匀地用力挤压，以便刺激公猪的性欲，感觉要射精的时候就不要挤压了，保持环境安静。刚开始的射精，精液有很多的死精、细菌、杂质等物质，这些不能收集，过三四秒的时间，看到射出的精液呈白色就立刻收集。收集的杯子最好用保温杯，套上无菌袋子，在杯子口再套上一层纱布，以滤去精液中的胶状物。采精前，采精杯应置于35~37℃的恒温箱中保温，避免精子受到温差的打击。每一个公猪的射精量和射精时间不一样。一般来说，公猪射完一次精后自己还会射一次，或者挤压刺激一下后又射一次，有的还能射三次、四次，但后来的精液几乎没有精子了，可以不收集，但是最好让公猪把精液全部射尽。公猪阴茎变软，这时候放手，公猪自己回缩阴茎，可以赶回圈舍。采精完毕后在采精杯外面贴上记录公猪编号和采精时间的标签，然后拿去化验，用显微镜观察，了解这头公猪精液的各方面质量，进行稀释。

四、精液的质量评估

（一）精液的容量

通常一头公猪的射精量为150~250毫升，但范围可在50~500毫升。一般建议用电子秤称量精液的重量，由于猪的精液比重为1.03，接近于1，所以，1克精液的体积约等于1毫升。用称量的方法，可减少精液在测量容器中转移，减少污染和受温度应激的机会。用电子秤称量精液去皮也方便。

（二）气味

正常、纯净的精液无味或只有一点腥膻味。如果精液气味异常，如膻味很大可能是受到包皮液污染；如果有臭味，则可能是混有脓液。注意气味异常的精液不能使用，必须废弃。

（三）色泽

猪的精液呈乳白或灰白色，精液浓度密时呈乳白色，浓度稀时呈灰白色。如呈红褐色，可能混有血液，如呈黄绿色且有异味，则可能混有尿液或炎症分泌物，这些精液均应废弃。

（四）pH 值

正常精子呈中性或弱碱性，pH 值在 7.0~7.8，一般来说，精液 pH 越低说明精子浓度越大。

（五）精子密度

指每毫升精液中所含的精子数。精子密度是确定稀释倍数的重要指标。目测误差较大，一般采用精子密度仪或精虫计数器来测定。

（六）精子活力

精子活力指精子的运动能力，用镜检视野中呈直线运动的精子数占精子总数的百分比来表示。检查方法是：取一滴精液在载玻片上，加盖盖玻片，然后放在显微镜下镜鉴，计算一个视野中呈直线运动的精子数目，来评定等级。一般分为十级，100% 的精子都是直线运动为 1.0 级，90% 为 0.9 级，80% 的为 0.8 级，依次类推，活力在 0.6 级以下的精液不宜使用。

（七）畸形精子率

正常精子形似蝌蚪，凡精子形态为卷尾、双尾、折尾、无尾、大头、小头、长头、双头、大颈、长颈等均为畸形精子。畸形精子的检查方法是：取原精液一滴，均匀涂在载玻片上，干燥 1~2 分钟后，用 95% 的酒精固定 2 分钟，用蒸馏水冲洗，再干燥片刻后，用美蓝或红蓝墨水染色 3 分钟，再用蒸馏水冲洗，干燥后即可镜检。镜检时，通常计算 500 个精子中的畸形精子数，求其百分率，一般猪的畸形精子率不能超过 18%。

公猪精液质量评定等级见表 5-1。

表 5-1　公猪精液质量等级评定标准

等级	采精量（毫升）	密度（亿个/毫升）	活力	畸形率	颜色、气味
优	≥ 250	≥ 3.0	≥ 0.8	≤ 5%	正常
良	≥ 150	≥ 2.0	≥ 0.7	≤ 10%	正常
合格	≥ 100	≥ 0.8	≥ 0.6	≤ 18%	正常
不合格	< 100	< 0.8	< 0.6	> 18%	不正常

合格以上的等级评定：各项条件均符合才能评为该等级；不合格的评定：只要有一项条件符合则评为该等级。

五、精液的稀释与保存

新采集的动物精液精子浓度高，而且温度较高，精子的代谢强度大，很快就产生大量的代谢产物，并使其自身的生命耗尽。即使在很短的时间内，都可能因精子的代谢产物对精子产生毒害，使精子保存时间缩短。而用合理的稀释液稀释精液，则可给精子提供营养、中和代谢产物，并且允许精液降温，从而大大延长精子的存活时间，并能保持精子的受精能力。所以，对人工授精来说，猪精液尽快进行稀释十分重要，这也是为什么要将实验室建在采精室隔壁的原因。另外，原精液的精子浓度大，而一次输精的总精子数仅几十个亿，只相当于几毫升到十几毫升的原精，而母猪受精时需要的总精液量又不能低于100毫升，这也是必须稀释的另一个原因。

常用的猪精液稀释液种类有很多，有用奶粉配制的，也有用葡萄糖和柠檬酸钠配制的，如奶粉稀释液：奶粉9克，蒸馏水100毫升。葡柠稀释液：葡萄糖5克、柠檬酸钠0.5克、蒸馏水100毫升。稀释之前需确定稀释的倍数。稀释倍数根据精液内精子的密度和稀释后每毫升精液应含的精子数来确定。精液经稀释后，要求每毫升含0.4亿个精子。如果密度没有测定，稀释倍数国内地方品种一般为1~2倍，引入品种为2~4倍。

精液稀释应在精液采出后尽快进行，而且精液与稀释液的温度必须调整到一致，一般是将精液与稀释液置于同一温度（30℃）中进行稀释。精液与稀释液充分混合后，再用100毫升带尖头塑料瓶或无毒塑料袋分装，不同的品种精液用不同颜色的瓶盖加以区分，置于17℃恒温箱中保存。保存过程中要求至少10~12小时翻动一次，用普通稀释液稀释的精液可保存5~6天，但一般要求3天内用完，否则影响使用效果。

六、输精

（一）输精管的选择

输精管分为多次性和一次性输精管两种，各有其优缺点。多次性输精管不易清洗、消毒，易变形，易引起疾病的交叉感染，但成本低，输精管顶端无螺旋状或膨大部，输精时子宫不易锁定，易出现精液倒流现象，现在用的较少。一次性输精管干净、卫生，可以防止疾病的传播，顶端有海绵头或螺旋头，使用方便，但成本稍高。

（二）输精前的准备

所有用具必须严格消毒，玻璃物品在每次使用后彻底洗涤冲洗，然后放入高温干燥箱内消毒，亦可蒸煮消毒，橡胶输精管要用纱布包好用蒸气消毒或直接用酒精消毒。

（三）输精

输精前，首先将精液温度升高到 35~38℃，如果精液温度过冷，会刺激母猪子宫、阴道强烈收缩，造成精液倒流，影响配种效果。输精前先用干净的毛巾将母猪阴唇、阴户周围擦拭干净，以精液或润滑液润滑输精管。插入输精管前温和地按摩母猪侧面以及对其背部或腰角施加压力来刺激母猪，引起母猪的快感。

当母猪呆立不动时，一手将母猪阴唇分开，将输精管轻轻插入母猪阴门，先倾斜45°向上推进约 15 厘米，然后平直地慢慢插入，边逆时针捻转边插入，输精管插入要求过子宫阴道结合部，子宫颈锁定输精管头部。插入深度为输精管的1/2~2/3。当感觉有阻力时，继续缓慢旋转，同时前后移动，直到感觉输精管前端有被锁紧的感觉，回拉时也会有一定的阻力，说明输精管已达到正确的部位，可以进行输精了。

将精液瓶打开，接到输精管的另一端，抬高精液瓶，使用精液瓶时，用针头在瓶底扎一个小孔，使子宫负压将精液吸纳，决不允许将精液挤入母猪的生殖道内。

输精时输精员同时要对母猪阴蒂或肋部进行按摩，肋部的按摩更能增加母猪的性欲。输精员倒骑在母猪的背上，并进行按摩，效果也很理想。输精过程中，如果精液停止了流动，可来回轻轻移动输精管，同时保持被锁定在子宫颈。

整个输精过程 5~10 分钟完成，可以通过输精瓶的高低来调整精液流进母猪生殖道的速度，输精太快不利于精液的吸纳。为了防止精液的倒流，精液输完后，不要急于拔出输精管，应该将精液管尾部打折，插入去盖的精液瓶内等待约 1 分钟，直到子宫颈口松开，然后边顺时针捻转，边逐步向外抽拉输精管，直至完全抽出。

七、人工授精注意事项

猪人工授精过程中母猪接受性刺激，有利于精液很好进入子宫，因此在人工授精的过程中恰当给予母猪性刺激非常关键。

（一）模拟爬跨

猪在长期自然选择下，自行完善了一整套繁育生理，公猪爬跨可谓是最好且最有效的刺激母猪"性敏感带"的措施。猪人工授精技术也应摒弃那种简单认为猪只是为了繁育而繁育的浅显认识。部分猪场采用了压背沙袋模拟公猪爬跨，能很好地使母猪持续站立不动，成功完成授精，效果很好。市场上出现的猪人工授精鞍在探索正确模拟公猪爬跨实施性刺激方面进行了有益尝试，将模拟爬跨与输精较好地结合在一起。一些经验丰富的配种员采用倒骑在母猪背上，抚摩母猪腹部，提拉腹股沟，实施按摩输精的方式，效果很理想。

（二）刺激母猪生殖道及相关部位

一般认为公猪阴茎及精液对母猪生殖道的直接刺激可能更加有效。猪人工授精时，应当尽量选取模拟公猪阴茎形态的输精管及类似的插入方式进行刺激并输精。有报道称在配种前的一个情期采用冷冻后死亡的精干输精刺激可提高受胎率约20%，可见精液本身在生殖道综合刺激及调节方面有作用。另外，资料显示公猪射精能强烈刺激母猪子宫收缩，利于受孕。

（三）按摩刺激母猪乳房

发情期母猪乳房皮肤特别敏感，容易接受刺激。对发情母猪进行乳房按摩可以刺激利于受孕相关激素的分泌与活性，并降低对环境应激因子的敏感度。人工授精过程中，按摩乳房使母猪感受到特殊的性刺激，得到某种程度的性快感，从而使生殖内分泌功能更趋良性化。目前，工厂化猪场实施猪人工授精也都特别强调输精时要进行良好的乳房按摩。

（四）利用公猪进行嗅觉、听觉、视觉、触觉性刺激

发情母猪对公猪的气味、声音、身影等异常敏感，配种时对母猪进行嗅觉、听觉、视觉及触觉的刺激都能达到较好的效果。配种时，公猪的唾沫、精液或尿液等都对母猪嗅觉具有强烈刺激，公猪的叫声和身体接触都可迅速提高母猪性

欲。引入性成熟的公猪或用公猪外激素喷洒母猪鼻腔，有利于母猪恢复发情及提高排卵率。存在于成熟公猪包皮鞘、腭下垂液腺及尿中的雄性固醇，分泌散发出成熟公猪的特殊臭味，此异味也正好是刺激母猪性欲的雌激素。嗅觉、听觉、视觉、触觉的全方位刺激有利于对母猪的配种。所以工厂化猪场实施猪人工授精时，一般都将试情公猪关锁在走廊内，且输精母猪与试情公猪口鼻部能够保持接触。

八、人工授精的一些错误认识

（一）本交（自然交配）比人工授精受胎率高，窝产仔数也多

如果人工授精时间和输精量恰当适宜，受胎率和窝产仔数不会比本交差，但要避免人工授精管理和操作细节上出现失误。

（二）人工授精容易导致母猪产弱仔和发生子宫炎

在人工授精和自然交配前均应对母猪阴户等部位进行消毒，先用干净的棉布蘸 0.1% 高锰酸钾溶液擦拭，再用消毒纸巾擦净。绝不要擦阴道内部，除非阴道内遭到污染。输精管也应清洗消毒。如果严格消毒，事实上人工授精的母猪子宫炎发生率比自然交配还要低，另外，精液的稀释液中加有抗生素，有利于预防子宫炎的发生。

（三）人工授精比本交麻烦

人工授精其实具有灵活、方便、适时、经济、有效的特点。

（四）温度混淆

从 17℃ 精液保存箱中取出的精液，无须升温至 37℃，摇匀后可直接输精；但检查精液活力时应该将玻片预热至 37℃，这样检查才准确。另外，精液在恒温箱内保存过程中，为防止精子沉淀凝聚死亡，应每隔一段时间（8~12 小时）进行 1 次倒置或轻轻地摇动。从恒温箱中取出精液后，应及时输送到母猪体内，最长不超过 2 小时。

（五）配种次数越多越好，人工输精量越大越好

殊不知，配种次数过多易增加母猪生殖道感染的机会，人工输精量大不仅浪

费精液，而且增加成本。输精次数要适宜，间隔 8~12 小时后可以再输 1 次；每次输精量在 60~80 毫升，输精次数和输精量均视母猪品种而定。地方品种母猪，每情期输精 1~2 次，每次 60 毫升；50% 外血母猪，每情期输精 2~3 次，每次 80 毫升；洋二元母猪，每情期一般输精 3 次，每次 80 毫升。

（六）强行输精

母猪不接受压背，则不能强行输精。不能用注射器抽取精液通过输精管直接向母猪子宫内推注精液，而应通过仿生输精让母猪子宫收缩产生的负压自然将精液吸入到子宫深处。输精前，可在消毒好的输精器前端涂抹菜油或豆油起润滑作用。输精器插入后，应在 4 厘米左右幅度内来回慢慢抽动输精器，全方位刺激母猪生殖器官，使子宫收缩，在子宫颈内口形成吸力。当发现精液瓶内冒气泡时，暂停抽动，让精液吸入。当精液开始吸入时，用手同时刺激母猪阴部。

（七）精液输完，立即拔出输精管

精液输完后应防母猪立即躺下，导致精液倒流，并通过按摩母猪乳房或按压母猪背部或抚摸母猪外阴部继续刺激母猪 5 分钟左右；精液输完后，输精管应滞留在生殖道内 3~5 分钟，让输精管慢慢滑落。输精后几小时内不要去打扰母猪休息，避免不利因素的出现产生应激。

（八）母猪喂料后马上进行输精操作

母猪吃料后，不愿走动，性欲降低，不易受孕。输精后，也不要马上给母猪喂料、饮水。

第六章

母猪的高效饲养与管理

第一节　后备母猪的高效饲养管理

一、后备母猪的选留与选购

（一）猪场母猪的群体构成

规模化猪场一般都有自己的繁殖体系，形成通常所说的核心群（育种群体）、繁殖群和生产群（商品群体）。但整个群体的大小则以生产群母猪数的多少来衡量。三者的关系大约应符合这样的比例：核心群：繁殖群：生产群 =1：5：20。核心群规模的大小，除要考虑繁殖群所需种猪数量外，品种选育的方向和进度是两个重要因素。规模化猪场通常较合理的胎龄结构比例见表6-1。

表 6-1　规模猪场母猪胎龄比例

母猪胎次	1~2	3~6	7 胎以上
比例(%)	25~35	60	10~15

随品种状况、饲养管理水平等因素的不同，群体结构会有所变化。如品种繁殖能力强、营养好、饲养管理水平高的猪场，高胎龄母猪可多留一些；母猪本身体况好、营养好及有效产仔胎数多的母猪也可多留作高胎龄母猪。

（二）后备母猪的选留方法

后备母猪是指从仔猪育成阶段结束到初次配种前的青年种用母猪。

1. 选留数量的确定

选留数量通常为：生产群数量 × 母猪淘汰率 ÷ 60%。选留原则：本场生产育种的目标和标准。通常包括个体生产性能及系谱同胞鉴定的结果进行判断。

2. 选留时间

后备母猪的选留如果做得精细一些，可以进行三次选留。

第一次在断奶时，通过仔猪断奶转群转入保育舍时进行第一次选择。初次选留体况较好的小母猪作为后备母猪，乳头是否正常是此时选留的一个最重要的、也是最明显的标准。

第二次在 60 千克左右时，通过前一个生长时期的饲养，第一次选留时一些不明显的问题，此时会显示出来，选择体况良好，乳房结实丰满，乳头整齐无缺陷，肢蹄正常的母猪作为后备母猪。

第三次在配种前后，再次淘汰以下几种情况的母猪：母性差的母猪，这类母猪一般发情不明显，乏情或不发情；体质差的母猪，例如有些母猪被冷水冲淋后浑身发抖、被毛竖立；有隐性感染的母猪，这些母猪一般生长缓慢，疫苗接种时疫苗反应强烈。

3. 选留体重

国内可出售的后备种猪体重一般为 50 千克左右。日龄相同但体重明显小于其他猪只的应予淘汰。选择群在 25 头以内的，出生日龄差别不应超过 17 天；选择群在 25 头以上的，日龄差别不应超过 25 天。一般选择的后备种猪日龄在 120 日龄内。这样方便回场后做隔离驯化以及疫苗接种工作，最大体重不要超过 70 千克为妥。

（三）后备母猪的选留标准

后备母猪的本场选留，是根据本场的繁育需要确定的，有纯种繁育和杂交繁育。如果是商品性的规模猪场，还应根据本场的杂交组合来确定，通常以杂交一代母猪为主（如长大一代母猪或大长一代母猪）。

挑选后备母猪，首先要进行母体繁殖性状的选择和测定，要从具备本品种特征外貌（毛色、头型、耳型等）的母猪及仔猪中挑选，还需测定每头母猪每胎的产活仔数、壮子数、窝断奶仔猪数、断奶窝重及年产仔胎数。因为这些性状确定时间较早，一般在仔猪断奶时即可确定，因此要首先考虑，为以后的挑选打下基础。

1. 母体繁殖性状

（1）生长速度。后备母猪应该从同窝或同期出生、生长最快的50%~60%的猪中选出。足够的生长速度提高了获得适当遗传进展的可能性。生长速度慢的母猪（同一批次）会耽搁初次配种的时间，也可能终生都会成为问题母猪。

（2）外貌特征。毛色和耳形符合品种特征，头面清秀、下颌平滑；应注意体况正常，体型匀称，躯体前、中、后三部分过渡连接自然，结实度好，前躯宽深，后躯结实，肌肉紧凑，有充分的体长；被毛光泽度好、柔软、有韧性；皮肤有弹性、无皱纹、不过薄、不松弛；体质健康，性情活泼，对外界刺激反应敏捷；口、眼、鼻、生殖孔、排泄孔无异常排泄物粘连；无瞎眼、跛行、外伤；无脓肿、疤痕，无癣虱、疝气和异嗜癖。

从两侧看，鼻子和下颌需平直，全身无脓包，鬃毛卷曲或不平整一般不作为种猪淘汰依据。身体腰背如有弓状、塌陷的，应予以淘汰；如有应激颤抖表现的也应予以淘汰。目前新法系大白及丹系种猪基本都有6.25%的梅山猪血统，所以母猪或者公猪身上有少量的铜钱大小的黑斑其实并不是什么品种不纯，属于正常。

耳皱折一般不作为淘汰依据。若两只耳朵都是皱折或耳部已经感染的应予淘汰。

若咬耳不严重且耳部已愈合的猪只应选择。但是咬耳严重的，且为近期所咬的不予选择。

耳刺不清的，如果是原种场要纯繁，不要选择，因为种猪的谱系可能不清楚；如果你挑选回来只是做杂交的，那是可以选择的。

（3）躯体特征。① 头部：面目清秀。② 背部：胸宽而且要深，背线平直。③ 腰部：背腰平直，忌有弓形背或凹背的现象。④ 荐部：腰荐结合部要自然平顺。臀宽的母猪骨盆发达，产仔容易且产仔数多。⑤ 尾部：尾根要求大、粗且生长在较高及结构合理的位置上。母猪最佳的尾长为刚好能盖住阴户。尾长并不作为选择依据，无尾的猪可能看起来丑陋，可最大限度减少无尾猪只，但可作种用。另外，许多咬尾的猪即使是愈合后还表现出感染迹象。只有没有感染的咬尾猪可被选择。

当凭借外貌体型来选择猪只后，再看其母性性状。

（4）乳头。乳头的数量和分布是判断母猪是否发育良好的评判标准。现代后备母猪理想有效乳头数应该在 7 对及 7 对以上，对于 6 对的只作为备选后备母猪，仅在配种目标达不到的情况下才会配种。乳头分布要均匀，间距匀称，发育良好。没有瞎乳头、凹陷乳头或内翻乳头，乳头所在位置没有过多的脂肪沉积，而且至少要有 2~3 对乳头分布在脐部以前且发育良好，因为前 2~3 对乳头的发育状况很大程度上决定了母猪的哺乳能力。

母猪的乳头分为五种类型：正常型、翻转型、扁平型、光滑型、钉子型。只有正常型和部分光滑型可作为有效乳头。

正常型：正常乳头为充分发育且无外组织损伤，分布均匀，大小一致，长度合理，钟状，可用手抓住而不从手指间滑掉。

翻转型：有全部翻转和部分翻转。全部翻转通常为乳头贴在腹部且翻转到皮肤里面，形成凹陷型。用手抓时感觉像纤维状的扣子。这种类型应算为瞎乳头。部分翻转乳头外形有皱折，它们不如全部翻转严重，突出于腹部外且能找到其具体位置。

扁平型：外形扁平，主要影响前部乳头，第一和第二对最为明显的。它们主要是由于出生不久受到磨损引起。后部的乳头也应仔细检查。由于这种乳头的损伤为永久性的，所以它们为无效乳头。

光滑型：此类乳头在其周围有一个小环。如果乳头的顶部能清楚地看到从环状组织里突出来，应作为有效乳头。不确定时，应尽力用手指去抓乳头，若能抓住并能拉起，算作有效乳头；若滑过手指，算作无效乳头。

（5）外阴，包括肛门和生殖器。母猪的生殖器非常重要，是决定母猪人工授精和生产难易的关键。一般以阴户发育好且不上翘的为评判标准。小阴户、上翘阴户、受伤阴户或幼稚阴户不适合留作后备母猪。因为小阴户可能会给配种尤其是自然交配带来困难，或者在产房造成难产；上翘阴户可能会增加母猪感染子宫炎的概率；受伤阴户即使伤口能恢复愈合仍可能会在配种或分娩过程中造成伤疤撕裂，为生产带来困难；幼稚阴户多数是体内激素分泌不正常所致，这样的猪多数不能繁殖或繁殖性能很差。

仔细检查猪只的阴户，确保母猪有两个开口。有些猪只的肛门找不到，且有时能看到猪只从阴户大便，必须淘汰。

雌雄同体的猪一般很难检查到。一般是阴户向上翻起，腹下长一个小鞘，如果检查阴户内部，能同时发现一个小阴茎，应淘汰。

（6）肢蹄。后备母猪腿部状况是影响母猪使用年限的重要因素。因此后备母猪应腿部结构正常、坚实有力。要求四肢有合适的弯曲度，肢蹄粗壮、端正。母猪每年因运动问题导致的淘汰率高达 20%~45%，运动问题包括一系列现象，如跛腿、骨折、后肢瘫痪、受伤、卧地综合征等。引起跛腿的原因有软骨病、烂蹄、传染性关节炎、溶骨病、骨折等。

肢蹄评分系统中，不可接受（1分）：存在严重结构问题，限制动物的配种能力；好（2~3分）：存在轻微的结构问题和／或行走问题；优秀（4~5分），没有明显的结构或行走问题，包括趾大小均匀，步幅较大，跗关节弹性较好，系部支撑强，行走自如。上述肢蹄评分系统中，分数越高越好。蹄部关节结构良好是使母猪起立躺下，行走自如，站立自然，少患关节疾病和以后顺利配种的原始动力。

① 前肢：前肢应无损伤，无关节肿胀，趾大小均匀，行走时步幅较大，弹性好的跗关节有支撑强的系部。

② 后肢：后肢站立时膝关节弯曲自然，避免严重的弯曲和跗关节的软弱，但从以往实际生产上的业绩看，对膝关节正常的，有"卧系"现象的也可选用。

如果有以下几种典型问题之一的不可选为后备母猪。

① 前腿弯曲：由于前腿弯曲或脚扁平，使猪走路时表现出"翻转"的趋势。

② 后腿弱：后腿走姿呈"外八字"，通常是较大臀部的猪走路摇晃，且容易滑倒。

③ 走路姿态僵硬：通常是前腿有问题造成的。

④ 腿部结节：腿部结节中明显有积液，表明已被感染；结节发炎或红肿；结节过大或外观难看；结节上有空洞等情况的应予以淘汰。

⑤ 脓包：通常出现在前腿中。若脓包柔软、红肿、形状比葡萄大时应予淘汰。

⑥ 内侧小脚趾：尤其对后脚带来不便，猪走路时摇晃一般是由脚趾参差不齐引起的。

⑦ 前蹄悬垂：若前腿与蹄部结合不紧密，或出现塌蹄、悬蹄现象时应淘汰。

（7）足。挑选后备母猪时，对足的要求要注意以下几个方面。足的大小合适，位置合理；单个足趾尺寸（密切注意足内小足趾）；检查蹄夹破裂、足垫膜磨损以及其他的外伤状况；腿的结构与足的形状、尺寸的适应程度；足趾尺寸分布均匀，足趾间分离岔开，没有多趾、并趾现象。关节肿胀、足趾损伤、悬蹄损伤、蹄夹过小、足夹尺寸过大、足夹断裂、足底垫膜损伤等，都是有问题的足。

（8）具有以下性状的猪也不能选作后备母猪。阴囊疝，俗称疝气；锁肛，肛门被皮肤所封闭而无肛门孔；隐睾，至少有一个睾丸没有从上代遗传过来；两性体，同时具有雌性（阴户）和雄性（阴茎）生殖器官；战栗，无法控制的抖动；八字腿，出生时，腿偏向两侧，动物不能用其后腿站立。

2. 审查母猪系谱

种猪的系谱要清楚，并符合所要引进品种的外貌特征。引种的同时，对引进种猪进行编号，可以根据猪的耳号和产仔记录找出母亲和父亲，并进一步找出系谱亲缘关系。同时要保证耳号和种猪编号对应。

3. 看断奶窝重和品种特征

仔猪在 30~40 日龄断奶时，将断奶窝重由大到小逐一排队，把断奶窝重大的当作第一次选留对象。凡外貌如毛色、头型等品种特性明显，发育良好，乳头总数在 6 对以上且排列整齐，没有瞎乳头、副乳的仔猪，肢蹄结实，无蹄裂和跛行；生殖器官发育良好，外阴较大且下垂等，均可作为第二次留种的标准。同一窝仔猪中，如发现个别有疝气（赫尔尼亚）、隐睾、副乳等遗传缺陷的仔猪，即使断奶窝重大，也不能从中选留。

4. 看后备母猪的生长发育和初情期

4 月龄育成母猪表现为身体发育匀称、四肢健壮、中上等膘、毛色光泽。除有缺陷、发育不良或患病的仔猪，如窄胸、扁肋、凹背、尖尻、不正姿势（X 状后肢）、腿拐、副乳、阴户小或上撅、毛长而粗糙等不应选留外，其他健康的均可留作种用。后备母猪达到第一个发情期的月龄叫初情期，同一品种（含一代母猪），初情期越早，母性越好。进入初情期，表明母猪的生殖器官发育良好，具备做母猪的条件。初情期在 7 月龄以上的母猪不应选留作后备种用。

5. 看母猪初产（第一次产仔）后的表现

初产母猪中乳房丰满、间隔明显、乳头不沾草屑、排乳时间长，温驯者宜留种；产后掉膘显著，怀孕时复膘迅速，增重快，哺乳期间食欲旺盛、消化吸收好的宜留种。对产仔头数少、泌乳性能差、护仔性能不好，有压死仔猪行为的母猪，坚决予以淘汰。

（四）后备母猪的选择

后备母猪须经多次选择，选择时期：断奶时、保育结束转栏时、4 月龄、6 月龄和初配前。

1. 断奶时选择

根据育种计划配种的种猪后代，在断奶时采用窝选，即在父母都是优良个体的相同条件下，从产仔数多、哺育率高、断奶个体体重大和断奶窝重大的窝中选留发育良好的仔猪，剔除有遗传缺陷（如雌雄同体、畸形、先天锁肛、疝气等）和不具有明显种用价值的个体，淘汰有疾病、生长发育受阻、体质弱小的仔猪。

2. 保育结束转栏时选择

保育结束时，继续采用窝选加个体选择，对保育期间显现出遗传疾患的猪整窝剔除，对无遗传疾患的同窝仔猪根据个体表现，淘汰生长发育受阻、体质弱小的个体。

3. 4 月龄选择

4 月龄时，各组织器官已经有了一定的发育，优缺点开始呈现，此时主要根据体型外貌，生长发育情况，外生殖器官的好坏，乳头的数量、乳头大小及分布均匀度，肢蹄健硕情况等进行选择，淘汰生长发育不良和有遗传缺陷的个体。

4. 6 月龄选择

重点考查性成熟的表现，外生殖器官的发育好坏以及肢蹄的发育情况，淘汰过肥、过瘦、发育不正常、不符合品种特征的个体。

5. 配种前选择

后备公母猪在初配前进行最后一次挑选。淘汰个别生殖器官发育不良、性欲低下、精液品质差的后备公猪和发情周期不规律、发情征状不明显的后备母猪。

二、后备母猪的饲养管理

后备母猪和商品肉猪的饲养目的不同，商品肉猪生长期短，追求的是快速生长和发达的肌肉组织，而后备母猪培育的是种用猪，不仅生长期长，而且还担负着周期性强、几乎没有间歇的繁殖任务。因此，必须根据猪的生长发育规律，在其生长发育的不同阶段，控制饲料类型、营养水平和饲喂量，改变其生长曲线和形式，加速或抑制猪体某些部位和器官组织的生长发育，使后备母猪具有发育良好、健壮的体格，发达且功能完善的消化、血液循环和生殖器官，结实的骨骼、适度的肌肉组织和脂肪组织。

（一）后备母猪的培育目标

后备母猪的培育目标是：到 7~8 月龄，90% 以上的后备母猪能正常发情，第二次或第三次发情期体重达到 135~150 千克，P2 背膘厚 18~22 毫米，且肢蹄、乳房、乳头及生殖系统无缺陷、无损伤，无泌尿生殖道感染。

（二）后备母猪高效管理措施

1. 公母猪分开小群饲养

后备种猪刚转入后备培育舍时，公母猪要分开，并且按体重大小、强弱进行分群饲养，每个小群内猪只体重差异最好不要超过 2.5~4 千克，否则将会影响种猪的育成率。每头饲养面积不少于 2 米^2，饲养密度适当，以保证后备母猪的发育均匀和较好的整齐度。避免出现因饲养密度过大，影响生长发育，出现咬尾、咬耳等恶癖。

2. 良好生活习惯和适应性的调教与驯化

要加强对后备母猪的调教，让后备母猪从小就要养成在指定地点吃食、睡觉和排泄粪尿的良好生活习惯，以保持其后躯清洁，减少泌尿生殖道感染的机会；在后备母猪培育的后期，让其接触本场老母猪的新鲜粪便 1~2 个月，以适应本场微生物区系环境，保证健康。同样的，对外购的种用后备母猪，在规定的隔离观察期满（40 天以上）断定安全后，也用同样的方法进行驯化培育。

3. 适时调整猪群，及时转栏投产

为了保证后备母猪均衡发育，提高后备母猪的整齐度和育成率，要对转入后备培育舍的猪群适时进行调整，特别是要把那些在群体内受排挤、竞争力又差的猪单独隔离到事先留出的空栏舍内，单独饲养。当后备母猪培育到 7 月龄，体重达到 110~120 千克时，就可转入配种舍，单只单栏饲养，准备投产。

4. 保护好肢蹄

后备母猪要求体质健康，体格健壮，四肢灵活结实，平时饲养管理工作中，一般采用带运动场的半开放式猪舍作为后备母猪的培育舍，并要加强对后备母猪的驱赶运动；也可以设置户外运动场，晴暖天气把猪赶进运动场活动。为了更好地保护肢蹄，可在猪舍地面和运动场上铺设软质垫料，加厚垫草，也可以直接使用生物发酵垫料饲养后备母猪。

5. 加强对后备母猪的保健、免疫和驱虫工作

在后备母猪转栏或混群前后 1 周，气候发生急剧变化，猪群存在重大疫情威胁或发生群体疾病风险等情况时，猪的应激性增强，须做好各种保健和免疫，可在饲料中有针对性地添加药物或具有抗应激作用的饲料添加剂。

后备母猪在培育过程中，特别是在参加配种前需要进行必要的免疫注射，预防猪瘟、伪狂犬病、口蹄疫以及蓝耳病、细小病毒病、乙型脑炎、圆环病毒感染等疫病的发生。每种疫苗根据抗体产生的时间需要注射 2 次，不同的疫苗注射时

间间隔至少 1 周。同时，对后备母猪每半年要进行一次有针对性的抗体监测，以检测体内抗体水平，确保免疫的有效性。

在后备母猪转入后备舍或体重达到 80 千克时，要进行 1 次驱虫，以后每隔 1~2 个月驱虫一次。驱虫时，可在饲料中添加伊维菌素与阿苯达唑的复方制剂（0.2% 伊维菌素 +10% 阿苯达唑），每吨饲料添加 1 千克，连用 7 天。

6. 后备母猪的发情调教

后备母猪转入后备舍以后，就可以设法促进尽快发情。具体措施是：近距离接触成年母猪，观摩成年母猪交配过程，不间断地用成年、性欲旺盛的公猪轮番试情，每天 2 次，每次 10~15 分，直至观察到有反应为止。为了防止后备母猪被配种，试情时要加强监督，如果有条件，可以把后备母猪赶到公猪处，这样能更有效地促进后备母猪发情。同时，可以加强对后备母猪耳根、腹侧、乳房等敏感部位的按摩训练，这样既有利于以后的管理、免疫注射，还可促进乳房发育。

7. 后备母猪的配种

当后备母猪培育到 220~240 日龄、体重在 135~150 千克、背膘厚度达到 18~22 毫米、发情达到 2 次就可以参加配种。需要特别注意的是，后备母猪的体成熟与性成熟是密不可分的。如果有些母猪的初情期早，而母猪的体重达不到 130 千克，需延迟到下一个情期再配，否则操之过急，体况不达标的母猪即使受孕，产仔数也不会高，而且容易出现难产，甚至产完一胎后因过于消瘦或难产而遭到淘汰。

8. 不合格后备母猪的淘汰

对培育过程中出现的病、弱、残母猪，经药物催情处理 3 次后仍未受孕的后备母猪，要及时淘汰。

（三）后备母猪的环境控制

1. 后备母猪环境控制

后备母猪所处的圈舍环境要求干净卫生、干燥、温暖，无贼风。舍内温度要求保持在 15~28℃，空气相对湿度不超过 70%，否则容易患肢蹄病等，不利于母猪的健康。在高温季节，要特别注意防暑降温，加强通风散热。必要时用喷雾、水帘等来降低温度。高温对母猪繁殖性能的影响很大，必须高度重视。同样，低温对母猪的影响也很明显，需要做好防寒保暖工作。

2. 后备母猪光照控制

光照对猪的性成熟有明显影响，较长的光照时间可促进性腺系统发育，可提早性成熟；短光照，特别是持续黑暗，抑制性腺系统发育，可延迟性成熟。据有关资料报道，持续黑暗下的后备母猪性成熟较自然光照组延迟 16.3 天，比 12 小时光照组延迟 39 天。每天 15 小时（300 勒克斯）光照较秋冬自然光照下培育的后备母猪性成熟提早 20 天。

光照强度的变化对猪性成熟的影响也十分显著，但要达到一定的阈值。研究证明，在光照强度不足时，延长光照时间对后备母猪性成熟无显著影响。进一步研究证明，同样接受 18 小时光照，光照强度 45~60 勒克斯较 10 勒克斯光照下的小母猪生长发育迅速，性成熟提早 30~45 天。

建议后备种猪培育期间光照时间不少于 14 小时，光照强度 100~150 勒克斯。配种前的后备母猪光照时间应延长到 16 小时，光照强度提高到 350 勒克斯。

（四）后备母猪不发情的高效管理

1. 预防后备母猪不发情的措施

（1）适当运用公猪接触的方法来诱导发情。应在 160 天以后就要有计划地让母猪跟公猪接触来诱导其发情，每天接触 1~2 小时，用不同公猪多次刺激比同一头公猪效果更好。

（2）建立并完善发情档案。后备母猪在 160 日龄以后，需要每天到栏内用压背结合外阴检查法来检查其发情情况。对发情母猪要建立发情记录，为将来的配种做准备，还可对不发情的后备母猪做到早发现、早处理。

（3）加强运动。利用专门的运动场，每周至少在运动场自由活动 1 天，6 月龄以上母猪每次运动应放 1 头公猪，同时防止偷配。

（4）采取适当的应激措施。适度的应激可以提高机体的兴奋，具体措施有：将没发过情的后备母猪每星期调 1 次栏，让其跟不同的公猪接触，使母猪经常处于一种应激状态，以促进发情的启动与排卵，有必要时可赶公猪进栏追逐 10~20 分钟。

（5）完善催情补饲工作。从 7 月龄开始根据母猪发情情况认真划分发情区和非发情区，将 1 周内发情的后备母猪归于一栏或几栏，限饲 7~10 天，日喂 2 千克/头；优饲 10~14 天，日喂 3.0 千克/头以上，直至发情、配种，配种后日喂料量立即降到 1.8~2.2 千克/头。这样做有利于提高初产母猪的排卵数。

（6）做好疾病防治工作。作为猪场确实应该认认真真地做好各类疾病的预防工作，做到"预防为主，防治结合，防重于治"，平时抓好消毒、卫生工作，尤其是后备母猪发情期的卫生，减少子宫内膜炎的发生率；按照科学的免疫程序扎扎实实地打好各种疫苗，定期地针对种猪群的具体情况拟定详细的保健方案，对于兽医的治疗方案应该不折不扣地执行好。

（7）抓好防暑降温工作。常用的防暑降温措施有：遮阳隔热，搭建凉棚或搭遮阳网，有效地遮挡阳光照射；通风，加强通风换气，排出有害气体。如果单靠开门窗通风效果不好，可采取机械通风，安装风扇或送风机；喷（洒）水，蒸发降温是最有效的方法，舍温过高时可用胶管或喷雾器定时向猪体和屋顶喷水降温或人工洒水降温。气温在30℃以上应经常给母猪多冲水；温帘风机降温，空气越干燥，温度越高，经过湿帘的空气降温幅度越大，效果越显著。

2. 后备母猪不发情的三阶段处理法

（1）第一阶段（6.5~7.5月龄）。

① 公猪的刺激。性欲好的成年公猪作用更大。具体做法如下：让待配的后备母猪养在邻近公猪的栏中；让成年公猪在后备母猪栏中追逐10~20分钟，让公母猪有直接的身体接触。追逐的时间要适宜，时间过长，既对母猪造成太大的伤害，同时也使得公猪对以后的配种没有兴趣。

② 发情母猪的刺激。调一些刚断奶的母猪与久不发情的母猪关于一栏，几天后发情母猪将不断追逐爬跨不发情的母猪。

③ 适当的应激措施。混栏，每栏放5头左右，要求体况及体重相近，打斗时才会势均力敌；运动，一般放到专用的运动场，有时间可作适当的驱赶；饥饿催情，对于偏肥的母猪可以限料3~7天，日喂1千克/头左右，充足饮水，然后自由采食；场内车辆运输也有效，但应注意时间的长短，防止肢蹄的损伤。

（2）第二阶段（7.5~8月龄）。

① 采用输死精综合的处理方案。死精制作，普通精液或活力不好的精液经专用稀释液稀释后（按每头份40亿精子、100毫升/瓶来包装，抗菌素适当加大剂量）加入2滴非氧化性的消毒水将精子全部杀死（也可用冰冻再解冻的方法）。输死精操作，输精前在精液中加入20单位的缩宫素；输完死精后前3天放定位栏饲养，限制采食，2千克/天，3天后放入运动场充分运动（天气热时，早晚各1次，半小时/天），同时放入1头公猪追赶；运动后赶进配种舍大栏，进行催情补饲（自由采食），同时在饲料中添加营养剂（如维生素E粉或胺基维他）及抗菌消炎药（如利高霉素）；输完死精后一般于5~15天开始发情。

② 注意事项。在发情过程中有部分母猪由于种种原因而导致发情状态差或没什么"静立"状态，这些母猪只有根据母猪外阴的肿胀程度、颜色、黏液黏稠度进行适时输精，同时在输精前1小时注射氯前列烯醇2毫升（或促排3号），

输精前 5 分钟注射催产素 2 毫升；如果输完死精后发情配种的后备母猪在配种后出现流脓较多的炎症状态时，应在配种后 3 天内注射抗生素治疗，并加注氯前列烯醇 2 毫升，可提高母猪的受胎率和分娩率。

（3）第三阶段（8~9 月龄）。

激素催情。生殖激素贫乏是导致母猪不能正常发情的一个重要原因，给不发情的后备母猪注射外源性激素可起到明显的催情效果。

在上述方法都采用了之后，仍然不发情的少量母猪最后可使用该方法处理 1~2 次，还不发情的作淘汰处理。常用的处理方法有以下这些：氯前列烯醇 2 毫升；律胎素 2 毫升；PMSG 1 000 单位、HCG 500 单位；PG600 处理 1 次，1 头份。

第二节　母猪配种的高效管理

一、母猪的生殖系统

母猪生殖系统主要由卵巢、输卵管和子宫等器官组成。

1. 卵巢

卵巢是母猪主要生殖器官。其位置、形态、结构、体积与猪的年龄和胎次有很大变化，主要功能是产生卵子和分泌雌性激素。初生小母猪卵巢形状似肾形，色红，一般左侧稍大。接近初情期时，卵巢体积逐渐增大，其表面有许多突出的小卵泡，形似桑葚，也称桑葚期。初情期后，卵巢表面有许多大小不同的卵泡突出表面，此时卵巢形状犹如一串葡萄。卵子发育经过初级卵泡—次级卵泡—成熟卵泡等阶段，成熟后卵泡破裂排出卵子，进入输卵管伞到输卵管。

2. 输卵管

输卵管长度 15~30 厘米，位于输卵管系膜内，是卵子受精和卵子进入子宫的必经通道。它可分为漏斗、壶部和狭部。输卵管的卵巢端扩大呈漏斗状，漏斗边缘有很多皱褶叫输卵管伞，输卵管其余部分较细叫狭部。输卵管前 1/3 段较粗称为壶腹，是精子和卵子结合受精处。受精卵主要依靠纤毛的颤动和管壁收缩活动才能到达子宫。精子在输卵管内获得能量。输卵管的分泌细胞在卵巢激素的影响下，在不同生理阶段，分泌量有很大变化，如在发情 24 小时内可分泌 5~6 毫升输卵管液，在不发情时仅分泌 1~3 毫升。

输卵管液既是精子和卵子的运载液体，又是受精卵的营养液。

输卵管的机能主要是承受并运送精子，是精子获能、受精以及卵裂的场所，还有一定的分泌机能。

3. 子宫

猪的子宫由子宫角（左右两个）、子宫体和子宫颈三部分组成。子宫角长度为 1~1.5 厘米，宽度为 1.5~3 厘米，子宫角长而弯曲，管壁较厚。子宫颈长达10~18 厘米，其内壁呈半月形突起，前后两端突起较小，中间较大，并彼此交错排列，因此在两排突起之间形成一个弯曲的通道。此通道恰好与公猪的阴茎前端螺旋状扭曲相适应。子宫颈与阴道之间没有明显界限，而是由子宫颈逐步过渡到阴道。当母猪发情时，子宫颈口括约肌松弛、开放，所以无论本交时的阴茎，或者给母猪输精时的输精管都很容易通过子宫颈到达子宫体，精子通过子宫体—子宫角—输卵管才有受精机会，否则就不可能受精怀孕。

二、母猪的性成熟与体成熟

（一）性成熟

母猪生长发育到一定时期开始产生成熟的卵子，这一时期称为性成熟。地方猪品种一般在 3 月龄出现第一次发情，培育品种及杂种猪多在 5 月龄时出现第一次发情，但发情表现没有地方品种表现明显。在正常的饲养管理条件下，我国地方猪种性成熟早，一般在 3~4 月龄、体重 25~30 千克时性成熟；培育品种和国外引进猪种一般在 6~7 月龄，体重在 65~70 千克时性成熟。

（二）体成熟

猪的身体各器官系统基本发育成熟，体重达到成年体重的 70% 左右，这时称为体成熟。体成熟一般要比性成熟晚 1~2 个月。

三、初情期和适配年龄

（一）初情期

初情期是指正常的青年母猪达到第一次发情排卵时的月龄。

母猪的初情期一般为 5~8 月龄，平均为 7 个月龄，但我国的一些地方品种可以早到 3 月龄。母猪达初情期已经初步具备了繁殖力，但由于下丘脑—垂体—性腺轴的反馈系统不够稳定，表现为初情期后的几个发情周期往往时间变化较大，同时母猪身体发育还未成熟，体重为成熟体重的 60% ~70%。如果此时配种，可能会导致母体负担加重，不仅窝产仔少，初生重低，同时还可能影响母猪今后的繁殖。因此，不应在此时配种。

影响母猪初情期到来的因素有很多，但最主要的有两个：一个是遗传因素，主要表现在品种上，一般体形较小的品种较体形大的品种到达初情期的年龄早；近交推迟初情期，而杂交则提早初情期。二是管理方式，如果一群母猪在接近初情期与一头性成熟的公猪接触，则可以使初情期提早。此外，营养状况、舍饲、畜群大小和季节都对初情期有影响，例如：一般春季和夏季比秋季或冬季母猪初情期来得早。我国的地方品种初情期普遍早于引进品种，因此，在管理上要有所区别。

（二）适龄配种

我国地方猪种初情期一般为 3 月龄、体重 20 千克左右，性成熟期 4~5 月龄；外来猪种初情期为 6 月龄，性成熟期 7~8 月龄；杂种猪介于上述两者之间。在生产中，达到性成熟的母猪并不马上配种，这是为了使其生殖器官和生理机能得到更充分的发育，获得数量多、质量好的后代。通常性成熟后经过 2~3 次规律性发情、体重达到成年体重的 40%~50% 予以配种。母猪的排卵数：青年母猪少于成年母猪，其排卵数随发情的次数而增多。

我国地方猪性成熟早，可在 7~8 月龄、体重 50~60 千克配种；国内培育品种及杂交种可在 8~9 月龄、体重 90~100 千克配种；外来猪种于 8~9 月龄、体重 100~120 千克。

注意：月龄比体重、发情周期（性成熟）比月龄相对重要些。

四、母猪的发情周期、发情行为

（一）发情周期

青年母猪初情期后未配种则会表现出特有的性周期活动，这种特有的性周期活动称为发情周期。一般把第一次排卵至下一个排卵的间隔时间称为一个发情周期。母猪的一个正常发情周期为 20~22 天，平均为 21 天，但有些特殊品种又有差异，如我国的小香猪一个发情周期仅为 19 天。猪是一年内多周期发情的动物，全年均可发情配种，这是家猪长期人工选择的结果，而野猪则仍然保持着明显的季节性繁殖特征。

母猪体内的各种生殖激素相互协调着母猪卵巢、生殖道及外部表现的变化。

当母猪排卵后，卵子通过输卵管伞部进入输卵管中，而排卵后残存在排卵卵泡内的血液及颗粒细胞在促黄体素的作用下内缩并且黄体化。首先形成红色的肉质状的实质性组织称为红体，然后逐渐变化，突出于卵巢表面形成黄体，如果排出的卵子可以受精，则黄体分泌的孕酮可以始终保持在一个较高的水平，一方面抑制雌激素的上升，控制发情的再次出现，同时与少量雌激素共同作用于生殖道，为胚胎的发育准备好营养及提供良好的生存环境，如子宫腺体的增长、上皮加厚。但如果母猪发情排卵后没有交配或没有妊娠，那么黄体保持至周期的后期。由于卵巢上卵泡的不断发育增大及雌激素分泌的增多，使子宫分泌的前列腺素 F2a（PGF2a）引起黄体的迅速退化。黄体溶解，孕酮分泌量急剧减少，这时多个卵泡在垂体促性腺激素的作用下逐渐成熟，并分泌大量雌激素。当其达到一定高水平时，母猪重新出现发情行为，并诱发下丘脑产生正反馈，引起 GnRH 和 LH 的升高，最终导致排卵。由此我们可以看出，在一个正常的母猪发情周期中，有相当长的一个时期，黄体分泌的孕酮处于优势的主导地位，持续 15~16 天，称之为黄体期，而雌激素由卵泡分泌占优势地位时为 5~6天，这一时期称为卵泡期。

发情持续期是指母猪出现发情征状到发情结束所持续的时间。猪的发情持续期为 2~3 天。在发情持续期内，母猪表现出各种发情征状，其精神、食欲、行为和外生殖器官均出现变化，这些变化表现出由浅到深再到浅直至消退的过程。在实践中可以根据这些变化判断母猪的发情及发情的阶段和配种适期。

休情期：指本次发情结束至下次发情开始之间的一段时间。在休情期间，母猪发情征状完全消失，恢复到正常状态。

（二）发情行为

母猪发情行为主要是由于雌激素与少量孕酮共同作用大脑中枢系统与下丘脑，从而引起性中枢兴奋的结果。在家畜中，母猪发情表现最为明显，在发情的最初阶段，母猪可能吸引公猪，并对公猪产生兴趣，但拒绝与公猪交配。阴门肿胀，变为粉红色，并排出有云雾状的少量黏液，随着发情的持续母猪主动寻找公猪，表现出兴奋，对外界的刺激十分敏感。当母猪进入发情盛期时，除阴门红肿外，背部僵硬，并发出特征性的鸣叫。在没有公猪时，母猪也接受其他母猪的爬跨；当有公猪时立刻站立不动，两耳竖立细听，若有所思，呆立。若有人用双手扶住发情母猪腰部用力下按时，则母猪站立不动，这种发情时对压背产生的特征性反应称为"静立反射"或"压背反射"，这是准确确定母猪发情的一种方法。

五、母猪发情异常的原因及应对

母猪可因内分泌、气候、疾病、饲料毒素等因素，而表现出异常发情。

（一）发情异常的表现

1.隐性发情

隐性发情的母猪一般有生殖能力，即有正常的卵泡发育和排卵，如果在配种时机配种，也能够正常受孕。外观无发情表现或外观表现不很明显，发情征状微弱，母猪的外阴部有变红，但肿胀不明显，食欲略有下降，或不下降，无鸣叫不安征状。这种情况如不细心观察，往往容易被忽视。

母猪在前情期和发情期，由于垂体前叶分泌的促卵泡素量不足，卵泡壁分泌的雌激素量过少，致使这两种激素在血液中含量过少所致。另外，母猪年龄过大，或膘情过差，各种环境应激，如炎热、环境噪声、惊吓等也会出现隐性发情的现象。

母猪隐性发情多发生在后备母猪中，尤其是引进品种，如果不仔细观察，某些后备母猪初次发情往往不被发现，因此，有时，当我们发现后备母猪"初次发情"时，可能已经是母猪的第二或第三次发情了。

2.假发情

假发情是指母猪在妊娠期的发情和母猪虽有发情表现，实际上是卵巢根本无卵泡发育的一种假性发情。

母猪在妊娠期间的假发情，主要是母猪体内分泌的生殖激素失调所造成的，当母猪发情配种受孕后，妊娠黄体分泌的孕激素有所减少，而胎盘分泌的雌激素水平较高时，母猪反应可能表现出发情。另外，在饲料中含有类雌激素毒素时，也会表现出发情征状。

母猪妊娠发情的情况较少，而且一般征状不明显，最重要一点就是妊娠发情的母猪一般没有在公猪面前压背时的静立反应，也不会接受公猪的交配。因此，应注意区分，避免强行配种造成妊娠母猪流产。

母猪无卵泡发育的假性发情，发生率很低，但对卵巢静止引起的乏情的母猪，用雌激素类药物进行催情时，往往会出现这类假发情。有些子宫蓄脓的母猪也可能在脓液的刺激下，表现出类似的发情征状，如外阴部红肿，排出分泌物，等等。

3. 持续发情

持续发情是母猪发情时间延长，并大大超过正常的发情期限，有时发情时间长达十多天。

卵泡囊肿是母猪持续表现发情的原因之一。发情母猪的卵巢有发育成熟的卵泡，这些卵泡往往比正常卵泡大，而且卵泡壁较厚，长时间不破裂，卵泡壁持续分泌雌性激素。在雌激素的作用下，母畜的发情时间就会延长。此时假如发情母猪体内黄体分泌孕激素较少，母猪发情表现则非常强烈；相反体内黄体分泌过多，则母猪发情表现沉郁。

推测，如果母猪两侧卵泡不能同时发育，也可能会造成母猪发情期增长。发情的母猪如果 LH 分泌不足，会使母猪排卵时间推迟，造成发情期增长。

4. 断续发情

后备母猪和经产母猪都可能发生断续发情，其表现为发情期较短，间隔数天后，又重新表现发情。

这种异常发情，多因为卵泡成批发育，但最终未排卵，因而形不成黄体，卵巢对卵泡没有抑制作用，因此，很快第二批卵泡发育，这样，母猪两次发情的间隔很短。推测，这是由于垂体分泌的 LH 较低，导致卵泡不能发育到成熟和排卵所致。

5. 发情周期超过 25 天或断奶至发情超过 14 天

繁殖母猪的发情周期一般在 18~25 天，但是也有少数母猪超过天数仍未表现发情。或断奶后 14 天甚至数月不能表现发情。母猪长期乏情后，重新发情，从其发情期的生理变化上讲，与正常的发情期并没有太大的区别，但由于没有像其他母猪有正常的发情规律，故而将其列出，加以说明。

这种情况多数因为母猪营养不良，母猪哺乳期过长，或年龄偏大，或患有子宫膜炎和卵巢有持久黄体等原因所造成。但随着母猪膘情的恢复或某些卵巢疾病的自然恢复，黄体的退化，母猪会恢复自然发情。

6. 发情期过短

发情期过短严格地说，并不一定是一种异常发情，多见于后备母猪和断奶后超过 14 天发情的母猪。其发情很短，甚至只有十几个小时，主要原因是，母猪从接受爬跨到排卵的时间很短。

（二）发情异常的常见原因

1. 饲喂方式不当的问题，使母猪过肥或偏瘦

母猪分娩后，体能消耗大，其产后采食量大，若加料过急过多会引起母猪消

化不良，造成以后几天采食不佳，甚至影响整个哺乳期的采食量，还会增加发生乳房炎的概率；按顿饲喂哺乳母猪，经常会出现采食量不足的现象，造成母猪断奶时体重损失过多，使卵泡停止发育或发育缓慢，进而出现母猪乏情、发情推迟或发情不明显，甚者形成囊肿而不发情；若母猪过肥，则会使卵巢及其他生殖器官被脂肪包埋，造成母猪排卵减少或不排卵，出现母猪屡配不孕，甚至不发情。

2. 初配标准不达标

初配母猪年龄偏小或体重偏低，生殖系统尚未发育成熟，没有兼顾初产母猪的体成熟和性成熟。另外，要求初配母猪体重在 125 千克以上，230 日龄以上，背膘厚 13~14 毫米，有 2 次以上的发情记录。初产母猪配种过早，往往会导致第二胎发情异常。

3. 诱情方式不当

母猪与公猪接触过少，或者诱情公猪年龄过小、性欲差，使母猪得不到应有的性刺激，诱情不足导致不发情。

4. 生殖器官疾病

一是卵巢机能不全，卵巢静止或卵巢萎缩，使卵泡不能正常生长、发育、成熟和排卵，导致发情和发情周期紊乱；二是卵泡囊肿，造成卵泡壁变性，不再产生雌激素，即母畜不表现发情征状；三是黄体囊肿，抑制性腺激素的分泌，卵巢中无卵泡发育，母畜不发情；四是持久黄体，由于持久黄体分泌孕酮，抑制了促性腺激素的分泌，使卵泡发育受到抑制，致使母猪乏情、发情周期停止循环；五是母猪感染猪瘟、蓝耳病、伪狂犬病、细小病毒病、乙脑病毒病和附红细胞体病等繁殖障碍性疾病，均会引起母猪乏情及其他繁殖障碍症；六是母猪患乳房炎、子宫内膜炎和无乳症也会增加母猪断奶后不发情的比例。

5. 营养问题，不均衡或缺乏

母猪饲料营养直接影响着母猪生产性能和生产成绩。饲料中的维生素（尤其是维生素 A、维生素 E、维生素 B_1、叶酸和生物素含量较低）和能量不足，会引起母猪断奶后发情不正常。初产母猪产后的营养性乏情在瘦肉型品种中较为突出。据统计，初产母猪在仔猪断乳后一周内不发情比例是经产母猪的 2 倍。

6. 饲料原料的霉变问题

若饲料原料（玉米、豆粕等）有发霉现象，其中的霉菌毒素，尤其是玉米赤霉烯酮，母猪摄入后，其正常的内分泌功能将被打乱，导致发情不正常或排卵抑制。

7. 饲养环境、空间的问题

种猪舍光照不足或光照过长（每日光照 > 12 小时）会对卵巢发育和发情产

生抑制作用；炎热季节母猪采食量减少，摄入的有效能量降低，导致生殖激素的分泌发生障碍，一般6—9月母猪发情率会下降20%或发情推迟现象增多。受限位栏限制，母猪运动量不足，也会使生殖激素分泌失调造成母猪发情异常。

（三）母猪发情异常的应对措施

1. 改善饲喂方式，做好母猪体况调控

母猪产后第一天喂1.5千克，第二天2.5千克，以后每天逐渐增加0.5千克左右，直到6~8千克/天，每天饲喂2~4次，采用自由采食原则，尽可能使母猪采食量最大化（哺乳母猪采食量＝2.5千克＋0.5千克×所带仔猪头数）并保持好其体型，减少断奶失重。断奶前3天逐渐减料，断奶当天不喂料，既促使仔猪多采食饲料，又可防止母猪断奶后发生乳房炎。断奶至配种根据膘情饲喂哺乳料3.0~3.6千克/天或者自由采食，以促使母猪多排卵。断奶2周不发情者要降到2~2.2千克/天或禁食1天。

2. 严格把控后备母猪初配基准

母猪第一次配种体重在130千克以上，230日龄以上，背膘厚13~14毫米，有2次以上的发情记录；产后最小体重在175~180千克，防止过多蛋白质在第1次泌乳期流失。后备母猪配种前的一个情期里，可用人工精浆"敏化"处理。

3. 采用正确的诱情方式

后备母猪常在5~6月龄时有初次发情现象，160天开始用试情公猪［必须10月龄以上（产生外激素），性欲良好的公猪（10%公猪缺乏性欲）］诱情，公猪每天直接接触母猪15~20分钟，定期轮换公猪。断奶母猪还可以采用换栏、合并或重新分群，扩大或减少栏位使用面积，把公猪放到母猪旁边的猪舍里，饥饿处理，激素处理等办法。

4. 选用良好的母猪专用料

选用优质饲料原料，根据母猪不同的生理阶段科学配制母猪专用料，保证母猪生长发育、妊娠和哺乳的需要；同时可采用饲料中添加脱霉剂的方式，尽可能降低或避免霉菌毒素的危害；也可在饲料中额外添加维生素E、维生素A、维生素C，微量元素硒等以满足母猪的营养需求。也可用红糖熬小米粥喂断奶母猪促进发情。

5. 加强饲养管理，改善饲养环境

改善猪舍采光条件，满足母猪对光照的需求；夏季做好母猪的防暑降温工作，结合通风、喷雾和屋顶喷淋等措施降温；定时将母猪赶出圈外运动0.5~1

小时，加速血液循环，促进发情；发现流产及子宫炎母猪，及时进行子宫冲洗（宫炎清、宫炎净或自制碘液）和抗生素的抗菌消炎工作。

6. 中药催情

用淫羊藿、对叶草各 80 克，煎水内服；淫羊藿 100 克，丹参 80 克、红花和当归各 50 克，碾末拌入饲料；也可以用阳起石、淫羊藿各 40 克，当归、黄芪、肉桂、山药、熟地各 30 克，碾末拌入饲料中一次饲喂，一日一剂，连服三剂即可发情配种。

7. 激素处理

发情迟缓的母猪进行催情处理：并圈处理法（不发情母猪 3~5 头集中一栏混养，处理后表现发情症状，立即配种）、饥饿处理法（对不发情的猪只停食 2 天，饱食 2 天进行催情，处理后表现发情征状，立即配种）、激素处理法（断奶后 2 周不发情的猪只，注射激素 PG600 或 PMS 进行催情，处理后 4~5 天观察到发情征状后立即配种，若不发情者间隔 10 天用上述方法再处理 1 次，再不发情者淘汰）。

六、母猪不发情的原因及处理

（一）后备母猪不发情的原因及处理

1. 后备母猪不发情的原因

（1）疾病因素。可能导致母猪不发情的疾病有：猪繁殖与呼吸综合征、子宫内膜炎、圆环病毒病等。如由圆环病毒病导致消瘦的后备母猪多数不能正常发情。另外，母猪患慢性消化系统疾病（如慢性血痢）、慢性呼吸系统疾病（如慢性胸膜炎）及寄生虫病，剖检时多发现卵巢小而没有弹性，表面光滑，或卵泡明显偏小（只有米粒大小）。还有的是卵巢囊肿，严重者卵巢如鸡蛋大小，囊肿卵泡直径可达 1 厘米以上，不排卵，可用促排 3 号（30 微克）或绒毛膜促性腺激素（HCG）1 000~1 500 单位，每日 1 次，连续 3~4 次。

（2）营养因素。最常见的是能量摄入不足，脂肪贮备少，后备母猪在配种前的 P2 点膘厚应在 18~20 毫米；过肥会影响性成熟的正常到来；有些虽然体况正常，但由于饲料中长期缺乏维生素 E、生物素等，致使性腺的发育受到抑制；任何一种营养元素的缺乏或失调都会导致发情推迟或不发情，如饲料中钙含量偏高阻碍锌的吸收，易造成母猪不孕。

（3）饲养管理因素。①饲养方式。对后备母猪而言，大栏成群饲养（每栏

4~6头）比定位栏饲养好，母猪间适当的爬跨能促进发情。但若每栏多于6头，则较为拥挤且打斗频繁，不利于发情。若用定位栏饲养，应加强运动。②诱情。很多猪场不注重母猪的诱情，没有采取与公猪接触或其他措施来诱导母猪发情，母猪发情不发情听之任之。③发情档案。有些猪场不建立发情档案，有的在7月龄以后才开始建立发情档案，超过8月龄不发情才开始处理，处理越迟效果越差，这样母猪在淘汰时大多已达10月龄。正常的做法是在160日龄后就要跟踪观察发情，6.5月龄仍不发情就要着手处理，综合处理后达270日龄仍不发情的母猪即可淘汰，时间太久则造成饲料浪费。

2. 后备母猪不发情的预防

（1）合理饲养。体重90千克以前的后备母猪可以不限量饲喂，保证其身体各器官的正常发育，尤其是生殖器官的发育。6~7月龄要适当限饲（日喂2.5千克/头），防止过肥。后备母猪配种前的理想膘情为3~3.5分，过肥过瘦均有可能出现繁殖障碍。有条件的猪场，6月龄以后每天宜投喂一定量的青绿饲料。

（2）利用公猪诱情。后备母猪160日龄以后应有计划地让其与结扎的试情公猪接触来诱导发情，每天接触2次，每次15~20分钟。用不同公猪刺激比用同一头公猪效果好。

（3）建立完善的发情档案。后备母猪在160日龄以后，需要每天到栏内用压背法结合外阴检查法来检查其发情情况。对发情母猪要建立发情记录，为配种做准备。对不发情的后备母猪做到早发现、早处理。

（4）加强运动。后备母猪每周至少在运动场自由活动1天。6月龄以上母猪群运动时应放入1头结扎公猪。

（5）给予适度的刺激。适度的刺激可提高机体的性兴奋。可将没发过情的后备母猪每星期调栏1次，让其与不同的公猪接触，使母猪经常处于一种刺激状态，以促进发情与排卵，必要时可赶公猪进栏追逐10~20分钟。

（6）完善催情补饲工作。从7月龄开始，根据母猪发情情况认真划分发情区和非发情区。将1周内发情的后备母猪归于一栏或几栏，限饲7~10天，日喂1.8~2.2千克/头；优饲10~14天，日喂3.5千克/头，直至发情、配种；配种后日喂料量立即降到1.8~2.2千克/头。这样做有利于提高初产母猪的排卵数。

（7）做好疾病防治工作。做到"预防为主，防治结合，防重于治"。平时抓好消毒，搞好卫生，尤其是后备母猪发情期的卫生，减少子宫内膜炎的发生；按照科学的免疫程序进行免疫，针对种猪群的具体情况定期拟定详细的保健方案，严格执行兽医的治疗方案。

3. 后备母猪不发情的处理

（1）公猪刺激。用性欲好的成年公猪效果较好，具体做法如下。① 让待配的后备母猪养在邻近公猪的栏中。② 让成年公猪在后备母猪栏中追逐 10~20 分钟，让公母猪有直接的接触。追逐的时间要适宜，时间过长，既对母猪造成伤害，同时也使公猪对以后的配种缺乏兴趣。

（2）发情母猪刺激。选一些刚断奶的母猪与久不发情的母猪关于一栏，几天后发情母猪将不断追逐爬跨不发情的母猪，刺激其性中枢活动增强。

（3）适当的刺激措施。① 混栏。每栏放 5 头左右，要求体况及体重相近。② 运动。一般放到专用的运动场，有时间可适当驱赶。③ 饥饿催情。对过肥母猪可限饲 3~7 天，日喂 1 千克左右，供给充足饮水，然后自由采食。

（4）对发情不明显母猪的处理。在发情过程中有部分母猪由于某种原因而发情征状不明显或没什么"静立"状态，这些母猪只能根据外阴的肿胀程度、颜色、黏液浓稠度进行适时输精，同时在输精前 1 小时注射氯前列烯醇 2 毫升（或促排 3 号），输精前 5 分钟注射催产素 2 毫升。

（5）激素催情。生殖激素紊乱是导致母猪不能正常发情的一个重要原因，给不发情后备母猪注射外源性激素可起到明显的催情效果，但有试验表明，采用激素催情的母猪，与自然发情的母猪相比，产活仔数平均要少 1 头。在以上的方法都采用了之后，仍然不发情的少量母猪最后可使用激素处理 1~2 次，还不发情的做淘汰处理，但在祖代、种猪场笔者不主张使用该方法来治疗。常用的处理方法有：① 氯前列烯醇 200 微克；② 律胎素 2 毫升；③ 孕马血清促性腺激素 1 000 单位 + 绒毛膜促性腺激素 500 单位；④ PG600 处理 1 次（1 头份）。

（二）经产母猪断奶后不发情的原因及处理

经产母猪一般断奶后 3~7 天便可自然发情配种，但由于各种各样的原因，规模化猪场经常发生部分母猪断奶后不发情或发情不正常，严重影响了养猪的经济效益。

1. 经产母猪断奶后不发情的常见原因

（1）营养水平。特别是饲料中维生素营养和能量不足。特别是有些猪场的母猪使用的饲料维生素 A、维生素 E、维生素 B_1、叶酸和生物素含量较低，经常引起母猪断奶后发情不正常。初产母猪产后的营养性乏情在瘦肉率较高的品种中较为突出。据统计，有 50% 以上的初产母猪在仔猪断乳后一周内不发情，而经产母猪仅为 20%。哺乳期母猪体重损失过多将导致母猪发情延迟或乏情，而初产母猪尤其如此。在分娩一周后，哺乳母猪应自由采食。哺乳期掉膘严重，断奶后又不注意催情补饲。在分娩一周后，哺乳母猪应自由采食。

（2）初产母猪配种过早，往往会导致第二胎发情异常。

（3）公猪刺激不足。母猪舍离公猪太远，断奶母猪得不到应有的性刺激，诱情不足导致不发情。

（4）气温与光照及运动不足。炎热的夏季，环境温度达到30℃以上时，母猪卵巢和发情活动受到抑制。

（5）饲料原料霉变。对母猪正常发情影响最大的是玉米霉菌毒素，尤其是玉米赤霉烯酮，此种毒素分子结构与雌激素相似。母猪摄入含有这种毒素的饲料后，其正常的内分泌功能将被打乱，导致发情不正常或排卵抑制。

（6）卵巢发育不良。长期患慢性呼吸系统病、慢性消化系统病或寄生虫病的小母猪，其卵巢发育不全，卵泡发育不良使激素分泌不足，影响发情。

（7）母猪存在繁殖障碍性疾病：猪瘟、蓝耳病、伪狂犬病、细小病毒病、乙脑病毒病和附红细胞体病等病源因素均会使引起母猪乏情及其他繁殖障碍症。另外，患乳房炎、子宫内膜炎和无乳症的母猪断奶后不发情的比例较高。

2. 母猪断奶后不发情的处理

（1）正确把握青年母猪的初配年龄。实践证明，瘦肉型商品猪初配年龄不早于8个月龄，体重不低于110千克。

（2）采用科学的饲养方式。根据泌乳期的母猪体况，保证泌乳母猪体况储备，减少失重，适量增加能量与蛋白，蛋白应维持在17%~18%，在夏季、冬季可在饲料中加入2%~3%植物油提高能量。体重过肥的母猪，每日给予2~4个小时的运动，并多增加青绿饲料。严格把关，不饲喂发霉及重金属盐含量过高的饲料。

（3）防暑降温。当舍温升高至35℃以上时，泌乳猪内分泌机能容易发生紊乱，有条件的地方采用湿帘降温或使用空调；对条件差的猪场，可以通过遮阳网、滴水喷头或在猪舍顶加盖秸秆等措施，或在日粮中加入碳酸氢钠3 000毫克/千克，碳酸氢钙3 000毫克/千克，维生素C 200毫克/千克，维生素E 100毫克/千克。产房比较理想的降温方法有瓦水帘降温、局部冷风降温、滴水降温，最好配合屋顶和墙壁隔热，效果会更好。

（4）防治原发病。按照科学防疫程序严格防疫，加强繁殖障碍疾病的预防，减少原发病，对有子宫炎的母猪，可采用6 000毫升生理盐水反复冲洗，然后子宫内放入青霉素640万单位、链霉素300万单位，或采用0.1%高锰酸钾20毫升注入子宫。

（5）激素治疗。肌注三合激素 4 毫升，对无发情的母猪，5 日后再进行一次，经处理后发情的母猪，在配种前 8~12 个小时肌注排卵 3 号 1~3 支。也可肌注前列腺素 PG600，注射后 3~5 天发情配种。对长期不发情的母猪可肌注氯前列烯醇 0.4 毫克，如表现发情可肌注绒毛膜促性腺激素 1 000 单位。肌注绒毛膜促性腺激素 1 000 单位 × 2 支，皮下注射新斯的明 2 毫升 / 次，每日一次，连用 3 天，发情时即可配种。

（三）初产母猪断奶后不发情的原因及处理

1. 初产母猪断奶后不发情的原因

初产母猪断奶后不发情、再次配种困难、二胎产仔数降低，都是现代母猪饲养中最常出现的问题。造成这一问题的根源是进入第二繁殖周期时，母猪体内营养储备严重不足，又因为生殖系统在营养分配时的优先权弱于其他器官和系统，故缺乏营养对生殖系统的影响最大。当然，初产母猪断奶不发情也与母猪健康状况尤其是生殖道健康及诱情环境有关。

发情所需的营养储备，不仅需要大营养储备，而且也需要生殖营养储备。大营养储备主要指淀粉、蛋白质、脂肪、常量矿物质等营养物质的储备，体现在体重和膘情上面；生殖营养储备主要指与生殖结构和生殖功能相关的关键营养，如特殊的维生素、特殊的微量元素等营养的储备。这两类营养物质的足够储备都是完成繁殖过程不可或缺的。

大营养储备不够的主要成因有：初产母猪自身增重（初产母猪自身增重约为 50 千克）、初配不达标、妊娠早中期限饲不够 / 不当、日进食营养总量不够、哺乳期采食量不够、攻胎不够。大营养储备主要目标是：断奶时，母猪失重不超过 10 千克，膘情达到体况评分 2.5~3 分。要实现这一体储目标，光增加哺乳期采食量是不够的，需要从初产母猪培育全过程着手。

生殖营养储备方面，一要注意限饲期因为精料采食量减少而导致生殖营养摄入不足；二要注意哺乳期的哺乳营养需要与生殖的营养需要是有差异的，在配种准备期，即使饲喂营养相对丰富的哺乳料，也满足不了发情所需的生殖营养需求；三是还要考虑高温季节对生殖营养需求的增加；四要考虑环境因素对饲料中生殖营养的破坏；五要考虑商品饲料添加量可能不足。

2. 初产母猪断奶后不发情的处理

对初产母猪断奶后不发情，可参考经产母猪的处理方法。但基于以上营养原理和理念，营养学方法解决初产母猪断奶不发情问题的具体措施如下。

（1）初配要达标。初次配种标准要达到：体重 140 千克以上，背膘 18~22 毫米，日龄 230 天以上。只要达到这个标准，第一次发情也可配种（国外有资料认为第一次发情即可配种的观点）。如果体重轻、背膘薄、年龄未到的母猪过早配种会导致：初产母猪断奶后发情延迟、再次配种返情率高；二胎窝产仔数少；寒冷季节流产机会增加；泌乳量低，利用年限缩短。

（2）合理的饲料营养水平。初次怀孕母猪，怀孕期的某些营养水平相对于经产母猪而言可以适当提高 10% 左右，如 CP14 %，赖氨酸 0.7%，钙 0.9%，总磷 0.8%，有效磷 0.45%。有些猪场初次配种母猪继续饲喂后备母猪料是有科学道理的。因为后备母猪饲料的蛋白质和生殖营养水平比怀孕母猪料要高。

（3）初产母猪怀孕后期，仍然需要适度增料攻胎。对初生重过大引起难产问题一定要辩证地来看。首先，我们知道胎儿的 2/3 体重是在母猪妊娠期最后 1/3 的时间增加的，如果不攻胎，根据后代优先的营养分配原理，母猪的营养优先供应胎儿，在摄入不足的情况下，可能动用母猪体脂肪甚至体蛋白来供应胎儿的生长，意味着初产母猪在怀孕后期就在失重和掉膘！其次，如果不攻胎，会导致母猪体质下降反而影响分娩；最后，胎儿初生重不足会影响哺乳期仔猪成活率。

（4）锻炼母猪肠道功能，"撑大"母猪的肚子。胃好，胃口才好。这里的"胃好"，指的是胃肠功能好和胃肠道容积大。专家认为：一是动物的肠道除了消化功能外，还有化学感应和接收机体信号的功能，小肠不是被动吸收通道，实际上在吸收之前还有调节控制功能。因此，饲养动物必须先养好小肠。二是对仔猪腹泻的控制手段，不能仅仅考虑病原的因素，也不要滥用抗生素，而是从改善环境、调整水质和强化营养上下功夫。三是通过母猪的饲喂调控仔猪肠道健康，猪场要把母猪作为核心要素从强化营养和加强管理上下力气，把母猪奶水搞好，仔猪从出生开始抓起，不使用抗生素一样可以成功断奶，而不必担心腹泻问题。四是在炎热环境下饲喂母猪需要特别注意饲养管理的改善，如增加净能的摄入量，饮水温度调节到 17 ℃左右等。

（5）集中猪场优势资源，增加初产母猪哺乳期采食量。泌乳期体重损失越多，断奶至发情的时间间隔越长，但这一特征主要在头胎表现得更明显。所以，增加哺乳期采食量是减少初产母猪断奶掉膘的最有效措施，务必全力以赴达到理想的采食量目标（千克）：1.8+0.5×X（母猪哺乳仔猪数）。

3. 增加初产母猪采食量的技术措施

（1）温度。母猪最适宜的温度是 18 ~22 ℃，超过 24 ℃每增加 2 ℃就会减少

0.5 千克的采食量。产房比较理想的降温方法有瓦水帘降温、局部冷风降温、滴水降温，最好配合屋顶和墙壁隔热，效果会更好。

（2）清洁充足饮水。饮水器供水量 1.5~2 升 / 分钟，水温为 17 ℃左右，最好有料槽饮水，水质达到人的饮用水标准。

（3）补充抗病营养。研究发现，只有当动物每天吃进去的物质当天被充分代谢后，动物才有很好的食欲，如果代谢不畅，会起堵塞作用，许多物质堵塞着代谢途径，这时动物就没有食欲。

（4）干净的料槽。夏天每次喂料前清洗料槽十分必要，可以去除馊味、减少腐败物质中毒。

（5）怀孕早中期限饲。怀孕期严格按照饲喂标准摄入基础营养，不能过多摄入，因为怀孕早中期的采食量与哺乳期采食量成负相关，而攻胎期采食量与哺乳期采食量关联度不大。

（6）饲料与饲喂。饲料原料干净新鲜；饲喂水料，水与饲料的比例为 4∶1；增加饲喂次数为 3~4 次，在低温时段饲喂。

（7）初产母猪哺乳料适当增加营养浓度。比如蛋白质可以达到 20%，补充赖氨酸至 1.2% 并同时补充脂肪，注意氨基酸之间的平衡。

（8）预防母猪产后感染。生产发现，产后感染的母猪，不仅采食量会降低，而且会直接影响到断奶发情及受孕，所以要通过产前清除病原、产中输液和产后打针抗感染以及灌注宫炎净排出恶露等措施来积极预防。一旦发生乳房产道感染，要积极治疗。

（9）分 2 批断奶以及适当提早断奶。体重较重的半窝仔猪比体重较轻的半窝仔猪提早 2~5 天断奶。母猪发情早，仔猪均匀度好，特别适合一胎母猪。初产母猪在条件允许的情况下提早 3 天左右断奶，可以减轻母猪哺乳负担，尽早恢复体况。

（10）补充生殖营养。前面已经提到，在配种准备期，即使饲喂营养相对丰富的哺乳料，也满足不了发情所需的生殖营养需求。所以，为了满足发情对生殖营养的需求，很有必要从哺乳期开始就补充生殖营养，如仔多多这样的产品，直至怀孕期。

七、母猪的排卵时间

母猪雌激素的水平不仅代表了卵泡的成熟性，而且也通过下丘脑来调节发情行为与排卵的时间。排卵前所出现的 LH 峰不仅与发情表现密切相关，而且与排卵时间有关。一般 LH 峰出现后 40~42 小时出现排卵。由于母猪是多胎动物，在一次发情中多次排卵，因此，排卵最多时是出现在母猪开始接受公猪交配后 30~36 小时，如果从开始发情，即外阴唇红肿算起，是在发情 38~40 小时之后。

母猪的排卵数与品种有着密切的关系，一般在 10~25 枚。我国的太湖猪是世界著名的多胎品种，平均窝产仔为 15 头，如果按排卵成活率为 60% 计算，则每次发情排卵在 25 枚以上，而一般引进品种的窝产仔在 9~12 头。排卵数不仅与品种有关，而且还受胎次、营养状况、环境因素及产后哺乳时间长短等影响。据报道，从初情期起，头 7 个情期，每个情期大约可以提高一个排卵数，而营养状况好有利于增加排卵数，产后哺乳期适当且产后第一次配种时间长也有利于增加排卵数。

八、促进母猪发情排卵的措施

（一）改善饲养管理，满足营养供应

对迟迟不发情的母猪，应首先从饲养管理上查找原因。例如，饲粮过于单纯；蛋白质含量不足或品质低劣；维生素、矿物质缺乏；母猪过肥或过瘦；长期缺乏运动等。应进行较全面的分析，采取相应的改善措施。

1. 短期优饲和调整膘情

对空怀母猪配种前的短期优饲，有促进母猪发情排卵和容易受胎的良好作用。方法为配种前的一周或半个月左右，适当调整膘情，保持合理的种用体况，常言道"空怀母猪七八成膘，容易怀胎产仔高"，即保持母猪 7~8 成膘情为好。对于正常体况的母猪每天饲喂 2.0~2.2 千克全价配合饲料；对体况较差的母猪提供充足的哺乳母猪料；对于过于肥胖的母猪，在断奶前后少量饲喂配合饲料，多喂青粗饲料，让其尽快恢复到适度膘情，达到较早发情排卵和接受交配的目的。

2. 多喂青绿饲料，满足钙、磷的需要，维生素、矿物质、微量元素对母猪的繁殖机能有重要影响

例如饲粮中缺乏胡萝卜素时，母猪性周期失常，不发情或流产多；长期缺乏钙、磷时，母猪不易受胎，产仔数减少；缺锰时，母猪不发情或发情微弱等。因此，配种准备期的母猪，多喂青绿饲料，补足骨粉、添加剂，充分满足维生素、矿物质、微量元素的需要，对其发情排卵有良好的促进作用。一般情况下，每天每头饲喂 5~7 千克的青饲料或补加 25 克的骨粉为好。

3. 正确的管理，新鲜的空气，良好的运动和光照对促进母猪的发情排卵有

很大好处

配种准备期的母猪要求适当增加舍外的运动和光照时间，舍内保持清洁，经常更换垫草，冬春季节注意保温。例如把母猪赶出圈外，在一些草地或猪舍周围运动1小时，再喂些胡萝卜或菜叶，连续3天，很容易引起母猪发情。

（二）控制哺乳时间，早期断奶或仔猪并窝

1. 控制哺乳时间

待训练好仔猪的开食，并能采食一定量的饲料（25~30日龄）时，控制哺乳次数，每隔6~8小时一次，这样处理6~9天，母猪就可以提前发情。

2. 仔猪早期断奶

通常母猪断奶后5~7天发情，在一个适当的时间提前断奶，母猪可提前发情进行配种。我国广大家庭养猪户多沿袭45~60天断奶，目前，各地出现许多先进技术，仔猪最早21日龄断奶。但大部分都是28~35日龄断奶。

3. 仔猪并窝

养猪场或专业户在集中时间产仔时，可把部分产仔少的母猪所产的仔猪，全部寄养给另外母猪哺育，即能很快发情配种。

（三）异性诱导，按摩乳房或检查母猪是否患有生殖道疾病

养殖者可用试情公猪（不作种用的公猪）追赶不发情的母猪，或者每天把公猪关在母猪圈内两三小时，通过爬跨等刺激，促进发情排卵。另外按摩乳房也能够刺激母猪发情排卵，要求每天早晨饲喂以后，待母猪侧卧，用整个手掌由前往后反复按摩乳房10分钟。当母猪有发情象征时，在乳头周围做圆周运动深层按摩5分钟，即可刺激母猪尽早发情。遇到母猪患有生殖道疾病，应及时诊断治疗。

（四）药物催情

注射孕马血清促性腺激素和绒毛膜促性腺激素。前者在母猪颈部皮下注射2~3次，每日1次，每次4~5毫升，注射后4~5天就可以发情配种。后者一般对体况良好的母猪（体重75~100千克），肌内注射1 000单位，对母猪催情和促其排卵有良好效果。必要时可中草药催情。

处方1：阳起石、淫羊藿各40克，当归、黄芪、肉桂、山药、熟地各30克，研末混匀，拌入精料中一次喂服，切不可分次喂服。处方2：当归、香附、陈皮各15克，川芎、白芍、熟地、小茴香、乌药各12克。水煎后每日内服2

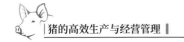

次，每次外加白酒 25 毫升。

九、母猪发情鉴定

（一）发情周期与排卵规律

1. 发情周期

正常母猪从一次发情开始到下一次发情开始的间隔时间为 18~22 天，平均 21 天，叫发情周期。发情周期分为发情前期、发情期、发情后期和休情期四个阶段。发情持续时间：一般瘦肉型母猪 2~3 天，地方母猪 3~5 天。

2. 排卵规律

母猪发情持续时间为 40~70 小时，排卵时间在后 1/3，而初配母猪要晚 4 小时左右。其排卵的数量因品种、年龄、胎次、营养水平不同而异。一般初次发情母猪排卵数较少，以后逐渐增多。营养水平高可使排卵数增加。现代国外种母猪在每个发情期内的排卵数一般为 20 枚左右，排卵持续时间为 6 小时；地方种猪每次发情排卵为 25 枚左右，排卵持续时间 10~15 小时。

（二）发情征状

母猪的发情期可分为发情前期、发情期、发情后期和休情期。各个阶段的表现如下。

1. 发情前期

母猪兴奋性逐渐增加，采食量下降，烦躁不安，频频排尿；阴门红肿呈粉红色，分泌少量清亮透明液体。

2. 发情期

阴门红肿，由粉红逐渐到亮红，肿圆，阴门裂开，无皱襞，有光泽，流出白色浓稠带丝状黏液，尾向上翘；性欲旺盛，爬栏、爬跨其他母猪或接受其他母猪爬跨，自动接近公猪，按压背部时，安静呆立、耳朵直竖。

3. 发情后期

阴门皱缩，呈苍白色或灰红色，无分泌物或有少量黏稠液体。

4. 休情期

母猪本次发情结束到下次发情开始这段时间。

母猪发情期各阶段的不同表现见表 6-2、表 6-3、表 6-4。

表6-2　阴户表现

项目	发情初期	发情期	发情后期
颜色	浅红 - 粉红	亮红 - 暗红	灰红 - 淡化
肿胀程度	轻微肿胀	肿圆，阴门裂开	逐渐萎缩
表皮皱襞	皱襞变浅	无皱襞，有光泽	皱襞细密，逐渐变深
黏液	无 - 湿润	潮湿 - 黏液流出	黏稠 - 消失

表6-3　触摸阴户手感

项目	发情初期	发情期	发情后期
温度	温暖	温热	根部 - 尖端转凉
弹性	稍有弹性	外弹内硬	逐渐松软

表6-4　判断母猪表现

项目	发情初期	发情期	发情后期
行为	不安、频尿	拱爬、呆立	无所适从
食欲	稍减	不定时定量	逐渐恢复
精神	兴奋	亢奋 - 呆滞	逐渐恢复
眼睛	清亮	黯淡，流泪	逐渐恢复
压背反射	躲避、反抗	接受	不情愿

（三）发情鉴定的方法

1. 外部观察法

母猪在发情前会出现食欲减退甚至废绝，鸣叫，外阴部肿胀，精神兴奋。母猪会出现爬跨同圈的其他母猪行为。同时对周围环境的变化及声音十分敏感，一有动静马上抬头，竖耳静听，并向有声音的方向张望。进入发情期前1~2天或更早，母猪阴门开始微红，以后肿胀增强，外阴呈鲜红色，有时会排出一些黏液。若阴唇松弛，闭合不全，中缝弯曲，甚至外翻，阴唇颜色由鲜红色变为深红或暗红，黏液量变少，且黏稠，能在食指与大拇指间拉成细丝，即可判断为母猪已进入发情盛期。

2. 压背试验查情法

成年健康、经产母猪通常在仔猪断奶后4~7天开始静立发情。发情的母猪，外阴开始轻度充血红肿，若用手打开阴户，则发现阴户内表颜色由红到红紫的变化，部分母猪爬跨其他母猪，也任其他母猪爬跨，接受其他猪只的调情。当饲养员用手压猪背时，母猪会由不稳定到稳定，当赶一头公猪至母猪栏附近时，母猪会表现出强烈的交配欲。当母猪发情允许饲养员坐在它的背上，压背稳定时，则说明母猪已进入发情旺期。对于集约化养猪场来说，可采用在母猪栏两边设置挡板，让试情公猪在两挡板之间运动，与受检母猪沟通，检查人员进入母猪栏内，逐头进行压背试验，以检查发情程度。

3.试情公猪查情法

试情公猪应具备以下条件：最好是年龄较大，行动稳重，气味重；口腔泡沫丰富，善于利用叫声吸引发情母猪，并容易靠气味引起发情母猪反应；性情温和，有忍让性，任何情况下不会攻击配种员；听从指挥，能够配合配种员按次序逐栏进行检查，既能发现发情母猪，又不会不愿离开这头发情母猪。如果每天进行一次试情，应安排在清早，清早试情能及时地发现发情母猪。如果人力许可，可分早晚两次试情。我国大多数猪场采用早晚两次试情。

试情时，让公猪与母猪头对头试情，以使母猪能嗅到公猪的气味，并能看到公猪。因为前情期的母猪也可能会接近公猪，所以在试情中，应由另一查情员对主动接近公猪的母猪进行压背试验。 如果在压背时出现静立反射则认为母猪已经进入发情期，应对这头母猪作发情开始时间登记和对母猪进行标记。如果母猪在压背时不安稳为尚未进入发情期或已过了发情期。

十、配种方式与配种场所

（一）配种方式

根据配种过程中公猪使用情况的不同，将配种的形式分为自然交配和人工授精两种。

1.自然交配

俗称本交，指母猪在发情期间与公猪交配的性行为过程。自然交配包括自由交配和人工辅助交配，现有猪场采用的自然交配都是在配种人员的参与下，有计划地进行公、母猪交配的人工辅助交配形式。

2.人工授精

也称人工配种，是利用器械从公猪采集得到精液，用物理方法进行处理后，再输入母猪的生殖器官内，使母猪受胎的一种方法。

根据配种的次数和配种的对象不同，将配种的方式分为单配、复配、双重配和 3 次配种。

（1）单配。在母猪的一个发情期中，只用公猪配一次。其好处是能减轻公猪的负担，可以少养公猪，提高公猪的利用率，降低生产成本。其缺点是掌握适时配种较难，可能降低受胎率和减少产仔数。

（2）复配。在母猪的一个发情期内，先后用同一头公猪配两次，是生产上常用的配种方式。第一次交配后，过 24 小时再配一次，使母猪生殖道内经常有活力较强的精子，增加与卵子结合的机会，从而提高受胎率和产仔数。

（3）双重配。在母猪的一个发情期内，用血统较远的同一品种的两头公猪交配，或用两头不同品种的公猪交配叫双重配。第一头公猪配种后，隔 10~15 分钟，第二头公猪再配。

双重配的好处，首先是由于用两头公猪与一头母猪在短期内交配两次，能引起母猪增加反射性兴奋，促使卵泡加速成熟，缩短排卵时间，增加排卵数，故能使母猪多产仔，而且仔猪大小均匀；其次由于两头公猪的精液一起进入输卵管，使卵子有较多机会选择活力强的精子受精，从而提高胎儿和仔猪的生活力。缺点是公猪利用率低，增加生产成本。如在一个发情期内仅进行一次双重配，则会产生与单配一样的缺点。

种猪场和留纯种后代的母猪绝对不能用双重配的方法，避免造成血统混杂，无法进行选种选配。

（4）3 次配种。在母猪的一个发情期内，先后 3 次配种，3 次配种可以是同一头公猪、同一品种的 3 头公猪或 3 个不同品种的公猪或精液先后对同一头母猪配种。3 次配种能有效地提高母猪的受胎率和产仔数，但多次配种应注意操作时卫生和消毒，减少配种操作对生殖道的伤害和感染，降低阴道炎、子宫炎的发生率。

（二）配种场所

1.自然交配场所

猪场应在空怀配种猪舍内或专用的配种栏舍内，为公、母猪提供一个适宜的配种场地，选择干燥、卫生、不易打滑的地板，避免使用潮湿而滑的地板，使猪只始终保持良好的站立姿势，避免交配时造成伤害。很多地面材料如人工草皮、橡胶垫子和沙等可用于配种场地；在地面上铺少量的锯屑或稻草，同样有助于配种时站立。

公母猪在专用配种栏内配完种后，母猪应立即转入妊娠舍，实行单栏饲养或

直接关到定位栏，避免其他母猪爬跨、咬斗等造成的应激，影响受胎率。

2．人工授精场所

人工授精应把发情母猪转到专为人工授精而设的定位栏（配种栏）或直接转到妊娠舍的定位栏内，实施人工授精，不宜在小群饲养的空怀母猪栏中实施人工授精。

十一、配种时间的把握

（一）决定母猪配种时间的主要因素

1．母猪发情排卵规律

成年母猪一般在发情期开始后 24~48 小时排卵，地方种猪持续排卵时间为 10~15 小时，或更长时间。母猪的排卵高潮在发情后的第 26~35 小时。

2．卵子保持受精能力的时间

母猪在一个发情周期中排出的卵子多达几十个，但卵子在输精管中仅能保持 8~10 小时。

3．精子前进的速度

精子进入母猪生殖道后，需要 2~3 小时方可通过子宫角达到输卵管。

4．精子在母猪生殖器官内保持持续受精的时间

一般为 10~12 小时。

（二）不同类型母猪配种或输精时间

根据以上情况推算，母猪最适宜的配种时间为母猪排卵前的 2~3 小时，即在母猪发情开始后的 19~30 小时，幼龄母猪还要延迟一些 。群众的配种经验是"老配早，少配晚，不老不少配中间"。

不同类型母猪配种或输精时间安排如下。

（1）断奶后 3~4 天发情的经产母猪，发情压背时出现呆立反应后 24 小时第一次输精或配种，再间隔 8~12 小时进行第二次输精或配种，再间隔 8~12 小时选择性第三次输精或配种。

（2）断奶后 5~7 天发情的经产母猪，发情压背时出现呆立反应后 12 小时第一次输精或配种，再间隔 8~12 小时进行第二次输精或配种，再间隔 8~12 小时选择性第三次输精或配种。

（3）断奶后 7 天以上发情的经产母猪，发情压背时出现呆立反应后立即输精

或配种，再间隔 8~12 小时进行第二次输精或配种，再间隔 8~12 小时选择性第三次输精或配种。

（4）后备母猪，发情压背时出现呆立反应后立即输精或配种，再间隔 8~12 小时进行第二次输精或配种，再间隔 8~12 小时选择性第三次输精或配种。

（5）返情母猪或用激素催情的母猪，发情压背时出现呆立反应后立即输精或配种，再间隔 8~12 小时进行第二次输精或配种，再间隔 8~12 小时选择性第三次输精或配种。

适时配种时间应结合发情特征，主要特征为母猪的阴户由肿胀变为微皱，外阴户由潮红色变为暗红色，分泌物变清亮透明、黏度增加。此时母猪允许压背而不动，压背时母猪双耳竖起向后，后肢紧绷。

十二、自然交配操作技术

（1）公母猪交配前，配种员应事先挤掉公猪包皮中的积尿，并用甲酚皂（来苏儿）或苯扎溴铵（新洁尔灭）消毒液，对公母猪的阴部清洗消毒。

（2）密切关注公、母猪的行为。当公、母猪赶在一起相遇时，公猪嗅母猪的生殖器官；母猪嗅公猪的生殖器官；头对头接触，发出求偶声，公猪反复不断地咀嚼，嘴上泛起泡沫并有节奏地排尿；公猪追随母猪，用鼻子拱其侧面和腹线，发出求偶声；母猪表现静立反应；公猪爬跨。

（3）当公猪爬到母猪躯体上后，应当人工辅助公猪，此时配种员应一手拉起母猪尾巴，另一手握成环状指形，引导阴茎顺利插入母猪的阴道内，避免阴茎插入肛门。

（4）当公猪阴茎确实插入母猪阴道内后，配种员要详细进行观察，注意公猪有无射精动作。当公猪射精时，其阴茎停止抽动，屁股向前挺进，睾丸收缩，肛门停止颤动；在射精间歇时，公猪又重新抽动阴茎，睾丸松弛，肛门停止颤动。交配和射精过程要花很长时间，不能中途将公猪赶下来，应耐心等待。公猪从母猪身上下来时，有少量的精液倒流，属正常现象。

对前一胎产仔数少或整群产仔数偏少、发情异常的母猪在第一次配种的同时注射促排 3 号，可增加母猪排卵数，提高产仔数。

（5）配种完毕后，要驱赶母猪走动，不让它弓腰或立即躺下，以防精液倒流；同时，配种后也要让公猪活动一段时间再赶回猪舍，以免其他公猪嗅到沾有发情母猪的气味而骚动不安。

（6）配种应在早晨或傍晚饲喂前 1 小时进行，以在母猪圈舍附近或专用的配种栏内为好，绝对禁止在公猪舍附近配种，以免引起其他公猪的骚动不安。

第三节　妊娠母猪的高效饲养管理

一、母猪妊娠期在母猪整个繁殖周期中的重要性

（一）妊娠期母猪饲养的目标

从精子与卵子的结合、胚胎着床、胎儿发育直至分娩，这一时期对母猪称之为妊娠期，对新形成的生命个体来说称之为胚胎期。这一时期饲养的目标是产出一窝数量多、初生重大且均匀、活力强的仔猪，同时母猪健康且具有充分发育的乳腺和良好的机体养分储备。

（二）母猪妊娠期在母猪的繁殖周期中最长，又最容易被忽视

母猪妊娠期平均为 114 天。一个理想繁殖周期为：妊娠期＋哺乳期＋断奶后到配种时间 =114+28+5=147 天，其中妊娠期 114 天占整个周期时间的 77.55%。

而往往这时间最长，起到承上启下作用的妊娠期最容易被人忽视。经常是母猪配种后放置到单体限位栏后，除了确定妊娠就不会被人过多地注意了，所以小到出现哺乳期泌乳问题、仔猪问题，大到出现某个阶段生产成绩不好，或者重要参数指标数据偏低，母猪非正常淘汰率高时才引起管理人员的注意，但那时发现为时已晚了。未雨绸缪，我们要重视妊娠期管理的重要性。

二、妊娠母猪的生理特点

（一）妊娠母猪的代谢特点与体重变化

胎儿的生长发育，子宫和其他器官的发育，使母猪食欲增高，饲料的消化率和利用率增强，故在饲养上应尽量满足这一要求；但妊娠母猪不是增重越多越好，而是要控制到一定程度，一般瘦肉型初产母猪体重增加 35~45 千克，经产母猪体重增加 32~40 千克。

（二）妊娠期间胚胎和胎儿的生长发育

1.胎儿的生长曲线

胚胎的生长发育特点是前期形成器官，后期增加体重，器官在21天左右形成，出生体重的1/3生长在妊娠的前84天，而出生体重的2/3生长在妊娠最后30天。

2.引起胚胎死亡的三个关键时期

胚胎的蛋白质、脂肪和水分含量增加，特别是矿物质含量增加较快。母猪妊娠后，有三个容易引起胚胎死亡的关键时期，分别是9~13天、18~24天、60~70天。

（1）第一个关键时期，出现在9~13天，此时，受精卵开始与子宫壁接触，准备着床而尚未植入，如果子宫内环境受到干扰，最容易引起死亡，这一阶段的死亡数占总胚胎数的20%~25%。

（2）第二个关键时期，出现在18~24天，此时，胚胎器官形成，在争夺胚盘分泌物质的过程中，弱者死亡，这一阶段死亡数占胚胎总数的10%~15%。

（3）第三个关键时期，出现在60~70天，此时，胚盘停止发育，而胎儿发育加速，营养供应不足可引起胚胎死亡，这一阶段死亡数占胚胎总数的5%~10%。

三、母猪早期妊娠诊断方法

（一）超声诊断法

超声诊断法是利用超声波的物理特性，将其和动物组织结构的声学特点密切结合的一种物理学诊断法。其原理是利用孕体对超声波的反射来探知胚胎的存在、胎动、胎儿心音和胎儿脉搏等情况来进行妊娠诊断。目前用于妊娠诊断的超声诊断仪主要有B型、D型和A型。

1.B型超声诊断仪

B型超声诊断仪可通过探查胎体、胎水、胎心搏动及胎盘等来判断妊娠阶段、胎儿数、胎儿性别及胎儿状态等。具有时间早、速度快、准确率高等优点，但价格昂贵、体积大，只适用于大型猪场定期检查。

2.多普勒超声诊断仪（D型）

该仪器可通过测定胎儿和母体血流量、胎动等做较早期诊断。有试验证明，利用北京产 SCD–Ⅱ型兽用超声多普勒仪对配种后 15~60 天母猪检测，认为 51~60 天准确率可达 100%。

3.A 型超声诊断仪

这种仪器体积较小，如手电筒大，操作简便，几秒钟便可得出结果，适合基层猪场使用。据报道，这种仪器准确率在 75%~80%。试验表明，用美国产 PREG–TONE Ⅱ PLUS 仪对 177 头次母猪进行检测，结果表明，母猪配种后，随着妊娠时间增长，诊断准确率逐渐提高，18~20 天时，总准确率和阳性准确率分别为 61.54% 和 62.50%，而在 30 天时分别提高到 82.5% 和 80.00%，75 天时都达到 95.65%。

（二）激素反应观察法

1.孕马血清促性腺激素（PMSG）法

母猪妊娠后有许多功能性黄体，抑制卵巢上卵泡发育。功能性黄体分泌孕酮，可抵消外源性 PMSG 和雌激素的生理反应，母猪不表现发情即可判为妊娠。方法是于配种后 14~26 天的不同时期，在被检母猪颈部注射 700 单位的 PMSG 制剂，以判定妊娠母猪并检出妊娠母猪。

判断标准：以被检母猪用 PMSG 处理，5 天内不发情或发情微弱及不接受交配者判定为妊娠；5 天内出现正常发情，并接受公猪交配者判定为未妊娠。试验结果为，在 5 天内妊娠与未妊娠母猪的确诊率均为 100%。且认为该法不会造成母猪流产，母猪产仔数及仔猪发育均正常，具有早期妊娠诊断和诱导发情的双重效果。

2.己烯雌酚法

对配种 16~18 天母猪，肌内注射己烯雌酚 1 毫升或 0.5% 丙酸己烯雌酚和丙酸睾丸酮各 0.22 毫升的混合液，如注射后 2~3 天无发情表现，说明已经妊娠。

（三）尿液检查法

1.尿中雌酮诊断法

用 2 厘米 ×2 厘米 ×3 厘米的软泡沫塑料，拴上棉线作阴道塞。检测时从阴道内取出，用一块硫酸纸将泡沫塑料中吸纳的尿液挤出，滴入塑料样品管内，于 –20℃贮存待测。尿中雌酮及其结合物经放射免疫测定（RIA），小于 20 毫克 / 毫升为非妊娠，大于 40 毫克 / 毫升为妊娠，20~40 毫克 / 毫升为不确定。蔡正华等报道其准确率达 100%。

2.尿液碘化检查法

在母猪配种 10 天以后，取其清晨第一次排出的尿放于烧杯中，加入 5% 碘酊 1 毫升，摇匀、加热、煮开，若尿液变为红色，即为已怀孕；如为浅黄色或褐绿色说明未孕。本法操作简单，据农丁报道，准确率达 98%。

（四）血小板计数法

文献报道，血小板显著减少是早孕的一种生理反应，根据血小板是否显著减少就可对配种后数小时至数天内的母畜作出超早期妊娠诊断。该方法具有时间早、操作简单、准确率高等优点。尤其是为胚胎附植前的妊娠诊断开辟了新的途径，易于在生产实践中推广和应用。

在母猪配种当天和配种后第 1~11 天从耳缘静脉采血 20 微升置于盛有 0.4 毫升血小板稀释液的试管内，轻轻摇匀，待红细胞完全破坏后再用吸管吸取一滴充入血细胞计数室内，静置 15 分钟后，在高倍镜下进行血小板计数。配种后第 7 天是进行超早期妊娠诊断的最佳血检时间，此时血小板数降到最低点（250 ± 91.13）$\times 10^3$/毫米^3。试验母猪经过 2 个月后进行实际妊娠诊断，判定与血小板计数法诊断的妊娠符合率为 92.59%，未妊娠符合率 83.33%，总符合率 93.33%。

该方法有时间早、准确率高等优点。

（五）其他方法

1.公猪试情法

配种后 18~24 天，用性欲旺盛的成年公猪试情，若母猪拒绝公猪接近，并在公猪 2 次试情后 3~4 天始终不发情，可初步确定为妊娠。

2.阴道检查法

配种 10 天后，如阴道颜色苍白，并附有浓稠黏液，触之涩而不润，说明已经妊娠。也可观看外阴户，母猪配种后如阴户下联合处逐渐收缩紧闭，且明显地向上翘，说明已经妊娠。

3.直肠检查法

要求为大型的经产母猪。操作者把手伸入直肠，掏出粪便，触摸子宫，妊娠子宫内有羊水，子宫动脉搏动有力，而未妊娠子宫内无羊水，弹性差，子宫动脉搏动很弱，很容易判断是否妊娠。但该法操作者体力消耗大，又必须是大型经产母猪，所以生产中较少采用。

除上述方法外，还有血或乳中孕酮测定法、EPF 检测法、红细胞凝集法、掐压腰背部法和子宫颈黏液涂片检查等。母猪早期妊娠诊断方法有很多，它们各有利弊，临床应用时应根据实际情况选用。

四、妊娠母猪返情的处置

繁殖母猪发情期进行配种后没有怀孕的现象称为返情。返情率的增加，会导致配种分娩率降低，从而影响养殖户的经济效益。

（一）母猪返情的原因

1. 受精失败

（1）不能做到适时配种。一般来说，断奶母猪出现发情时间越早，发情持续时间越长，排卵时间越迟。相反，断奶母猪出现发情时间越迟，发情持续时间越短，排卵时间越早。所以，对于断奶母猪在一周内出现发情的，查情发现静立反射的要推迟 12 小时输精更为合理，对于断奶后一周以上的经产母猪、后备母猪，查情发现静立反射的可立即输精。

（2）配种员技术不熟练。配种技术人员经验不丰富，查情查孕不准，最佳输精时机的掌握欠佳，造成受孕失败，母猪返情。配种过程不仅是一个简单的输精过程，还包括发情鉴定、输精时机判断、母猪稳定情况评定等。输精过程还包括配种前栏舍、母猪外阴的清洗消毒、输精管的插入方式、子宫颈对输精管锁紧程度及判断的输精速度的把握等环节。

（3）精液品质不良。精液品质好坏是影响受胎率的主要因素之一。没有品质优良的精液，要想提高母猪的受胎率是不现实的。对精液的品质进行物理性状（精液量、颜色、气味、精子密度、活力、畸形率等）检查，确保精液质量合格。

（4）卫生环境不好。母猪经配种圈转至限位栏，环境发生变化，对于初产母猪产生很大的应激，加之初产母猪体型较小，而限位栏本身尺寸要宽些，猪只经常在圈舍中发生翻越、爬跨和调头现象，在剧烈的运动应激下，会使母猪的肾上腺素分泌亢进，这类激素可能会导致早期胚胎死亡，造成母猪重新发情。

2. 胚胎着床失败

（1）气温过高。高温对配种后母猪的影响同样不能忽视。夏季母猪的返情数量明显偏高。究其原因母猪在热应激条件下表现为卵巢机能减退，受胎率下降，甚至早期流产返情。

（2）管理性应激。配种后母猪的饲养管理水平也是引起返情的重要因素。咬架、转栏、运输等应激因素可影响到母猪的内分泌状态，咬架时，会使母猪的肾上腺素分泌亢进，而导致胚胎死亡。

（3）母猪患繁殖障碍性疾病。猪蓝耳病、伪狂犬病、细小病毒病等会直接或间接地影响母猪的受胎率，导致返情发生。这些疾病的病原可以直接侵犯母猪的生殖系统，导致用于分泌维持妊娠的生殖激素分泌紊乱，导致妊娠的终止。配种后在胚胎的着床期感染这些疾病，就能导致受胎失败，出现返情。

（二）处置

为减少母猪返情率，常见措施有以下几点。

1. 提供合格的精液

对精液的品质进行物理性状（精液量、颜色、气味、精子密度、活力、畸形率等）检查，确保精液质量合格。同时，在高温季节到来前调整好防暑降温设备及采取向饮水中添加抗应激药、营养药等措施，以减少热应激对公猪精液品质的影响。

2. 提高配种技术

经常培训技术人员以提高发情签定、输精时机判断、母猪稳定情况评定、输精等技术。

3. 做好猪舍环境卫生

每天清扫猪舍，减少病原微生物的滋生环境，并定期消毒，保证猪舍环境干净卫生。

4. 做好种母猪预防保健管理，减少母畜繁殖障碍疾病

为保证母猪有一个健康的体况，必须做好母猪的预防保健工作。尤其做好猪瘟疫苗、猪繁殖与呼吸综合征、猪伪狂犬病、猪细小病毒病等会直接或间接地影响母猪怀胎的疾病的预防接种。减少细菌感染机会，特别是人工助产、人工授精、产后护理过程中，严格消毒，动作舒缓。一旦发现母猪子宫炎症，应及时治疗。

5. 提高饲料质量，合理调配母猪配种期营养水平

保证母猪的饲料质量，保证母猪有一个健康适宜的体况，以利发情配种。配种前后一段时间，尤其是配种后母猪的营养水平的掌握是保证母猪受胎和产仔多少的关键因素。一般配种前一天到配种后的一个月内是禁止高能饲料饲喂的阶段，因为过高的营养摄入将会导致受精卵的死亡、着床失败。适当补充青绿饲料，加入电解多维，以补充维生素的不足。在怀孕后期40天内提高营养水平，

保证胎儿健康生长。

五、妊娠母猪的营养需要

为实现妊娠期母猪的饲养目标，应根据胚胎生长发育规律、母猪乳腺发育和养分储备的需要，进行合理的限制饲养，建议将妊娠期分为妊娠前期、妊娠中期和妊娠后期，精确地控制母猪的体增重，并保证胎儿的生长发育，这样既可节约生产成本，又不影响母猪最高繁殖效率的实现。

妊娠的不同阶段母猪的营养需要也不同。

（一）妊娠前期（配种后的 30 天以内）

这个阶段胚胎几乎不需要额外营养，但有两个死亡高峰，饲料饲喂量相对应少，质量要求高，一般喂给 1.5~2.0 千克的妊娠母猪料，饲粮营养水平为：消化能 2 950~3 000 千卡/千克，粗蛋白 14%~15%，青粗饲料给量不可过高，不可喂发霉变质和有毒的饲料。

（二）妊娠中期（妊娠的第 31~84 天）

喂给 1.8~2.5 千克妊娠母猪料，具体喂料量以母猪体况决定，可以大量喂食青绿多汁饲料，但一定要给母猪吃饱，防止便秘。严防给料过多，导致母猪肥胖。

（三）妊娠后期（临产前 30 天）

这一阶段胎儿发育迅速，同时又要为哺乳期蓄积养分，母猪营养需要高，可以供给 2.5~3.0 千克的哺乳母猪料。此阶段应相对地减少青绿多汁饲料或青贮料。在产前 5~7 天要逐渐减少饲料喂量，直到产仔当天停喂饲料。哺乳母猪料营养水平：消化能 3 050~3 150 千卡/千克，粗蛋白 16%~17%。

六、妊娠母猪的饲养方式

在饲养过程中，因母猪的年龄、发育、体况不同，就有许多不同的饲养方式。但无论采取何种饲养方式都必须看膘投料，妊娠母猪应有中等膘情，经产母猪产前应达到七八成膘情。初产母猪要有八成膘情。根据母猪的膘情和生理特点来确定喂料量。

（一）抓两头带中间饲养法

适用于断奶后膘情较差的经产母猪和哺乳期长的母猪。在农村由于饲料营养水平低，加上地方品种母猪泌乳性能好、带仔多，母猪体况较差故选用此法。在整个妊娠期形成一个"高—低—高"的营养水平。

（二）步步高饲养法

适用于初配母猪。配种时母猪还在生长发育，营养需要量较大，所以整个妊娠期间的营养水平都要逐渐增加，到产前一个月达到高峰。其途径有提高饲料营养浓度和增加饲喂量，主要是以提高蛋白质和矿物质为主。

（三）前粗后精法

即前低后高法，此法适用于配种前膘情较好的经产母猪，通常为营养水平较好的提早断奶母猪。

（四）"一贯式"饲养法

母猪妊娠期合成代谢能力增强，营养利用率提高这些生理特征，在保持饲料营养全面的同时，采取全程饲料供给"一贯式"的饲养方式。值得注意的是，在饲料配制时，要调制好饲料营养，不过高，也不能过低。

应当注意的是，妊娠母猪的饲料必须保证质量，凡是发霉、变质、冰冻、带有毒性及强烈刺激性的饲料（如酒糟，棉籽饼）均不能用来饲喂妊娠母猪，否则容易引起流产；饲喂的时间、次数要有规律性，即定时定量，每日饲喂 2~3 次为宜；饲料不能频繁更换和突然改变，否则易引起消化机能的不适应；日粮必须要有营养全面、多样化且适口性好，妊娠 3 个月后应该限制青粗饲料的供给量，否则容易压迫胎儿引起流产。

七、妊娠母猪的高效管理

妊娠母猪管理的中心任务是做好保胎工作，促进胎儿的正常生长发育，防止流产、化胎和死胎。因此，在生产中应注意以下几方面的管理工作。

1.单栏饲养

母猪在配种舍混合饲养时，配种后应立即单栏饲养，防止其他发情母猪爬跨、惊扰、打架等影响母猪的受胎和胚胎着床。同时单栏饲养有利于定时定量饲喂。

2. 准确记录档案

母猪配种后档案应及时准确记录，随猪对应，并悬挂于显眼的位置。

3. 有序排列

根据配种时间不同，将同期配种母猪相对集中、有序排列，便于饲养管理和饲喂管理。

4. 喂料前检查

每天喂料和清理卫生前，要耐心检查母猪有无排粪、粪便形态，地面有无胚胎等母猪排出的异物，阴户有无变化、有无发情征状和子宫炎，以及母猪的精神面貌等各种情况，做好记号和记录。

5. 充足饮水

认真检查饮水器有无水、水流速度是否正常。没有安装饮水器的猪栏，在喂料前先给水，母猪采食饲料后及时给予充足的饮水，以满足其长时间对水的需求。

6. 定时、快速饲喂

喂料前的饲料准备等工作要做好。一旦开始喂料时动作要熟练、迅速，用可定量的勺、以最快的速度让每一头母猪先有料吃，最好料量能基本相同，让其安静下来，然后再根据不同的体况和怀孕时间添加核定的饲料量，以降低应激。

7. 喂料后检查

检查母猪的吃料情况和精神面貌，对不吃料、少吃料的怀孕母猪做好记号和记录，并通报技术人员。

8. 注意环境卫生

在母猪吃料后相对安静时要及时清理猪粪，并同时观察粪便的软硬度。做好圈舍的清洁卫生，保持圈舍空气新鲜。冲洗猪栏时，注意保持母猪睡觉位置或定位栏的前部干燥。每月定期进行带猪消毒2次，做好用复合有机碘制剂或复合醛制剂。

9. 防暑降温、防寒保暖

环境温度影响胚胎的发育，特别是高温季节，胚胎死亡率会增加。因此要注意保持圈舍适宜的环境温度，不过热过冷，做好夏季防暑降温、冬季防寒保暖工作。夏季降温的措施一般有洒水、洗浴、搭凉棚、通风等。标准化猪场要充分利用湿帘降温。冬季可采取增加垫草、地坑、挡风等防寒保暖措施，防止母猪感冒发热造成胚胎死亡或流产。

10. 做好驱虫、灭虱工作

猪的蛔虫、猪虱等内外寄生虫会严重影响猪的消化吸收、身体健康并传播疾病，且容易传染给仔猪。按照常规驱虫程序每年驱虫 3 次，寄生虫感染较严重的猪场，可以在产前 3 周加强一次，禁用可诱发流产的驱虫药，如左旋咪唑、敌百虫，可用毒性较低的广谱驱虫药阿维菌素、伊维菌素等。

11. 适当运动

妊娠母猪要给予适当的运动。妊娠的第一个月以恢复母猪体力为主，要使母猪吃好、睡好、少运动。此后，应让母猪有充分的运动，一般每天运动 1~2 小时。妊娠中后期应减少运动量，或让母猪自由活动，临产前 5~7 天应停止运动。

12. 有效防控疾病

根据本场的免疫程序和季节性流行疾病进行规范的免疫注射。防疫注射时应注意减少注射过程和疫苗对母猪的刺激和应激，避免造成流产。在例行检查时，如果发现怀孕母猪返情、流产、便秘等各种情况，必须认真分析、准确快速诊断，及时采取有效的技术措施。

八、妊娠母猪的环境控制

（一）妊娠母猪猪舍设施建设

猪舍设施建设不当或损坏，会对母猪造成伤害。在猪舍设施建设时，必须注意如下问题。

1. 料槽设置不当，造成母猪采食困难

妊娠母猪饲养在定位栏时，如料槽的采食空间与母猪头部的尺寸不相匹配，采食空间不足，会造成母猪采食困难，致使母猪长期跪着采食，损失蹄部和脸部，伤害母猪健康。

2. 定位栏设计安装的细节处理不当，对母猪造成伤害

定位栏设计安装不当主要表现为焊点裸露、突出、尖锐，对母猪肌体造成伤害；定位栏隔栅尺寸设计不科学，致母猪转头时卡住头部，或定位架近地面的横杆与地面之间距离过大，致母猪睡卧时卡住头部，如果发现不及时，很容易造成怀孕母猪死亡；固定定位栏的横杆高度不够，致使母猪背部损伤。

3. 定位栏的地面选材或建设不当，对母猪造成伤害

定位栏地面为水泥地面，无漏缝，尿液或冲水致使地面潮湿，可导致母猪的蹄壳角质长期潮湿而变软，极易损伤。定位栏的地面用水泥或铸铁等材料制成的

漏缝板，两片板之间的衔接间距过大或衔接不牢固，常致使母猪的脚踩入空隙而损伤。定位栏地面漏缝使用钢筋的，由于钢筋呈圆形状与母猪蹄部接触面小，单位面积受力大，妊娠母猪站立困难，有的在粪尿的作用下，容易打滑，严重的会造成后腿拉伤。

（二）妊娠母猪舍的通风降温

1. 风扇通风

风扇通风的方式大体有两种，即在猪舍顶部安装吊扇和在猪舍的侧墙安装可旋转的风扇。这种通风方式可以促进舍内空气流动，让猪有舒适感，但不能起到降温的作用；而且随着吊扇的旋转，还会把屋面的辐射热传送给猪体，反而会造成妊娠母猪的热应激。因此，应用吊扇通风降温时应同时向屋面浇水（喷水）降温；或在屋面铺上一层厚厚的芦苇、稻草等隔热层，然后再浇水降温；或在猪舍吊顶增加隔热层。否则，不推荐使用这种通风降温方式。

2. 横向正压通风

在猪舍内部与猪体接近的位置安装若干大型风机同向送风，或者在猪舍两端安装风机向舍内送风，使猪舍内的空气压力略高于舍外的平均空气压力，以提高舍内空气的流速，这种方式比风扇降温效果好。如果能够结合舍内喷雾和滴水降温措施，效果会更好。

3. 负压通风

在密闭猪舍的一端安装与猪舍面积所需的通风量相匹配的风机，在猪舍的另一端设进风口。当开动风机时，猪舍内的空气压力低于舍外空气压力，空气会以高速沿猪舍长轴风向流动，犹如气流穿过隧道一样。当这种气流穿越猪舍长轴方向时，会带走舍内热量、湿气、粉尘和污染物，从而达到降温的目的。同样，如果结合舍内喷雾和滴水降温效果会更好。

4. 湿帘 - 风机降温系统

由湿帘、风机、循环水路和控制装置组成。在猪舍靠夏季主风向的一端安装湿帘及配套的水循环系统，另一端安装轴流风机，整个猪舍密闭，除湿帘外不应有其他进风口。湿帘的面积、轴流风机的功率应根据猪舍空间大小，由专业人员计算设计，以达到最佳的通风降温效果。通常情况下，使用湿帘 - 风机降温系统可使舍内温度降低 3~7℃。

这一通风系统在为猪舍提供降温的同时，还会通过湿帘的过滤作用净化空气。但应注意保护靠近湿帘的妊娠母猪，要用挡板或麻袋固定在栏架上，以避免长时间相对较大湿度、高速冷风吹在母猪身上会造成伤害。这在哺乳母猪舍和仔猪舍时更为重要。

（三）妊娠母猪舍的光照管理

妊娠期延长光照时间，能够促进孕酮分泌，增强子宫功能，有利于胚胎的发育，减少胚胎死亡，增加产仔数。据报道，妊娠期持续光照，受胎率提高10.7%，产仔数增加0.8头。妊娠90天开始，执行每天16小时光照、8小时黑暗的光照制度，比每天8小时光照、16小时黑暗的光照制度，仔猪出生重平均可增加120克。

一般地，妊娠母猪的光照推荐使用14~16小时光照、8~10小时黑暗的光照制度，光照强度以250~300勒克斯为好。

第四节　分娩及哺乳母猪高效饲养管理

分娩及哺乳母猪的饲养目标是最大限度地提高初生仔猪的成活率、断奶窝重，提高母猪采食量，减少哺乳母猪损伤，保持母猪良好的体况，从而缩短断奶发情间隔，提高母猪利用率，确保母猪良好的健康水平。

一、预产期推算

母猪从交配受孕日期至开始分娩，妊娠期一般在108~123天，平均大约114天。一般本地母猪妊娠期短，引进品种较长。正确推算母猪预产期，做好接产准备工作，对生产很重要。常用推算母猪预产期的简便易记的方法有三个。

1. 推算法

此法是常用的推算方法，从母猪交配受孕的月数和日数加3月3周零3天，即3个月为30天，3周为21天，另加3天，正好是114天，即是妊娠母猪的预产大约日期。例如配种期为12月20日，12月加3个月，20日加3周21天，再加3天，则母猪分娩日期在4月14日前后。

2. 月减8，日减7推算法

即从母猪交配受孕的月份减8，交配受孕日期减7，不分大月、小月、平月，平均每月按30日计算，答数即是母猪妊娠的大约分娩日期。用此法也较简便易记。例如，配种期12月20日，12月减8个月为4月，再把配种日期20日减7是13日，所以母猪分娩日期大约在4月13日。

3. 月加 4，日减 8 推算法

即从母猪交配受孕后的月份加 4，交配受孕日期减 8。其得出的数，就是母猪的大致预产日期。用这种方法推算月加 4，不分大月、小月和平月，但日减 8 要按大月、小月和平月计算。用此推算法要比以上推算法更为简便，可用于推算大群母猪的预产期。例如配种日期 12 月 20 日，12 月加 4 为 4 月，20 日减 8 为 12，即母猪的妊娠日期大致在 4 月 12 日。

使用上述推算法时，如月不够减，可借 1 年（即 12 个月），日不够减可借 1 个月（按 30 天计算）；如超过 30 天进 1 个月，超过 12 个月进 1 年。

二、转栏与分娩前高效管理

（一）转栏和分娩前准备

1. 转栏前的准备

妊娠母猪转栏前，首先要核对配种记录，做好预产期预告。同时，检查母猪分娩记录卡和种猪终身免疫登记卡等档案卡片，待转栏时随猪一并带走。

2. 产房准备

根据推算的母猪预产期，在母猪分娩前 5~10 天准备好产房（分娩舍）。产房要保温，舍内温度最好控制在 15~18℃。寒冷季节舍内温度较低时，应有采暖设备（暖气、火炉等），同时应配备仔猪的保温装置（护仔箱等）。应提前将垫草放入舍内，使其温度与舍温相同，要求垫草干燥、柔软、清洁、长短适中（10~15 厘米）。炎热季节应防暑降温和通风，若温度过高，通风不好，对母猪、仔猪均不利。舍内相对湿度最好控制在 65%~75%，若舍内潮湿，应注意通风，但在冬季应注意通风造成舍内温度的降低。母猪进入分娩舍前，要进行彻底的清扫、冲洗、消毒工作，清除过道、猪栏、运动场等的粪便、污物，地面、圈栏、用具等用 2% 火碱溶液刷洗消毒。然后用清水冲洗、晾干，墙壁、天棚等用石灰乳粉刷消毒，对于发生过仔猪下痢等疾病的猪栏更应彻底消毒。

3. 转栏与母猪清洁消毒

在母猪转入产房前，应对猪体进行清洁或沐浴，先用水冲洗蹄部，再冲洗后躯和下腹部，以清除猪体尤其是腹部、乳房、阴户周围的污物，并用高锰酸钾、复合有机碘或复合醛制剂等擦洗消毒，以免带菌进入产房。冲水时应轻轻刷拭并及时抹干，禁止使用高压水枪对母猪进行刷拭。

为使母猪适应新的环境，应在产前 3~5 天，选择晴暖天气，早晨空腹前将

母猪转入产房。转栏过程中，动作要轻柔，不准敲打，不准急追猛赶，避免猪只打斗。若进产房过晚，母猪会因环境的急剧变化而精神紧张，影响正常分娩，还会引发产后无乳综合征。

待产母猪转入产房后，要按照预产期的先后顺序排列，固定饲养员精心照料，定时挠挠猪的颈背，轻揉、按摩乳房，甚至同母猪"聊天"，建立起亲密的关系。刚转进产房的母猪可不必立即饲喂甚至喂得过饱，可少量多餐，逐步过渡到自由采食。

4.准备分娩用具

应准备好必要的药品、洁净的毛巾或拭布、剪刀、5%碘酊、高锰酸钾溶液、凡士林油，称仔猪的秤及耳刺钳、分娩记录卡等。

（二）精心照料待产母猪

1.控制喂料量

如果母猪膘情好，乳房膨大明显，则产前1周应逐渐减少喂料量，至产前1~2天减去日粮的一半；并要减少粗料、槽渣等大容积饲料，以免压迫胎儿，或引起产前母猪便秘影响分娩。发现临产症状时停止喂料，只要豆饼麸皮汤。如母猪膘情较差，乳房干瘪，则不但不应减料，还要加喂豆饼等蛋白质催乳饲料，防止母猪产后无奶。

2.更换饲料

母猪产前10~15天，逐渐改喂哺乳期饲粮，防止产后突然变料引起消化不良和仔猪下痢。

3.适量运动

产前1周应停止远距离运动，改为在猪舍附近或运动场自由活动，避免因激烈追赶、挤撞而引起的流产或死胎。

4.调入产房

临产前3~5天将母猪迁入产房，使它熟悉和习惯新环境，避免临产前激烈折腾造成胎儿临产窒息死亡。但也不要过早地将母猪迁入产房，以免污染产圈和降低母猪体力。

5.加强观察

母猪分娩前1周即应随时注意观察母猪动态，加强护理，防止提前产仔、无人接产等意外事故。

6. 去除体外寄生虫

如发现母猪身上有虱或疥癣，要用 2% 敌百虫溶液喷雾灭除，以免分娩后传给仔猪。

三、产房内的高效管理

（一）产房内卫生与消毒管理

1. 母猪进产房

母猪和仔猪转走后用清洗机对圈舍进行彻底清洗，包括圈、栏杆、保温箱、料槽、水管、地、墙、窗户、记录牌等，栏杆、料槽、水管要用刷子进行擦洗，设置专人进行监督检查。基本程序是：仔猪转出—清洗合格—圈舍干燥—密封消毒—敞开通风—密封消毒—通风—母猪转入，圈舍清洗完后，空栏到转猪至少 1 周左右。很多病原体都是由母猪带入产房的，因而在母猪进产房前要进行洗澡，在妊娠舍和产房的通道建洗澡装置，夏天凉水，冬天温水，用水管或喷头冲洗，毛刷刷污垢，冬天用毛巾擦干。虽然这样需要较大的人力和资源投入，但和疾病损失比起来是一种成本节约。

2. 人员进出产房

产房建设是前后两门对流，窗户通风，但人员只能从同一个门进出。舍内舍外的消毒设施要方便、实用，利于实施。最简单又实用的就是在舍外安一水龙头，可洗手、洗工具，在进门处的墙上安一洗手消毒盆，在下面放一脚消毒盆或消毒脚垫，每天更换一次，进出手脚消毒，进舍必须穿专用工作服，外来人员严禁进入产房。

3. 物品进产房

除日常的使用工具和疫苗外，所有的物品进产房前必须进行严格消毒，像保温板和其铺垫物（麻袋）、称重的秤、药品、饲料等都要在大门处进行熏蒸后才能使用，日常使用的工具使用后都要进行清洗。粪车拉粪后要进行彻底清洗，在舍外进行喷雾消毒后才能进舍。

4. 料槽卫生

无论是母猪还是仔猪，每喂一次都要把上次料槽内的剩余料清理干净，以防饲料变质引起仔猪拉稀，仔猪料槽内如有粪尿要随时清理，以防仔猪吃被污染的饲料引起拉稀等。

5. 圈舍卫生

及时清扫产房内的粪尿，以防发酵产生氨气等有毒害气体，圈舍卫生是影响仔猪健康和成活率的关键。同时保证好圈舍内温度，处理好通风与保温的矛盾。在保证温度的情况下加强通风。通道要随时清扫，舍内保持清洁干净、干燥。

（二）产房内温度管理

温度和采食量的关系很重要。空气的流速是影响猪舒适度的主要因素，当温度足够时，猪栏内的气流能使小猪发生寒抖，也是造成 10~14 日龄猪下痢的主要原因。刚出生的 24 小时，仔猪喜欢躺卧在母猪的乳头附近睡觉，然后它们才会学会找温暖的地方并转移过去，所以要在母猪附近放置保温垫，但保温垫不能太过靠近母猪，仔猪很容易被母猪压到。夏天高温天气，仔猪喜欢躺卧相对凉快的地方，不舒服或者过热过潮湿的地方便成了其大小便的地方。

1. 分娩时保温方案

刚出生的 20~30 分钟是最关键的时候，最好是在母猪后方安装保温灯，以免分娩时温度过低，同时乳头附近的上方也需要保温灯和大量的纸屑，母猪后方没有开始分娩前不放置纸屑，可以先放置在后边的两侧，以免粪尿将其污染。

尽量保持舍内恒温，需要变化温度时一定缓和进行，切忌温度骤变。在保温箱中加红外线灯等保温设备，给乳猪创造一个局部温暖环境。母猪进入产房未分娩时舍内保持 20℃；母猪分娩当周保持舍内 25℃，保温箱内 35℃；仔猪 2 周龄保持舍内 23℃，保温箱内 32℃；仔猪 3 周龄保持舍内 21℃、保温箱内 28℃；仔猪 4 周龄保持舍内 20℃、保温箱内 26℃。推荐的最佳温度见表 6-5。

表 6-5　仔猪和母猪的最佳参考温度　　　　　　　　　　　（℃）

猪类别	年龄	最佳温度	推荐的适宜温度
仔猪	初生几小时	34~35	32
	1 周内	32~35	1~3 日龄 30~32 4~7 日龄 28~30
	2 周	27~29	25~28
	3~4 周	25~27	24~26
母猪	后备及妊娠母猪	18~21	18~21
	分娩后 1~3 天	24~25	24~25
	分娩后 4~10 天	21~22	24~25
	分娩 10 天后	20	21~23

因为仔猪在子宫里的温度是39℃，所以要保证初生猪的实感温度是37℃。在此要强调的是实感温度，所以如果温度计实测温度是37℃，加上其他保温工具，可能要高于37℃。不同垫料的实感温度大致是：木屑（5℃）、纸屑（4℃）、稻草（2℃）、锯末（0~1℃）、水泥地板（0~1℃），所以实感温度可以由室温（22℃）、保温灯＋保温垫（10℃）、塑料地板（1℃）、纸屑（4℃）组成，实感温度等于37℃。

2. 保温灯的放置

分娩前一天，室温保持18~22℃；分娩区准备，打开保温灯；分娩时，打开后方保温灯；分娩结束，将后方保温灯关闭；分娩后1~2天，移除后方保温灯。

3. 第一天温度管理

大多数农场只有一个保温灯，母猪有时候左侧卧、有时右侧卧，所以在出生前几个小时仔猪只有50%的保温时间，而这段时间是仔猪保温关键时间。出生24小时保温灯最好置于保温垫对面，让仔猪无论在哪一边都有热源保障。

4. 2~3日龄保温方案

这时候的仔猪已经可以自己找到舒适的地方，对低温不会太过敏感，这时候可以撤掉保温垫对面的保温灯，也可以选择两个产床共用一个保温灯，直至仔猪1周龄。

5. 光源管理

光也会让母猪感觉不舒服，可以用块挡板来给母猪遮挡光源。光线太强的地方仔猪也不喜欢待，但猪对光敏感，喜欢红色，所以可以考虑红色光线的保温灯。

6. 如何判断产房温度过高

（1）母猪的表现。①母猪试图玩水；②频繁转身改变体位或者过多饮水时。

（2）躺卧姿势。①胸部着地不是侧卧，检查地面是否过湿；②乳房炎多发，甚至分娩前就发现。

注意：有的认为产房内有了保温灯、保温箱等保温设施便万事大吉，但要根据仔猪实际休息状态和睡姿来判断温度是否合适，如小猪扎堆、跪卧、蜷卧便是温度过低，小猪四肢摊开侧卧排排睡才是正常温度，但要注意过于分散的四肢摊开侧卧睡姿有可能是温度过高。

（三）产房内湿度控制

保持产房内干燥、通风。因高温高湿、低温高湿都有利于病原体繁殖，诱发乳猪下痢等疾病。高温高湿可用负压通风去湿，低温高湿可用暖风机控制湿度。相对湿度保持在 65%~70% 为宜。

每批哺乳结束后，要彻底清洁和消毒分娩栏。扫去猪粪、垫料和残留的饲料。在水中加入表面活性剂浸泡分娩栏数小时，然后清洗干净这些泡软的残留物，让分娩栏彻底干燥。如果还残留着有机物，消毒剂就无法正常发挥作用。

任何猪场永远不要指望通过过量使用消毒剂来弥补清扫不干净的问题。对猪舍内部消毒，然后让分娩栏内的一切物品干燥。彻底干燥可以杀死许多病毒（如蓝耳病病毒）。

（四）空气质量控制

要求猪舍空气新鲜，少氨味、异味。有害气体（二氧化碳、氨气、硫化氢等）浓度过高时，会降低猪本身的免疫力，影响猪的正常生长，长时间有害气体加上猪舍中的尘埃，容易使猪感染呼吸道及消化道疾病。要减少猪舍内有害气体，首先要及时将粪尿清除，其次用风机换气。

（五）噪声控制

母猪分娩前后保持舍内安静，可避免母猪突然性起卧压死乳猪，同时有利于顺产。国外资料介绍，噪声性的应激可诱发应激综合征和伪狂犬疾病发生。

另外，要做好产房夏季降温与除湿，冬季保温与通风的协调兼顾。

四、母猪的分娩过程管理

（一）母猪临产征兆

母猪临产前在生理上和行为上都发生一系列变化，掌握这些变化规律既可防止漏产，又可合理安排时间。

在母猪分娩前 3 周，母猪腹部急剧膨大而下垂，乳房亦迅速发育，从后至前依次逐渐膨胀。至产前 3 天左右，乳房潮红加深，两侧乳头膨胀而外张，呈八字排开。猪乳房动、静脉分布多，产前 3 天左右，用手挤压，可以在中部两对乳头挤出少量清亮液体；产前 1 天，可以挤出 1~2 滴初乳；母猪生产前半天，可以从前部乳头挤出 1~2 滴初乳。如果能从后部乳头挤出 1~2 滴初乳，能在中、前部乳头挤出更多的初乳，则表示在 6 个小时左右即将分娩。等最后一对奶头能挤出呈线状的奶，为即将产仔。

母猪分娩前 3~5 天，母猪外阴部开始发生变化，其阴唇逐渐柔软、肿胀增大，皱褶逐渐消失，阴户充血而发红，与此同时，骨盆韧带松弛变软，有的母猪尾根两侧塌陷。在母猪临产前，子宫栓塞软化，从阴道流出。在行为上母猪表现出不安静，时起时卧，在圈内来回走动，但其行动缓慢谨慎，待到出现衔草做窝、起卧频繁、频频排尿等行为时，分娩即将在数小时内发生。

母猪临产前 10~90 分钟，躺下、四肢伸直、阵缩间隔时间逐渐缩短；临产前 6~12 小时，常出现衔草做窝，无草可叼窝时，也会用嘴拱地，前蹄扒地呈做窝状，母猪紧张不安，时起时卧，突然停食，频频排粪尿，且短、软、量少，当阴部流出稀薄的带血黏液时，说明母猪已"破水"，即将在 10~20 分钟产仔。在生产实践中，常以母猪叼草做窝，最后一对乳头挤出浓稠的乳汁并呈线状射出作为判断母猪即将产仔的主要征状。

母猪的临产征兆与产仔时间见表 6-6。

表 6-6　母猪临产征兆与产仔时间

产前表现	距产仔时间
乳房潮红加深，两侧乳头膨胀而外张，呈"八"字排开	3 天左右
阴户红肿，尾根两侧下陷（塌胯）	3~5 天
挤出乳汁（乳汁透亮）	1~2 天（从前排乳头开始）
衔草做窝	6~12 小时
能从后部乳头挤出 1~2 滴初乳，中、前部乳头挤出更多的初乳	6 小时
能在最后一对奶头挤出呈线状的奶	临产
躺下、四肢伸直、阵缩间隔时间逐渐缩短	10~90 分钟
阴户流出稀薄的带血黏液	1~20 分钟

（二）分娩过程

临近分娩前，肌肉的伸缩性蛋白质即肌动球蛋白，开始增加数量和改进质量，使子宫能够提供排出胎儿所必需的能量和蛋白质。准备阶段以子宫颈的扩张和子宫纵肌及环肌的节律性收缩为特征。由于这些收缩的开始，迫使胎内羊水液和胎膜推向已松弛的子宫颈，促进子宫颈扩张。在准备阶段初期，以每 15 分钟周期性地发生收缩，每次持续约 20 秒钟，随着时间的推移，收缩频率、强度和持续时间增加，一直到以每隔几分钟重复地收缩。这时任何异常的刺激都会造成分娩的抑制，从而延缓或阻碍分娩。在此阶段结束时，由于子宫颈扩张而使子宫和阴道成为相连续的管道。

膨大的羊膜同胎儿头和四肢部分被迫进入骨盆入口，这时引起横膈膜和腹肌的反射性及随意性收缩，在羊膜里的胎儿即通过阴门。猪的胎盘与子宫的结合是属弥散性的，在准备阶段开始后不久，大部分胎盘与子宫的联系就被破坏而脱离。如果在排出胎儿阶段，胎盘与子宫的联系仍然不能很快脱离，胎儿就会因窒息而死亡。胎盘的排出与子宫收缩有关。由于子宫角顶部开始的蠕动性收缩引起尿囊绒毛膜的内翻，有助于胎盘的排出。在胎儿排出后，母猪即安静下来，在子宫主动收缩下使胎衣排出。一般正常的分娩间歇时间为 5~25 分钟（大部分间隔15 分钟），分娩持续时间依胎儿多少而有所不同，一般为 1~4 小时。在仔猪全部产出后 10~30 分钟胎衣全部排出。胎儿和胎盘排出以后，子宫恢复到正常未妊娠时的大小，这个过程称为子宫复原。在产后几星期内子宫的收缩更为频繁，这些收缩的作用是缩短已延伸的子宫肌细胞。大致在 45 天以后，子宫恢复到正常大小，而且替换子宫上皮。

产仔间隔时间越长，缺氧的危害越大，仔猪就越不健壮，早期死亡的危险性就越大。仔猪出生间隔时间可以反映分娩是否出现问题：如果母猪比较安静，产仔间隔几分钟，说明产仔过程正常；如果产仔间隔在 45 分钟以上，甚至达到 1 个小时，即可判断为不正常，必须采取人工干预措施，进行人工助产或药物催产。

（三）接产

接产员最好由饲养该母猪的饲养员担任。

1. 接产要求

（1）产房必须安静，不得大声吵嚷和喧哗，以免惊扰母猪正常分娩。

（2）接产动作要求稳、准、轻、快。

2. 接产的高效管理

对正常分娩的母猪，接产的精细化管理主要包括以下内容。

（1）准备好物品。一头母猪准备三桶水（一桶温热清水、两桶温热消毒液），三条毛巾（一条用于清洗、一条擦干母猪、一条擦干仔猪）。母猪下腹部要进行清洗，特别是乳房、乳头要彻底清洗，用消毒液擦洗消毒。母猪臀部也要清洗干净，特别是阴户周围要彻底清洗、消毒。消毒溶液可以用 3% 来苏儿溶液或

0.1% 的高锰酸钾溶液。另外还要准备好其他用具，如盆子、剪刀、碘酒、剪牙钳、耳号钳、断尾剪等，将消毒好的保温箱再擦一次，检查准备好消毒过的电热板、保温灯、麻袋（接产时放初生仔猪垫用）。

（2）母猪准备。① 母猪出现分娩征状后，要对外阴及其周围、腹部、乳头进行擦洗和消毒，同时用 40℃左右的温水浸泡已消毒的毛巾，清洗乳房。毛巾拧干后按摩乳房，每次 5~10 分钟，间隔一段时间后再按摩。这样，有利于母猪保持安静，促进分娩。② 挤掉每一个乳头中分泌的少量陈旧乳汁，保证仔猪一出生就能吃到新鲜的初乳。③ 从预期的分娩时间开始，在整个分娩过程中，母猪身边不可离人，由专人看管，最少每 2 小时检查 1 次母猪是否出现宫缩（后腿抬起），出现宫缩后每小时至少检查 1 次。一般的，宫缩到第一头仔猪娩出约需 2 个小时，如果在两次检查之间没有仔猪产出，应查看产道，看看是否是仔猪在产道内卡住了。检查时，应按摩母猪乳房，让母猪安静下来。

（3）接产。待母猪尾根上举时，则仔猪即将娩出。可人工辅助娩出。当看到仔猪头部露出产道时，应立即接产。仔猪出生后，先用清洁并已消毒的毛巾擦去口鼻中的黏液，使新生仔猪尽快用肺呼吸，然后再擦干全身。个别仔猪被包在胎膜中，应立即将胎膜撕开。为了减少仔猪离开母体后散热，可用密斯陀干粉保温剂涂擦仔猪全身。

接产人员的手要用消毒液清洗，用于擦干仔猪口鼻和全身黏液的毛巾，每接产一头仔猪都要进行清洗消毒后再使用，每桶消毒液根据清洁度进行更换，每接产一窝仔猪无论消毒液有多干净，都要更换消毒液；每一窝接产用的毛巾要专用，不能和其他同时接产的仔猪混用，用后要进行彻底清洗、干燥、熏蒸。

（4）断脐。仔猪出生后，脐带会自动脱离母体。若未脱离母体，不要硬扯，以防大出血。应先将脐带轻轻拉出，当仔猪脐带停止波动时，在距离仔猪腹壁 4~5 厘米处，用右手将脐带内的血液向仔猪腹部方向挤压，然后用力捏一会儿脐带，再用已消毒的拇指指甲将脐带掐断，这样其断口为不整齐断口，有利于止血。断端用 5% 碘酊消毒，并停留 3 秒以上。

（5）烤干。放入产仔箱内烤干。

（6）剪犬齿。新生仔猪已经有比较锐利的犬齿，为了减少吃奶时对乳头的损害，降低仔猪间争斗时对同窝仔猪的伤害，应在仔猪出生后即刻剪牙，剪掉出生时的 8 颗犬齿（上下左右各 2 颗），每次剪 1 颗。剪牙钳要锋利，用前要严格消毒，平行于牙床，尽量靠近牙齿根部剪断，尽量剪平，尽量避免将牙尖部拗断或因剪刀不利导致剪牙后产生更加锐利的棱角，对母猪乳头造成更大的伤害。用手摸剪过的部位，若还有刺手的感觉，需重新剪掉，直到平整不刺手为止。剪过的牙床处最好涂抹阿莫西林粉，防止感染。

使用剪牙钳剪牙，终究会给仔猪带来很大的痛苦和伤害，给仔猪带来很大应激，并有创口感染的风险。为此，推荐使用电动磨牙器。使用电动磨牙器把犬齿的尖端磨平、磨圆，使犬齿没有棱角和夹角，上下整齐，就能确保不再伤害母猪乳头。电动磨牙器速度可调，一般使用中速就可达到很好的磨牙效果。当然，使用磨牙器一定要将仔猪牙齿对准保护套上的卡槽，避免弄伤唇部。熟练操作后，一般用不到 10 秒钟就能磨好一头仔猪的犬齿，并大大降低因剪牙钳剪牙可能伤害牙龈的风险，同时降低了仔猪应激，提高生产效率。

（7）断尾。使用已消毒的断尾钳于猪尾骨 5 厘米处剪断尾巴，用 5% 碘酒消毒，或直接蘸高锰酸钾粉止血。断尾后要跟踪检查，及时发现断尾出血并及时止血。

正常情况下，新生仔猪断尾因伤口很小不会出很多血，但仍要防止出血过多。生产上推荐使用电热断尾钳：使用时，先接通电源，预热 5~10 分钟，这是断尾钳已经具有较高的热度，把尾巴放进钳口剪下，尾巴断端在钳口大片平面上烫一下，使创口快速结痂，既可止血，也可防止伤口感染。

需要指出的是，精细化健康养猪并不强调必须对仔猪进行剪牙和断尾，以最大限度地减少仔猪应激，特别是对健康状况较差的猪场。可根据本场的实际情况，自行决定是否对新生仔猪剪牙和断尾。

为了避免疾病传播、细菌感染，每剪一头猪的剪牙钳和断尾钳都要进行消毒，同一窝猪可以用酒精擦洗消毒，不同窝仔猪就要用消毒液进行浸泡消毒，断尾后还要用碘酒在断处进行消毒。

（8）吃足初乳，固定奶头。初乳内含有丰富的免疫球蛋白，能提供大量的母源抗体，能直接保护初生仔猪安全度过最危险的生后前 3 天。同时，初乳还富含能量，提供热量，提升仔猪活力，为后期均匀生长奠定基础。

必须确保初生的仔猪能在 0.5 小时内吃上初乳，6 小时内全部吃上并吃足初乳。具体操作方法是：把初生仔猪放在产仔箱中烤干后，直接送到母猪腹下，大部分健康仔猪会自行寻找母猪乳头并吃上初乳。对那些健康状况较差，不知道自己寻找乳头的仔猪，给予必要的人工辅助，使仔猪尽快吃上初乳。同时，要根据仔猪体重大小、体格强弱进行人工定位。将体重较小、体格较弱的仔猪放到中间靠前的乳头上，这里的乳汁相对比较充沛，这样可以提高同窝仔猪的均匀度，也可以避免 7 日龄后出现恃强凌弱、以大欺小的现象。

新生哺乳仔猪自身体温调节机能差，必须做好防寒保温工作。待仔猪全部吃上并吃足初乳后，要帮助它们尽快回到产仔箱内取暖保温。

（9）打耳号。为了记录每个仔猪的来源、血缘关系、生长快慢、生产性能等情况，需要在出生后的 1~3 天内（最好 24 小时内）给仔猪个体编号，而编号的方法就是打耳号，这在种猪培养过程中至关重要。打耳号时用耳号钳，在仔猪耳朵的不同部位打上缺口，每一个缺口代表着一个数字，把所有数字相加，便是该猪的耳号。

为了便于管理，打耳号一般是由专人操作。打耳号人员每剪一窝猪手要进行消毒，每头猪剪后耳号钳的剪耳号端要用酒精进行擦洗消毒，每剪一窝猪整个耳号钳都要用消毒液进行浸泡消毒。每头猪剪后耳朵上的伤口要用碘酒进行表面消毒，以防细菌感染。

（10）称初生重。初生仔猪体重的称量，有助于做好弱小仔猪的调圈和固定乳头等工作。同时通过初生重的测量、分析，可准确了解母猪的饲养效果，便于及时调整饲养管理。

（11）补铁补硒。仔猪出生后每天需要 7 毫克的铁，但身体中铁的总贮量仅为 50 毫克左右，除了通过哺乳从母体中获得 1 毫克左右外，其他需要的铁必须补充，否则极易发生缺铁性贫血，严重影响生长。选择含铁量为 150 毫克 / 毫升的右旋糖酐铁钴注射液，颈部肌内注射 1 毫升，3 日龄、7 日龄各一次。缺硒地区，仔猪出生后 3~5 日龄，肌内注射 0.1% 亚硒酸钠维生素 E 注射液，每头仔猪 0.5 毫升，断奶时再注射 1 毫升，可防止缺硒。

（四）仔猪寄养

在产仔房常遇到仔猪需要寄养这方面的问题，需要寄养原因有母猪泌乳量不足、仔多而奶头不足、母猪产后体质虚弱有病等，此时需考虑把仔猪寄养。

1. 仔猪寄养的方法

（1）个别寄养。母猪泌乳量不足，产仔数过多，仔猪大小不均，可挑选体强的寄养于代养母猪。

（2）全窝寄养。母猪产后无乳、体弱有病、产后死亡、有咬仔恶癖等；或母猪需频密繁殖，老龄母猪产仔数少而提前淘汰时，需要将整窝仔猪寄养。

（3）并窝寄养。当两窝母猪产期相近且仔猪大小不均时，将仔猪按体质强弱和大小分为两组，由乳汁多而质量高、母性好的母猪哺育体质较弱的一组仔猪，另一头母猪哺育体质较强一组。

（4）两次寄养。将泌乳力高、母性好窝的仔猪提前断奶或选择断奶母猪代养，来选择哺乳其他体质弱的仔猪或其他多余的吃过初乳的初生仔猪。

2. 寄养仔猪要遵循的原则

（1）寄养仔猪需尽快吃到足够的初乳。母猪生产后前几天的初乳中含有大量的母源抗体，然后母源抗体的数量会很快下降，仔猪出生时，肠道上皮处于原始状态，具有吸收大分子免疫球蛋白，即母源抗体的功能，6小时后吸收母源抗体的能力开始下降。由于仔猪出生时没有先天免疫力，母源抗体对仔猪前期的抗病力十分关键，对提高仔猪成活率具有重要意义。仔猪只有及时吃到足够的初乳，才能获得坚强的免疫力。

寄养一般在出生96小时之内进行，寄养的母猪产仔日期越接近越好，通常母猪生产日期相差不超过1天。

（2）后产的仔猪向先产的窝里寄养时，要挑选猪群里体大的寄养，先产的仔猪向后产的窝里寄养时，则要挑体重小的寄养；同期产的仔猪寄养时，则要挑体形大和体质强的寄养，以避免仔猪体重相差较大，影响体重小的仔猪生长发育。

（3）一般寄养窝中最强壮的仔猪，但当代养母猪有较小或细长奶头，泌乳力高，且其仔猪较小，可以寄养弱小的仔猪。

（4）寄养时需要估计母猪的哺育能力：也就是考虑母猪是否有足够的有效乳头数，估计其母性行为、泌乳能力等。

（5）利用仔猪的吮乳行为来指导寄养：出生超过8小时，还没建立固定奶头次序的仔猪，是寄养的首选对象。在一个大的窝内如果一头弱小的仔猪已经有一个固定的乳头位置，此时最好是把其留在原母猪身边。

（6）寄养早期产仔窝内弱小仔猪：先产仔母猪窝内会有个别仔猪比较弱小，可以把这些个别的仔猪寄养到新生母猪窝内。但要确保这些寄养的仔猪和收养栏内仔猪在体重、活力上相匹配。

（7）寄养最好选择同胎次的母猪代养。或者青年母猪的后代选择青年母猪代养，老母猪的后代选择老母猪代养。

（8）仔猪应尽量减少寄养，防止疫病交叉感染；一般禁止寄养患病仔猪，以免传播疾病。

（9）在寄养的仔猪身上涂抹代养母猪的尿液，或在全群仔猪身上洒上气味相同的液体（如来苏儿等），以掩盖仔猪的异味，减少母猪对寄养仔猪的排斥。

（10）在种猪场，仔猪寄养前，需要做好耳号等标记与记录，以免发生系谱混乱。

无论初生仔猪寄养与否，都要做好固定乳头的工作。固定乳头可以减少仔猪打架争乳，保证及早吃足初乳，是实现仔猪均衡发育的好方法。固定乳头应当顺从仔猪意愿适当调整，对弱小仔猪一般选择固定在前2对乳头上，体质强壮的仔猪固定在靠后的乳头上，其他仔猪以不争食同一乳头为宜。

五、母猪产后护理

（一）分娩结束后处理

1. 检查胎衣排出情况

母猪产仔结束后，要注意检查胎衣是否完全排出，当胎衣排出困难时，可给母猪注射一定量的催产素。及时将胎衣、脐带和被污染了的垫草撤走，换上新的备用垫草。

2. 清洗

用温水将母猪外阴、后躯、腹下及乳头擦洗干净。

（二）母猪产后饲养与产后不食的处置

1. 母猪产后饲养

母猪产后不能立即饮喂。由于母猪分娩时体力消耗很大，体液损失多，母猪表现出疲劳和口渴，因此，在产后2~3小时内，要准备足够的、温热的1%盐水，供母猪饮用，也可以喂些温热的略带盐味的麦麸汤，不要过早喂料。此后，要遵循逐步增加饲喂量的基本原则。一般可从第2天早上开始，先给少量流食。如果母猪消化能力恢复得好，仔猪又多，2天后可将喂量逐渐增加0.5千克左右。以后，待到产后5~7天，可逐渐达到喂料量标准。

2. 母猪产后不食的处置

母猪产后不食是生产中常见的现象。引起母猪产后不食的原因很多，主要是产前饲喂精料过多，或突然变更饲料，分娩过程体力消耗过大，造成胃肠消化机能失调所不食。产后母猪患其他疾病，如产褥热、子宫炎、低血糖、缺钙等也会影响食欲下降，表现为不食。

产后母猪多表现精神疲乏，消化不良，食欲减退，开始尚吃少量的精料或青绿饲料，严重时则完全不食，粪便先稀后干，体温正常或略高。处置措施如下。

（1）每头母猪用新斯的明注射液2~6毫升，1次/日，肌内或皮下注射，一般用1~2次即可。猪是多胎动物，在分娩时要消耗大量体力，尤其对一些分娩时间长的难产母猪体力消耗更大，导致体力不支以致影响胃肠功能及出现全身状况，而新斯的明能兴奋骨骼肌，增加肌肉收缩力，促进胃肠蠕动，并能增强子宫肌的收缩，促进子宫机能恢复，所以给产后不食、卧地不起的母猪应用是对症的。此法见效快，一般用药几小时即可见效。

（2）可用50%葡萄糖注射液40毫升+30%安乃近10毫升+维生素$B_1$2毫升，混合1次静脉注射，1次/日，连用2~3天。内服人工盐30克+复合维生素B 10片+陈皮酊20毫升，1次喂服，1次/日，连用5天。另外，还可用0.1%亚硝酸钠维生素E注射液，母猪3~4毫升，仔猪1~2毫升，东北、华北缺硒地区是必要的，对于母仔极为有益。

（3）厚朴、枳实、陈皮、苍术、大黄、龙胆草、郁李仁、甘草各15克，共为细末，或水煎取汁，1次内服，连用2~3天。或用党参、黄芪、当归、丹参、赤芍、白芍各15克，茯苓、乌药、小茴香、香附、青皮、陈皮、木香各12克，延胡索、甘草各9克，益母草40克，共为细末，加入红糖200克搅匀，拌入饲料中喂服。每剂早晚各服1次，一般1~2剂，最多3剂即愈。

（三）母猪分娩后的管理

（1）在安排好仔猪吃初乳的前提下，让母猪有足够的休息。

（2）及时清理污染物和胎衣。

（3）密切关注母猪变化，如体温、呼吸、心跳、皮肤黏膜颜色、产道分泌物、乳房、采食、粪尿等，如有异常应及时处理。

六、哺乳母猪高效饲养管理

哺乳母猪饲养的主要目标是：提高泌乳量，控制母猪体重，仔猪断奶后能正常发情、排卵，延长母猪利用年限。

（一）饲料喂量要得当

母猪分娩的当天不喂料或适当少喂些混合饲料，但喂量必须逐渐增加，切不可一次喂很多，骤然增加喂量，对母猪消化吸收不利，会减少泌乳量。母猪产后发烧原因之一，往往是由于突然增加饲料喂量所致。为了提高泌乳量，一般都采用加喂蛋白质饲料和青绿多汁饲料的办法。但蛋白质水平过高，会引起母猪酸中毒。故必须多喂含钙质丰富的补充饲料，再加喂些鱼粉、肉骨粉等动物性饲料，可以显著地提高泌乳量。

哺乳母猪应按带仔多少，随之增减喂料量，一般都按每多带1头仔猪，在母猪维持需要基础上加喂 0.35 千克饲料，母猪维持需要按每 100 千克重喂 1.1 千克饲料计算，才能满足需要。如 120 千克的母猪，带仔 10 头，则每天平均喂 4.8 千克料。如带仔 5 头，则每天喂 3.1 千克饲料。

（二）饲喂优质的饲料

发霉、变质的饲料，绝对不能喂哺乳母猪，否则会引起母猪严重中毒，还能使乳汁变质，引起仔猪拉稀或死亡。为了防止母猪发生乳房炎，在仔猪断奶前 3~5 天减少饲料喂量，促使母猪回奶。仔猪断奶后 2~3 天，不要急于给母猪加料，等乳房出现皱褶后，说明已回奶，再逐渐加料，以促进母猪早发情、配种。

（三）保证充足的饮水

猪乳中水分含量 80% 左右，泌乳母猪饮水不足，将会使其采食量减少和泌乳量下降，严重时会出现体内氮、钠、钾等元素紊乱，诱发其他疾病。一头泌乳母猪每日饮水为日粮重量的 4~5 倍。在保证数量的同时要注意卫生和清洁。饮水方式最好使用自动饮水器，水流量至少 250 毫升 / 分钟，安装高度为母猪肩高加 5 厘米（一般为 55~65 厘米），以母猪稍抬头就能喝到水为好。如果没有自动饮水装置，应设立饮水槽，保证饮水卫生清洁。严禁饮用不符合卫生标准的水。

（四）保持良好的环境条件

良好的环境条件，能避免母猪感染疾病，从而减少仔猪的发病率，提高成活率。

粪便要随时清扫，即做到母猪一拉大便就立即清扫，并用蘸有消毒液的湿布擦洗干净，防止仔猪接触粪便或粪渣。保持清洁干燥和良好的通风，应有保暖设备，防止贼风侵袭，做到冬暖夏凉。

（五）乳房检查与管理

1.有效预防乳房炎

每天定时认真检查母猪乳房，观察仔猪吃奶行为和母仔关系，判断乳房是否正常。同时用手触摸乳房，检查有无红肿、结块、损伤等异常情况。如果母猪不让仔猪吸乳，伏地而躺，有时母猪还会咬仔猪，仔猪则围着母猪发出阵阵叫奶声，母猪的一个或数个乳房乳头红肿、潮红，触之有热痛感表现，甚至乳房脓肿或溃疡，母猪还伴有体温升高、食欲不振、精神委顿现象，说明发生了乳房炎。

此时，应用温热毛巾按摩后，再涂抹活血化瘀的外用药物，每次持续按摩 15 分钟，并采用抗生素治疗。

（1）轻度肿胀时，用温热的毛巾按摩，每次持续 10~15 分钟，同时肌内注射恩诺沙星或阿莫西林等药物治疗。

（2）较严重时，应隔离仔猪，挤出患病乳腺的乳汁，局部涂擦 10% 鱼石脂软膏（碘 1 克、碘化钾 3 克、凡士林 100 克）或樟脑油等。对乳房基部，用 0.5% 盐酸普鲁卡因 50~100 毫升加入青霉素 40 万 ~80 万单位进行局部封闭。有硬结时进行按摩、温敷，涂以软膏。静脉注射广谱抗生素，如阿莫西林等。

（3）发生肿胀时，要采取手术切开排脓治疗；如发生坏死，切除处理。

2.有效预防母猪乳头损伤

（1）由于仔猪剪牙不当，在吮吸母乳的过程中造成乳头损伤。

（2）使用铸铁漏粪地板的，由于漏粪地板间隙边缘锋利，母猪在躺卧时，乳头会陷入间隙中，因外界因素突然起立时，容易引起乳头撕裂。生产上，应根据造成乳头损伤的原因加以预防。

（3）哺乳母猪限位架设置不当或损坏，造成母猪乳头损伤。

3.检查恶露是否排净

（1）恶露的排出。正常母猪分娩后 3 天内，恶露会自然排净。若 3 天后，外阴内仍有异物流出，应给予治疗。可肌内注射前列腺素。若大部分母猪恶露排净时间偏长，可以采用在母猪分娩结束后立即注射前列腺素，促使恶露排净，同时也有利于乳汁的分泌。

（2）滞留胎衣或死胎的排空。若排出的异物为黑色黏稠状，有蛋白腐败的恶臭，可判断为胎衣滞留或死胎未排空。注射前列腺素促进其排空，然后冲洗子宫，并注射抗生素治疗。

（3）子宫炎或产道炎的治疗。若排出异物有恶臭，呈稠状，并附着外阴周边，呈脓状，可判断为子宫炎或产道炎，应对子宫或产道进行冲洗，并注射抗生素治疗。

对急性子宫炎，除了进行全身抗感染处理外，还要对子宫进行冲洗。所选药物应无刺激性（如 0.1% 高锰酸钾溶液、0.1% 雷夫奴儿溶液等），冲洗后可配合注射氯前列烯醇，有助于子宫积脓或积液的排出。子宫冲洗一段时间后，可往子宫内注入 80 万 ~320 万单位的青霉素，有助于子宫消炎和恢复。

对慢性子宫炎，可用青霉素 20 万 ~40 万单位、链霉素 100 万单位，混在高压灭菌的植物油 20 毫升中，注入子宫。为了排出子宫内的炎性分泌物，可皮下注射垂体后叶素 20~40 单位，也可用青霉素 80 万 ~160 万单位、链霉素 1 克溶解在 100 毫升生理盐水中，直接注入子宫进行治疗。慢性子宫炎治疗应选在母猪发情期间，此时子宫颈口开张，易于导管插入。

4.检查泌乳量

（1）哺乳母猪泌乳量高低的观察方法。通过观察乳房的形态，仔猪吸乳的动作，吸乳后的满足感及仔猪的发育状况、均匀度等判断母猪的泌乳量高低。如母猪奶水不足，应采取必要的措施催奶或将仔猪转栏寄养。

哺乳母猪泌乳量高低的观察方法见表 6-7。

表 6-7　哺乳母猪泌乳量高低的观察方法

	观察内容	泌乳量高	泌乳量低
母猪	精神状态	机警，有生机	昏睡，活动减少；部分母猪机警，有生机
	食欲	良好，饮水正常	食欲不振，饮水少，呼吸快，心率增加，便秘，部分母猪体温升高
	乳腺	乳房膨大，皮肤发紧而红亮，其基部在腹部隆起呈两条带状，两排乳头外八字形向两外侧开张	乳房构造异常，乳腺发育不良或乳腺组织过硬，或有红、肿、热、痛等乳房炎症状；乳房及其基部皮肤皱缩，乳房干瘪；乳头、乳房被咬伤
	乳汁	漏乳或挤奶时呈线状喷射且持续时间长	难以挤出或呈滴状滴出乳汁
	放奶时间	慢慢提高哼哼声的频率后放奶，初乳每次排乳 1 分钟以上，常乳放奶时间 10~20 秒	放奶时间短，或将乳头压在身体下
仔猪	健康状况	活泼健壮，被毛光亮，紧贴皮肤，抓猪时行动迅速、敏捷，被捉后挣扎有力，叫声洪亮	仔猪无精打采，连续几小时睡觉，不活动；腹泻，被毛杂乱竖立，前额皮肤脏污；行动缓慢，被捉后不叫或叫声嘶哑、低弱；仔猪面部带伤，死亡率高
	生长发育	3 日龄后开始上膘，同窝仔猪生长均匀	生长缓慢，消瘦，生长发育不良，脊骨和肋骨显现突出；头尖、尾尖；同窝仔猪生长不均匀或整窝仔猪生长迟缓，发育不良
	吃奶行为	拱奶时争先恐后，叫声响亮；吃奶各自吃固定的奶头，安静、不争不抢、臀部后蹲、耳朵竖起向后、嘴部运动快；吃奶后腹部圆滚，安静睡觉	拱奶时争斗频繁，乳头次序乱；吃奶时频繁更换乳头、拱乳头，尖声叫唤；吃奶后长时间忙乱，停留在母猪腹部，腹部下陷；围绕栏圈寻找食物，拱猪粪，喝母猪尿，模仿母猪吃母猪料，开食早

（续表）

观察内容		泌乳量高	泌乳量低
母仔关系	哺乳行为发动	母猪由低到高、由慢到快召唤仔猪，主动发动哺乳行为；仔猪吃饱后停止吃奶，主动终止哺乳行为	由仔猪拱母猪腹部、乳房，吮吸乳头，母猪被动进行哺乳；母猪趴卧将乳头压在身下或马上站起，并不时活动，终止哺乳、拒绝授乳
	放乳频率	放乳频率、排乳时间有规律	放乳频率正常，但放奶时间短或放乳频率不规律
	母仔亲密状况	哺乳前，母猪召唤仔猪；放乳前，母猪舒展侧卧，调整身体姿态，使下排乳头充分显露；仔猪尖叫时，母猪翻身站立、喷鼻、竖耳，处于戒备状态；压倒或踩到仔猪时，立即起身；仔猪活动到母猪头部时，母猪发出柔和的声音；仔猪听到母猪哼哼声时，积极赶到母猪腹部吃奶；仔猪紧贴着母猪下方或爬到母猪腹部侧上方熟睡	母猪对仔猪索奶行为表现易怒症状，用头部驱赶叫唤仔猪或由嘴将其拱到一边；对吸吮乳头仔猪通过起身、骚动加以摆脱；压倒、踩到仔猪时麻木不仁；仔猪急躁不安，围着母猪乱跑，不时尖叫，不停地拱动母猪腹部、乳房，咬住乳头不松

（2）母猪奶水不足的应对措施。

①母猪奶水不足的表现。母猪奶水不足，表现多种多样。

仔猪头部黑色油斑。多因仔猪头部磨蹭母猪乳房导致的。

仔猪嘴部、面颊有噬咬的伤口。仔猪为了抢奶头而争斗，难免兄弟自相残杀，只为了填饱肚子。

多数仔猪膝关节有损伤。多因仔猪跪在地上吃奶时间长，争抢奶头摩擦，导致膝盖受伤，易继发感染细菌性病原体，关节肿大，被毛粗乱。

母猪放奶已结束，仔猪还含着母猪奶头不放。因奶水太少，仔猪吃不饱所致。

母猪乳房上有乳圈，是母猪奶太少所致。

母猪藏奶。母猪奶水不足，不愿给仔猪吮吸，吮吸使母猪不适，又或者母猪母性不好，或者初产母猪第一次不熟悉如何带仔所致。

母猪乳房红肿发烫，无乳综合征。母猪在产床睡觉姿势俯卧，不侧卧，是因为母猪乳房发炎，怕仔猪吸乳而疼痛。

②母猪奶水不足的应对措施。提供一个安静舒适的产房环境；饲喂质量好、新鲜适口的哺乳母猪料，绝不能饲喂发霉变质的饲料；想方设法提高母猪的采食量；提供足够清洁的饮水，注意饮水器的安装位置和饮水流速，保证母猪能顺利

喝到足够的水；做好产前、产后的药物保健，预防产后感染，有针对性地及时对产后出现的感染进行有效治疗；催乳，对于乳房饱满而无乳排出者，用催产素20~30单位、10%葡萄糖100毫升，混合后静脉推注；或用催产素20~30单位、10%葡萄糖500毫升混合静脉滴注，每天1~2次；或皮下注射催产素30~40单位，每天3~4次，连用2天。此外，用热毛巾温敷和按摩乳房，并用手挤掉乳头塞。

对于乳房松弛而无乳排出者，可用苯甲酸雌二醇10~20毫克＋黄体酮5~10毫克＋催产素20单位，10%葡萄糖500毫升混合静脉滴注，每天1次，连用3~5天，有一定的疗效。

中药催乳也有很好的疗效。催乳中药重在健脾理气、活血通经，可用通乳散或通穿散。通乳散：王不留行、党参、熟地、金银花各30克，穿山甲、黄芪各25克，广木香、通草各20克。通穿散：猪蹄匣壳4对（焙干）、木通25克、穿山甲20克、王不留行20克。

第七章

乳仔猪的高效饲养与管理

第一节　哺乳仔猪的高效饲养与管理

一、哺乳仔猪的生理特点

哺乳仔猪是指从出生后到断奶的仔猪，此阶段仔猪相对难养，成活率较低，是目前养猪生产的一大难关，为了养好哺乳仔猪，首先要了解其生理特点，以便采取适宜的饲养管理措施，使其顺利断奶。

（一）生长发育快，物质代谢旺盛

仔猪初生体重小，还不到成年时体重的1%，但出生后生长发育快，尤其在60日龄内生长强度最大，以后随年龄增长生长强度逐渐减弱。仔猪由于生长发育快，需要充足的营养供给，并且在数量和质量上要求都较高。而母猪的泌乳量一般在分娩后20天左右达到高峰，而后逐渐下降，这就造成母乳供给不足和仔猪快速生长所需营养较多的矛盾。此阶段的仔猪对于营养不全又极为敏感，所以除了进行正常的哺乳外，应补饲高质量的乳猪料，尽早使仔猪从饲料中获取营养。

（二）胃肠功能差，消化机能不完善

表现为胃肠容积小，运动机能微弱，酶系统发育不完善。20日龄前的哺乳仔猪胃液中有胃蛋白酶原，但因无盐酸而不能活化胃蛋白酶，因此在胃中不能消

化蛋白质。此时只有消化母乳的酶系——凝乳酶，能使乳汁凝固，凝固后的乳汁可在小肠内消化。仔猪一般从 20 日龄开始才有少量游离盐酸出现，以后随着日龄增加，到 30~40 日龄胃酸才具有抑菌和杀菌作用，此时胃蛋白酶才具有一定的消化能力。因此，在仔猪料中应该添加酸化剂，以利于胃蛋白酶原的激活和促进饲料的消化。同时，乳猪中的蛋白质不能过高，一般不要超过 20%，当仔猪日粮中含蛋白质过高时会出现消化不良现象，易造成营养性腹泻。

（三）免疫功能不完善

母猪的免疫抗体不能通过胎盘向胎儿传递，仔猪只有靠吃初乳才能获得母源抗体并过渡到自身产生抗体。仔猪出生后 24 小时内对初乳中的抗体吸收量最大，出生 36~48 小时后吸收率逐渐下降。因此母猪分娩后应立即让仔猪吃到初乳，这是防止仔猪患病和提高其成活率的关键所在。仔猪在 10 日龄以后逐渐产生抗体，主动免疫体系开始行使功能。至 3 周龄时，自身产生的抗体数量仍然很少，是最关键的免疫临界期，此时母猪泌乳量开始下降，乳中抗体也开始减少，仔猪处于抗体转换期，极易得病，如患仔猪白痢等肠道疾病。为此，在饲养管理上除了增加泌乳母猪饲料中的蛋白质外，还应加强哺乳仔猪的营养，在饲料中加入抗菌素、酶制剂和微生态制剂等防止疾病发生，维护仔猪的健康。

（四）体温调节机能不健全，对寒冷应激的抵抗力差

仔猪初生时，体温调节及适应环境的能力很差，特别是生后第一天，在寒冷的环境中不能维持正常体温，易被冻僵、冻死。初生仔猪主要靠皮毛、肌肉颤抖、竖毛运动和挤堆共暖等行为来调节体温，但仔猪的被毛稀疏，皮下脂肪又很少，达不到体重的 1%，保温、隔热能力很差。因此，早期保持仔猪所在环境适宜的温度是降低仔猪死亡率的关键措施，尤其在冬春季节外界环境温度偏低时，保持圈舍环境适宜温度更具有现实意义。另外，乳中的乳脂和乳糖是仔猪哺育早期从母乳中获取能量的重要方式，尽早使初生仔猪吃到初乳，也是提高仔猪成活率、对抗寒冷应激的又一措施。

二、哺乳仔猪的高效饲养和管理流程

仔猪培育是养猪生产的基础阶段，仔猪的好坏直接影响整个饲养期猪的生长速度和饲料转化率，关系到整个猪场的经济效益。饲养哺乳仔猪的最终目的是提高仔猪的成活率和提高哺乳仔猪的断奶窝重。仔猪的成活率低和生长缓慢是目前

我国养猪生产中存在的比较普遍和严重的问题。根据仔猪的生理特点，对仔猪实行科学的饲养管理是养猪成功的基础保障。

（一）仔猪出生到第三天的饲养管理

1. 断脐

妊娠期间，胎儿经由脐带获得营养，仔猪脱离产道后，脐带将成为细菌侵入新生仔猪的一条通道，若操作不当，会造成细菌感染。为防止感染，剪断脐带后须用2%碘酒消毒。如发生脐部出血，可用一根线将脐带结扎。

断脐方法：先将脐带内血液挤向仔猪腹部，重复几次，然后距腹部5厘米处用结扎线剪断，断端放到5%碘酒浸泡5~10秒钟，以防感染破伤风或其他疾病。

2. 称重

仔猪出生后，如果有条件，仔猪擦拭干净以后，应该立即进行称重，仔猪的初生重及整体出生窝重是衡量母猪繁殖力的重要指标，也可以据其判断母猪在妊娠期间的饲喂情况，以便进行增减日饲喂量。同时，可以根据仔猪的初生重判断整窝的弱仔率，一般讲初生重低于0.6千克的仔猪判定为弱仔。弱仔率越大，仔猪的成活率越低。初生体重大的仔猪，生长发育快、哺育率高、肥育期短。常言说：出生差1两（1两＝50克，1斤＝500克），断奶差1斤，出栏差10斤，可见仔猪的初生重对猪后续的生长起着多么重要的作用。通常种猪场必须称量初生仔猪的个体重，商品猪场可称量窝重（计算平均个体重）。

3. 打耳号

猪的编号就是猪的名字，在规模化种猪场要想识别不同的猪只，光靠观察很难做到。为了随时查找猪只的血缘关系并便于管理记录，必须要给每头猪进行编号，编号是在生后称量初生体重的同时进行。编号的方法很多，以剪耳法最简便易行。剪耳法是利用耳号钳在猪的耳朵上打号，每剪一个耳缺代表一个数字，把两个耳朵上所有的数字相加，即得出所要的编号。以猪的左右而言，一般多采用左大右小、上1下3、公单母双（公仔猪打单号、母仔猪打双号）或公母统一连续排列的方法。即仔猪右耳，上部一个缺口代表1，下部一个缺口代表3，耳尖缺口代表100，耳中圆孔代表400；左耳，上部一个缺口代表10，下部一个缺口代表30，耳尖缺口代表200，耳中圆孔代表800，如图7-1所示。

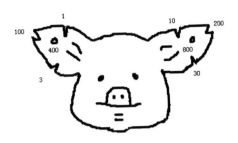

图 7-1　猪的耳号编制规则

4. 吃初乳

仔猪出生以后，应该尽快使其吃到初乳（进行超前免疫的仔猪除外）。初乳有以下几个特点。

（1）仔猪出生时缺乏先天性免疫力，而母猪初乳中富含免疫球蛋白等物质，可以使仔猪获得被动免疫力。

（2）初乳中蛋白质含量高，且含有轻泻作用的镁盐，可促进胎粪排出。

（3）初乳酸度较高，可弥补初生仔猪消化道不发达和消化腺机能不完善的缺陷。

（4）初乳的各种营养物质，在小肠内几乎全被吸收，有利于增长体力和御寒。

因此，仔猪应早吃初乳，出生到首次吃初乳的间隔时间最好不超过 2 小时。初生仔猪由于某些原因吃不到初乳，很难成活，即使勉强活下来，往往发育不良而形成僵猪。所以，初乳是仔猪不可缺少和取代的。

5. 断尾

断尾可以安排在仔猪出生后的第二天进行。断尾的目的是防止外在高密度生长环境的仔猪互相咬尾。断尾用专用断尾钳直接在离尾根 3~5 厘米处断掉，然后用碘酒在断尾处消毒。或用钝型钢丝钳在尾的下 1/3 处连续钳两次，两钳的距离为 0.3~0.5 厘米，把尾骨和尾肌都钳断，血管和神经压扁压断，皮肤压成沟，钳后 7~10 天尾巴即会干脱。

6. 剪牙

为了防止仔猪打斗时相互咬伤或咬伤母猪乳头，可在出生时或第二天把仔猪的两对犬牙和两对隅齿剪掉，每边两个犬齿剪净或剪短 1/2，注意切面平整，勿伤及齿龈部位。

7. 固定乳头

仔猪有专门吃固定奶头的习性，为使全窝仔猪生长发育均匀健壮，提高成活率，应在仔猪生后 2~3 天内，进行人工辅助固定乳头。固定乳头是项细致的工作，宜让仔猪自选为主，人工控制为辅，特别是要控制个别好抢乳头的强壮仔猪。一般可把它放在一边，待其他仔猪都已找好乳头，母猪放奶时再立即把它放在指定的奶头上吃奶。这样，每次吃奶时，都坚持人工辅助固定，经过 3~4 天即可建立起吃奶的位次，固定奶头吃奶。

8. 补铁

铁是血液中合成血红蛋白的必要元素，缺铁会造成贫血。仔猪在 2~3 日龄肌注补铁 150 毫克，以防止贫血、下痢，提高仔猪生长速度和成活率。

9. 寄养

初产母猪以带仔 8~10 头为宜，经产母猪可带仔 10~12 头。由于母猪产仔有多有少，经常需要匀窝寄养。仔猪寄养时要注意以下几方面的问题。

（1）母猪产期接近。实行寄养时产期应尽量接近，最好不超过 4 天。后产的仔猪向先产的窝里寄养时，要挑体重大的寄养；而先产的仔猪向后产的窝里寄养时，则要挑体重小的寄养，以避免仔猪体重相差较大，影响体重小的仔猪发育。

（2）被寄养的仔猪一定要吃初乳。仔猪吃到初乳才容易成活，如因特殊原因仔猪没吃到生母的初乳时，可吃养母的初乳。这必须将先产的仔猪向后产的窝里寄养，这称为顺寄。

（3）寄养母猪必须是泌乳量高、性情温顺、哺育性能强的母猪，只有这样的母猪才能哺育好多头仔猪。

（4）使被寄养仔猪与养母仔猪有相同的气味。猪的嗅觉特别灵敏，母仔相认主要靠嗅觉来识别。多数母猪追咬别窝仔猪（严重的可将仔猪咬死），不给哺乳。为了使寄养顺利，可将被寄养的仔猪涂抹上养母猪奶或尿，也可将被寄养仔猪和养母所生仔猪合关在同一个仔猪箱内，经过一定时间后同时放到母猪身边，使母猪分不出被寄养仔猪的气味。

10. 环境温度控制

哺乳仔猪调节体温的能力差、怕冷，寒冷季节必须防寒保温，同时注意防止贼风。尽可能限制仔猪卧处的气流速度，空气流速为 9 米 / 分钟的贼风相当于气温下降 4℃，28 米 / 分钟相当于下降 10℃。在无风环境中生长的仔猪比在贼风环境的仔猪生长速度提高 6%，饲料消耗减少 26%。

仔猪的适宜温度因日龄长短而异。哺乳仔猪适宜的温度，1~3 日龄为 30~32 ℃，4~7 日龄为 28~30 ℃，7~15 日龄为 25~28 ℃，15~30 日龄为 22~25℃；产房温度应保持在 20~24℃，此时母猪最适宜。

防寒保暖的措施很多。一是可以加厚垫料。加厚垫料属传统保温方式，多在家庭养猪中使用。其方法是：第一天铺10厘米厚的垫草，第二天再添加10~20厘米垫草，使垫草厚度达30~40厘米，外侧钉上挡草板，防止垫草四散。在舍温10~15℃时，垫草的温度可达21℃以上。这种方法经济易行，既省工又省草（垫草），既保温又防潮。采用此法时，应及时更换垫草，添加干燥新鲜的垫草，保持栏内干燥。二是火源加热。其方式有烟道和炭炉两种，烟道又有地上烟道和地下烟道两种。在用煤炭等燃料供温时，不论采用哪种供温方式，除要防止火灾外，还应及时排出栏舍内的有害气体，防止中毒。三是使用红外线保温灯。目前红外线保温灯被广泛采用。方法是：用红外线灯泡吊挂在仔猪躺卧的护仔架上面或保温间内给仔猪保温取暖，并可根据仔猪所需的温度随时调整红外线保温灯的吊挂高度。此法设备简单，保温效果好，并有防治皮肤病的作用。如用木栏或铁栏为隔墙时，两窝仔猪不可共用一只红外线保温灯。四是使用仔猪保温板。电热恒温保暖板板面温度26~32℃。产品结构合理，安全省电，使用方便，调温灵活，恒温准确，适用大型工厂化养猪场。五是使用远红外加热仔猪保温箱。保温箱大小为长100厘米、高60厘米、宽50~60厘米，用远红外线发热板接上可控温度元件平放在箱盖上。保温箱的温度根据仔猪的日龄来进行调节。为便于消毒清洗，箱盖可拿开，箱体材料使用防水的材料。

（二）仔猪出生第三天到断奶的饲养管理

1. 去势

去势应在7~10日龄进行为宜，去势日龄过早，睾丸小且易碎，不易操作。去势过晚，不但出血多，伤口不易愈合，而且表现疼痛症状，应激反应剧烈，影响仔猪的正常采食和生长。注意防疫和去势不能同日进行。在去势的前1天，对猪舍进行彻底消毒，以减少环境中病原微生物的数量，减少病原微生物与刀口的接触机会。去势时先用5%的碘酒消毒入刀部位皮肤，防止刀口部位病原的侵入，术后刀口部位同样用碘酒消毒，以防止感染发炎。应选择纵行上下切割，碘酒消毒手术部位皮肤后，在靠近阴囊底部，纵向（上下）划开1~2厘米的切口，睾丸即可顺利挤出。此处切口小、位置低，外界异物及粪便不易侵入刀口而引起感染。注意止血及术后的观察，在睾丸挤出时，用手指捻搓精索和血管，有一定的止血作用。待操作完毕后，应仔细检查有无隐性腹股沟疝所致的肠管脱出，以便及时采取措施。

2. 开食

母猪泌乳高峰在产后 3 周左右, 3 周以后泌乳逐渐减少, 而乳猪的生长速度越来越快, 为了保证 3 周龄后仔猪能大量采食饲料以满足快速生长所需的营养, 必须给仔猪尽早开食补料。6~7 日龄的仔猪开始长白齿, 牙床发痒, 常离开母猪单独行动, 特别喜欢啃咬垫草、木屑等硬物, 并有模仿母猪的行为, 此时开始补料效果较好。在仔猪出生后 7~10 日龄开始用代乳料进行补料, 补料的目的在于训练仔猪认料, 锻炼仔猪咀嚼和消化能力, 并促进胃酸的分泌, 避免仔猪啃食异物, 防止下痢。训练采取强制的办法: ①每天 3~4 次将仔猪关进补料栏, 限制吃奶, 强制吃饲料, 这样 3~5 天后就会慢慢学会采食; ②将代乳料调成糊状, 抹到猪的嘴里, 同时要装设自动饮水器, 让仔猪自由饮用清洁水。因为母乳中含脂肪量高, 仔猪容易口渴, 如没有饮水器仔猪会喝脏水或尿液, 引起仔猪下痢。要定期检查饮水器是否堵塞以及出水量是否减少等。

3. 断奶

仔猪断奶时, 是在母猪强烈抗拒和仔猪的阵阵哀鸣中进行母仔的断然分开, 离乳仔猪不但要承受母仔分开所带来的精神痛苦, 还要快速适应从产房到保育舍的环境变化; 在采食上, 要快速适应从母乳到教槽料, 从高消化率、以乳糖乳蛋白为主的液态母乳, 到不易消化的复杂固态日粮的改变; 要不断地迎接即将来临的转群、分群、并群等群体重组带来的环境、伙伴的变化; 生活在高密度环境下, 还要接受高强度免疫等许多考验。因此, 断奶关关山重重, 是猪一生中面临的最大挑战, 是乳仔猪真正的大劫难, 也是制约养猪业生产水平快速提升的最关键控制点。

当前, 随着猪品种改良、饲料营养水平的改善和饲养管理水平的提高, 仔猪断奶日龄逐渐从 60 天、45 天、35 天、30 天、28 天、24 天、21 天、18 天, 甚至出现了低于 18 天的超早期断奶, 母猪的利用率得到了提高。随着仔猪断奶日龄的不断提前, 仔猪乏食、断奶仔猪拉稀、断奶后生长停滞或负增长、断奶仔猪成为僵猪甚至死亡等问题, 越来越突出地摆在每一个养猪人面前。因此, 保持断奶仔猪断奶后平稳过渡、健康生长, 已成为断奶仔猪饲养管理上的最主要目标。

实践证明, 仔猪 25~28 日龄是最合适的断奶日龄。要设法使断奶后的仔猪尽快吃上饲料。选择优质教槽料, 或选择优质脱脂奶粉、乳清粉、血浆蛋白粉、乳糖、喷雾干燥血浆粉、优质鱼粉、膨化大豆、去皮高蛋白豆粕等原料自己配制教槽料, 从 12 日龄左右开始补饲。为提高消化率, 有必要在断奶饲料中添加酶制剂（非淀粉多糖酶、植酸酶、蛋白酶、淀粉酶）、酸化剂。断奶 2 周后, 仔猪的消化能力明显提高，就没有必要配制如此昂贵的饲料了，少用或者不用乳清粉、血浆蛋白粉等昂贵的原料，以降低成本。

断奶仔猪进入保育舍后，晚上不关灯；将饲料用水拌成粥状，有条件的最好用牛奶或者羊奶拌饲，效果更好。对那些断奶体重小、体质差的仔猪，用牛奶、羊奶拌成稠料饲喂，认料快，吃得多，断奶应激小，成活率高。

断奶时实行赶母留仔，仔猪留在原圈饲养舍内待 1 周左右后再转入保育舍，以减少应激；断奶仔猪转入保育舍前，就应将保育舍温度提升到 26~28℃，不要等到已经转入保育舍后再提温；断奶后第一周，日温差不要超过 2℃，以防发生腹泻和生长不良；保持仔猪舍清洁干燥，避免贼风，严防着凉感冒。

4. 防病

初生仔猪抗病能力差、消化机能不完善，容易患病死亡。对仔猪危害最大的是腹泻病。仔猪腹泻病是一个总称，包括多种肠道传染病，最常见的有仔猪红痢、仔猪黄痢、仔猪白痢和传染性胃肠炎等。

仔猪红痢病是因产气荚膜梭菌侵入仔猪小肠，引起小肠发炎造成的。本病多发生在生后 3 天以内的仔猪，最急性的病状不明显，突然不吃奶，精神沉郁不见拉稀即死亡。病程稍长的，可见到不吃奶，精神沉郁，离群，四肢无力，站立不稳，先拉灰黄或灰绿色稀便，后拉红色糊状粪便，故称红痢。仔猪红痢发病快，病程短，死亡率高。

仔猪黄痢病是由大肠杆菌引起的急性肠道传染病，多发生在生后 3 日龄左右，症状是仔猪突然拉稀，粪便稀薄如水，呈黄色或灰黄色，有气泡并带有腥臭味。本病发病快，其死亡率随仔猪日龄的增长而降低。

仔猪白痢病是仔猪腹泻病中最常见的疾病，是由大肠杆菌引起的胃肠炎，多发生在 30 日龄以内的仔猪，以产后 10~20 日龄发病最多，病情也较严重。主要症状是下痢，粪便呈乳白色、灰白色或淡黄白色，粥状或糊糊状，有腥臭味。诱发和加剧仔猪白痢病的因素也很多，如因母猪饲养管理不当、膘情肥瘦不一、乳汁多少、浓稀变化很大，或者天气突然变冷，湿度加大，都会诱发白痢病的发生。此病如果条件较好，医治及时会很快痊愈，死亡率较低，条件不好可造成仔猪脱水消瘦死亡。

仔猪传染性胃肠炎是由病毒引起，不限于仔猪，各种猪均易感染发病，只是仔猪死亡率高。症状是粪便很稀，严重时呈喷射状，伴有呕吐，脱水死亡。

预防仔猪腹泻病的发生，是减少仔猪死亡、提高猪场经济效益的关键，预防措施如下。

（1）养好母猪。加强妊娠母猪和哺乳母猪的饲养管理，保证胎儿的正常生长发育，产出体重大、健康的仔猪，母猪产后有良好的泌乳性能。哺乳母猪饲料稳定，不吃发霉变质和有毒的饲料。保证乳汁的质量。

（2）保证猪舍清洁卫生。产房最好采取全进全出，前批母猪仔猪转走后，地面、栏杆、网床、空间要进行彻底的清洗、严格消毒，消灭引起仔猪腹泻的病菌病毒，特别是被污染的产房消毒更应严格，最好是经过取样检验后再进母猪产仔。妊娠母猪进产房时对体表要进行喷淋刷洗消毒，临产前用 0.1% 高锰酸钾溶液擦洗乳房和外阴部，减少母体对仔猪的污染。产房的地面和网床上下不能有粪便存留，随时清扫。

（3）保持良好的环境。产房应保持适宜的温度、湿度，控制有害气体的含量，使仔猪生活得舒服，体质健康，有较强的抗病能力，可防止或减少仔猪的腹泻等疾病的发生。

（4）利用提前投药预防或给母猪注射疫苗预防。提前投药主要以防黄、白痢为主，可用庆大霉素、乳酸环丙沙星、硫酸新霉素、杆菌肽、痢菌净等药物治疗，口服效果最好；脱水者要进行补液，轻者用口服补液盐（碳酸氢钠 2.5 克，氯化钠 3.5 克，氯化钾 1.55 克，葡萄糖 20 克，常水 1 000 毫升）饮水；严重者腹腔或者静注补水，5% 葡萄糖水 50 毫升，复合维生素 B 4 毫升，维生素 B_{12} 2 毫升，每天 2 次。如有一头腹泻，则全窝都得预防，但药量要减半。疫苗预防的措施是在母猪妊娠后期注射菌毛抗原 K88、K99、K987P 等菌苗，母猪产生抗体，这种抗体可以通过初乳或者乳汁供给仔猪。但应根据大肠杆菌的结构注射相对应的菌苗才会有效，当然也可注射多价苗。

（三）哺乳仔猪要闯"新三关"

养猪赚钱，前提是养好猪；而养好猪的秘诀在于养好哺乳仔猪。20 世纪 80 年代，国内养猪业多处在散养和小规模养殖阶段，品种落后、饲料品质差，造成了仔猪成活率低、哺乳期长、断奶风险大。因此，哺乳仔猪出生、教槽、断奶成为乳仔猪饲养中名副其实的三个"鬼门关"，并成为制约养猪生产中最关键的控制点。

随着规模化养猪的快速兴起，养猪规模化程度越来越高、环境越来越复杂，良种、良料、良舍、良法、良医、良品的"六良"配套技术已得到普遍推广，乳仔猪的饲养上出现了新三关，即弱仔关、保育关和断奶关。其中，弱仔关、保育关替换了过去的出生关和教槽关，成为当前规模化饲养条件下成功饲养乳仔猪最关键的控制点，并与断奶关一起成为乳仔猪饲养中最受关注的"新三关"。

1. 弱仔关

弱仔、无乳仔猪的成活率是影响猪场生产水平和养猪效益的关键。弱仔和无乳仔猪体质差，生命力脆弱，成活率低，一旦死亡，不仅造成了母猪和空怀一样的资源浪费，也浪费了母猪妊娠期间的饲料，增加了饲料成本，降低了母猪的年生产力。此外，弱仔作为流行病发生环节中的易感动物，使原本与猪群处于稳定状态的病原微生物，感染弱仔后，使其呈现致病性（内源性感染），并通过初始的活体发病，增强毒力，从而打破了与猪群的稳定状态，引发疫病的流行。

目前，规模化猪场弱仔和无乳仔猪的数量一般要超过总数的 10%，且由于营养及管理等多方面的原因，仔猪出生 1 周内弱仔数还有不断增加的迹象，导致产房出现高达 20% 的病弱僵猪，保育舍高达 30% 的僵猪。

判断初生仔猪是否为弱仔，主要看初生重是否达标，挣扎是否有力，皮肤是否红润，脐带是否粗壮等。如果仔猪初生重小于 1.1 千克，或脐带细弱、无力争抢乳头、身体软弱无力、皮肤苍白无光，都应视为弱仔。有些初生仔猪，即便出生时体重超过 1.1 千克，但因种种原因，1 周后仍变得瘦弱，或成为病、弱、僵、残甚至死亡仔猪，也应算作产房中的弱仔。

弱仔形成的原因很复杂，包括遗传和内分泌失调，细小病毒、伪狂犬病、猪繁殖与呼吸综合征、猪瘟等病毒病感染，布氏杆菌病、钩端螺旋体病、附红细胞体病、链球菌感染、弓形虫病等细菌病、寄生虫病，以及黄曲霉素中毒等。任何营养元素的缺乏，都可能影响母猪繁殖。

仔猪初生重的 2/3 是在母猪妊娠后期的 1/3 时间段内生长发育完成的，特别是妊娠第 13~14 周至分娩前，这段时间要加强对母猪的攻胎饲养，供给营养丰富特别是富含蛋白质的高能量日粮，促进胎儿正常、快速发育；母猪在妊娠期内容易便秘，影响胃肠吸收功能和胎儿正常生长，造成弱仔，因此，要设法缓解便秘，提高饲料中养分的吸收利用率，以保证胎儿获得充足而又全面的饲料营养；在保证弱仔能及时吃上并吃足初乳的同时，选择使用高效的教槽料进行有效救助，使其有效吸收营养、恢复正常生长，做到只要生得下就能养得活。

2. 保育关

规模化猪场仔猪在保育阶段，面临着特定的生活环境，需要按时进行转群、并群、分群，而且是高密度饲养、高强度免疫，应激因素多，而应激带来的效益下降是不可估算的；保育仔猪对疫病的抵抗力差，又时刻处在疫病风险之下，特别是蓝耳病、圆环病毒病等免疫抑制病的顽固存在；加上断奶过渡和保育期的营养障碍、肠道损伤等原因，在猪场的所有生产阶段中，出问题最多、最难管理的就是保育仔猪。

要不断净化猪场疫病环境，真正做到保育猪的全进全出。保育阶段的乳猪，正是被动免疫逐渐减弱、主动免疫刚开始建立的脆弱期，如果猪舍得不到彻底有效的消毒，就会给疾病交叉感染传播创造条件。因此，在保育猪进入保育舍前，必须彻底冲洗地面、墙壁、水槽、料槽等，进行彻底消毒后方可转入。有些猪场，特别是一些老猪场，由于猪舍的设计存在弊端，生产安排不协调，保育猪舍中日龄相差悬殊，甚至几个批次的猪群同处，要真正做到全进全出有一定的难度，必须设法进行改进。

减少各种应激因子的应激。保育阶段的乳猪，对温度的变化比较敏感，管理中仍需做好保温，舍内温度最好保持在 28~30℃；正确处理好保温与通风的关系，加强通风控制，减少因舍内污浊导致的肺炎等呼吸道病的发生；保育舍每圈饲养仔猪 15~20 头，最多不超过 25 头，圈舍采用漏缝或半漏缝地板，每头仔猪占圈舍面积为 0.3~0.5 米^2；转入保育舍后，其采食、饮水、排泄尚未形成固定位置，头几天要加强调教，让其分清哪是睡卧区，哪是排泄区，如果有小猪在睡卧区排泄，要及时把它赶到排泄区，并把粪便清洗干净，每次在清扫卫生时，都要及时清除休息区的粪便和脏物，同时在排泄区留一小部分粪便，这样经过3~5 天的调教，仔猪就可形成固定的睡卧区和排泄区；保证充分饮水，并在饮水中适当添加葡萄糖、电解质、多维、抗生素，以提高仔猪的抵抗力，降低应激反应；分群时要按照原窝同圈、体重相似的原则进行，个体太小和太弱的单独分群饲养。

降低免疫应激水平。各种疫苗的免疫注射是保育舍最重要的工作之一，注射过程中，要先固定好仔猪，然后在准确的部位注射，不同类的疫苗同时注射时要分左右两边进行，不可打飞针；每栏仔猪要挂上免疫卡，记录转栏日期、注射疫苗情况，免疫卡随猪群移动而移动。在保育舍内不要接种过多的疫苗，主要是接种猪瘟、猪伪狂犬病以及口蹄疫疫苗等。对出现过敏反应的猪将其放在空圈内，防止其他仔猪挤压和踩踏，等过一段时间即可慢慢恢复过来，若出现严重过敏反应，则肌注肾上腺激素进行紧急抢救。

要解决保育问题，轻松度过保育关，必须抓好保育猪的细节管理。在净化猪场疫病环境、减少各种应激因子的应激、尽量降低免疫应激水平的同时，要千方百计做好仔猪断奶过渡期和保育前期的营养管理工作，尽量克服和避免仔猪断奶后，从母乳过渡到教槽料、从教槽料过渡到保育料时，因营养改变所产生的两次应激造成的生长停滞和负增长，提升断奶仔猪的抵抗力，减少病原微生物在体内的定植。

3. 断奶关

前面已经说过，这里不再赘述。

（四）乳猪的营养需求和乳猪料的选择

一般来说，母猪21天左右的泌乳量最大，以后就逐渐下降，而此时乳猪对营养的要求越来越多，因此必须给乳猪提供除母乳以外的营养——乳猪料。但乳猪的生理特点为生长发育快、消化系统发育不全、免疫力低下、体温调节能力差等，限制了其对母乳以外的营养原料的选择。选择什么样的乳猪料对乳猪当前及后期的生长发育都至关重要。

1. 乳猪料的营养要求

要求每千克饲料含有的营养浓度为：消化能14.0~14.3兆焦/千克，粗蛋白质19%~21%，赖氨酸1.2%，蛋氨酸+胱氨酸0.7%，钙0.75%，磷0.65%。

2. 乳猪料的特点

乳猪料乳猪应表现喜欢吃、消化好（通过粪便的观察）、采食量大，尤其是乳猪料结束过渡下一产品后的1周内；乳猪料要做到如下标准：营养性腹泻率低于20%，饲料转化率为1.2左右，日均增重250克以上，日均采食量300克以上。

3. 乳猪料的使用阶段

根据本场条件与管理情况来划分，生产上把乳猪出生后至4周龄称为乳猪阶段。这一阶段的饲料产品俗称为"乳猪料"（也有人称人工乳、开口料等）。在国内猪场一般采用5~7天开始补料，28天断奶的管理模式较多，大型养猪企业也有更早的，具体情况视每个猪场人员、技术、设备、生产、疾病防治等因素而不同。

4. 乳猪料的原料选择

因为乳猪料用量较小及乳猪的消化生理特点，应该选择高效优质、易消化的原料做乳猪料。高档乳猪配合饲料通常由四五十种之多的原料组成，简要介绍如下。

（1）乳猪配合饲料应以易消化、高营养的原料为主。优质鱼粉、乳清粉、血浆蛋白质、膨化大豆、大豆浓缩蛋白等原料适于乳猪料。豆粕含有抗原性物质，易损伤小肠绒毛，引起腹泻，应尽量减少豆粕的使用量，一般在饲粮中不应超过

25%。

（2）玉米是普通乳猪料中使用最多的原料，如能采用膨化玉米，效果更佳。

（3）乳清粉的乳糖含量很高，乳糖能直接被乳猪吸收，转化为能量供给乳猪生长发育。同时，乳糖分解产生的乳酸能提高乳猪胃液的酸度，进而提高饲料的消化能力，也可防止大肠杆菌的大量繁殖，有利于减少腹泻。乳猪料中可添加5%~30%的乳清粉，但添加量太高会造成制粒困难，而且成本增加。

（4）膨化大豆是大豆经高温短时熟化的产品，膨化提高了大豆养分的消化率，同时，也使大部分易引起乳猪腹泻的大豆抗原灭活，降低仔猪腹泻，膨化大豆既可提供蛋白质，又可提供脂肪。

（5）血浆蛋白粉是近年在高档乳猪料中使用较多的原料，蛋白质含量高，且易消化，更可贵的是含有乳猪缺乏的免疫球蛋白，可增强乳猪的抵抗力。

（6）石粉结合酸的能力强，可中和胃内的酸，乳猪料中不可大量使用。

（7）仔猪抵抗疾病的能力弱，饲粮中应添加高效的药物组合。

（8）乳猪料中添加酸化剂和酶制剂有利于提高饲料养分的消化率，降低腹泻率。

5. 乳猪料的料型

目前养猪生产中使用的乳猪料的料型主要有：颗粒、破碎、粉状、液态这四种。在生产中应用最多的是前三种，部分大型养猪企业也有尝试液态料饲喂，但液态料饲喂对猪场管理硬件与软件要求较高，目前中国猪场具体情况推广使用可能会有一段时间。

6. 乳猪料的加工

饲料厂的品控和生产工艺对乳猪料的品质起决定作用，可惜有许多饲料企业品控能力不足或者还不够重视，这也是目前在乳猪料市场上优秀产品少的主要因素之一。一个好的乳猪料配方设计，要有好的原料与品质控制和加工工艺技术做保证。如加工乳猪料时制粒的温度、调质的时间，对颗粒硬度有很大影响，太硬影响适口性。另外原料的粉碎、膨化、混合、加水、喷油、蒸汽预调质工艺、制粒中模具的选择、冷却工艺等均会影响乳猪料的品质。粒度的大小、变异系数也对乳猪料的品质会有影响。因此规模化猪场在制备乳猪颗粒料时一定要控制好加工工艺。

7. 乳猪料的使用方法

（1）自由采食。一般定时添加（根据设备、环境、人员情况不同时间不一），每次添加要及时清除残余已污染的饲料。自由采食优点是省时、省功、省力，猪只采食均匀，乳猪发育相对均匀度好；缺点是饲料浪费较高，尤其是对补料设备要求高，否则饲料浪费严重。另外不容易及时观察乳猪采食情况。生产中常见到很多产床补料槽下面积累了很多被猪拱撒的饲料。

（2）分次饲喂。根据猪只日龄一般每天4~6餐，尽量少喂勤添，尤其是中小猪场。优点是利用乳猪抢食行为刺激猪只食欲和采食量的增加。分次饲喂饲料新鲜度好，生长发育快，并便于观察乳猪生长发育，缺点是人工成本相对浪费较高，猪只均匀度稍差。另外时间把握不好也易造成一次过量的采食而发生消化不良性腹泻。所以无论自由采食或是分次饲喂乳猪要有足够的料槽面积，使一窝乳猪能同时采食到饲料。在补料期间要补充充足的清洁饮水。

8. 几种诱食方法介绍

（1）补料时间应选择仔猪精神活跃的时候，一般是在上午8：00—11：00，下午2：00—4：00。此时仔猪活动较频繁，利于诱食。

（2）将乳猪料调成糊状，在小猪开食前两天，饲养员将乳猪料涂在母猪乳房上，小猪吮奶时便接触饲料，促进开食。或者将饲料塞到小猪嘴里，反复几次可以使小猪开食。

（3）少给勤添。仔猪具有"料少则抢，料多则厌"的特点。所以，少给勤添便会造成一个互相争食的气氛，有利进食。

（4）以大带小。仔猪有模仿和争食的习性，可让已会吃料的仔猪和不会吃料的仔猪放在一起吃料。仔猪经过模仿和争食，很快便能学会吃料。

（5）以母教子。在仔猪没有补饲间的情况下，可将母猪料槽放低，让仔猪在母猪采食时拣食饲料，训练仔猪开食。但母猪料槽内沿的高度不能超过10厘米，日粮中搭配仔猪喜食的饲料。

（6）滚筒诱食。将炒熟的香甜粒料放在一个周身有孔两端封好的滚筒内，作为玩具，让仔猪拱着滚动，拣食从筒中落到地上的粒料，促进开食。

第二节　保育猪的高效饲养与管理

一、保育猪的生理特点

（一）抗寒能力差

仔猪一旦离开了温暖的产房和母猪的怀抱，要有一个适应过程，尤其对温度较为敏感，如果长期生活在 18℃以下的环境中，不仅影响其生长发育，还能诱发多种疾病。

（二）生长发育快

这期间仔猪的食欲特别旺盛，常表现出抢食和贪食现象，称为仔猪的旺食时期，若是饲养管理得法，仔猪生长迅速，在 40~60 日龄体重可增加 1 倍。

（三）对疾病的易感性高

由于断奶而失去了母源抗体的保护，而自身的主动免疫能力又未建立或不健全，对传染性胃肠炎、萎缩性鼻炎等疾病都十分易感，某些垂直感染的传染病如猪瘟、猪伪狂犬病等在这时期也可能暴发；还易发生腹泻、水肿病、副伤寒等多种细菌性疾病。

二、保育猪的生产指标与营养需求

保育期即仔猪生长前期，5 周到 10 周阶段，即 42 天，体重变化范围在 7~27 千克，单头耗料 35 千克左右，日增重 460 克左右。保育阶段，仔猪离开母亲带来的应激、抗体水平的迅速降低、重新分群的应激、独立采食生活的应激等原因导致此阶段疾病多发。保育猪对每千克饲料的营养需求为：能量 13.5~14.0 兆焦 / 千克；粗蛋白 17%~18%，其中赖氨酸 0.9%~1.1%；钙 0.8%~0.9%；磷 0.55%~0.60%。

三、保育猪的高效饲养和管理流程

（一）保育舍进猪前的各项准备工作

保育仔猪饲养应该实行全进全出制度。保育舍在保育仔猪转入前，应该空栏 1~2 周。空栏期间对栏舍进行清扫、消毒。具体方案为：首先要把保育舍冲洗干净。在冲洗时，将舍内所有栏板、饲料槽拆开，用高压水枪冲洗，将整个舍内的天花板、墙壁、窗户、地面、料槽、水管等进行彻底的冲刷。要注意凡是猪可接触到的地方，不能有猪粪、饲料遗留的痕迹。然后用 3% 烧碱消毒猪舍，作用 2 小时后用清水清洗，干栏 1~2 天，再用火焰喷射器灼烧后，干栏 1~2 天；如有设备是塑料设备，火焰喷射改为使用高锰酸钾、甲醛熏蒸消毒，消毒时密封猪栏 1~2 天，然后打开门窗通风，消除猪舍内气味。消毒完毕后修理栏位、饲料槽、保温箱，检查饮水设备是否正常，检查所有的电器、电线是否有损坏，检查窗户是否可以正常关闭。修理后于进猪前一天再用离子型消毒剂消毒一次，等待使用。

（二）保育猪转入后的工作

1.分群

为了减少应激，刚断奶的仔猪一般要在原来的圈舍内待1周左右的时间再转入保育舍，在分群时按照尽量维持原窝同圈、大小体重相近的同圈的原则进行，个体太小和太弱的单独分群饲养。这样有利于仔猪情绪稳定，减轻混群产生紧张不安的刺激，减少因相互咬斗而造成的伤害，有利于仔猪生长发育。同时做好仔猪的调教工作，刚断奶转群的仔猪因为从产房到保育舍新的环境中，其采食、睡觉、饮水、排泄尚未形成固定位置，如果栏内安装料槽和自动饮水器，其采食和饮水经调教会很快适应。

2.卫生定位

从仔猪转入之日起就应加强卫生定位工作（此项工作一般在仔猪转入1~3天内完成，越早越好），使得每一栏都形成采饮区、睡卧区及排粪区的三区定位，从而为保持舍内环境及猪群管理创造条件。为了更快更好地调教仔猪定位，一般进猪前在栏舍的排泄区内先撒上一点猪的粪尿，这样小猪进来后便会在此区排泄。假如有小猪在睡卧区排泄，要及时把小猪赶到排泄区并把睡卧区的粪便清洗干净。饲养员每次在清扫卫生时，要及时清除休息区的粪便和脏物，同时留一小部分粪便于排泄区。经过3~5天的调教，仔猪就可形成固定的睡卧区和排泄区，这样可保持圈舍的清洁与卫生。

3.预防咬尾、耳等不良习惯

在饲喂全价饲料、温湿度合适的情况下，仍可能有互咬现象，这也是仔猪的一种天性。在圈舍吊上橡胶环、铁链或塑料瓶物品等让它们玩耍，可分散注意力，减少互咬现象。

（三）保育猪的饲养管理

1.饲料过渡

保育猪应该饲喂保育仔猪料，以自由采食为主，但是为了减少突然换料引起的应激，应该采取逐渐过渡的方法进行换料。具体为：仔猪转入保育舍后，先用原来的饲料即乳猪料继续饲喂一周，然后逐渐过渡到保育料。过渡最好采用渐进性过渡方式（即第 1 次换料 25%，第 2 次换料 50%，第 3 次换料 75%，第 4 次换料 100%，每次时间 3 天左右）。在生产中可根据猪群的整体情况灵活掌握，对于病弱猪只可适当延长饲喂乳猪料或饲料过渡的时间，而对于转群体重较大、强壮的仔猪则可反之。这样可以调控生产成本，增加生产效益。同时饲料要妥善保管，以保证到喂料时饲料仍然新鲜。为保证饲料新鲜和预防角落饲料发霉，注意要等料槽中的饲料吃完后再加料，每隔 3~5 天清洗一次料槽。

2. 饮水

水是猪每天食物中最重要的营养，仔猪刚转群到保育舍时，最好供给温开水，前 3 天，每头仔猪可饮水 1 千克，4 天后饮水量会直线上升，至 10 千克体重时日饮水量可增加到 1.5~2 千克。饮水不足，使猪的采食量降低，直接影响到饲粮的营养价值，猪的生长速度可降低 20%。高温季节，保证猪的充分饮水尤为重要，天气太热时，仔猪将会因抢饮水器而咬架，有些仔猪还会占着饮水器取凉，使别的小猪不便喝水，还有的猪喜欢吃几口饲料又去喝一些水，往来频繁。如果不能及时喝到水，则吃料也受影响。应该保证 10 头猪最少 1 个饮水器，所以如果一栏内有 10 头以上的猪应安装 2 个饮水器，按 50 厘米距离分开装，高度在 40 厘米左右，出水量在 0.7~1.0 升 / 分钟，保证仔猪随时都可以舒服地饮水。仔猪断奶后为了缓解各种应激因素，通常在饮水中添加葡萄糖、钾盐、钠盐等电解质、维生素或抗生素等，以提高仔猪的抵抗力，降低感染率。选择电解质、多维要考虑水溶性，确保维生素 C 和 B 族维生素的供应。

3. 密度大小

在一定圈舍面积条件下，密度越高，群体越大，越容易引起拥挤。但在冬春寒冷季节，若饲养密度和群体过小，会造成小环境温度偏低，影响仔猪生长。规模化猪场要求保育舍每圈饲养仔猪 10~15 头，每头仔猪占用圈栏面积不低于 0.3 米^2，因此每栏面积一般在 3~4.5 米^2，采用漏缝或半漏缝地板。如果饲养密度过高，则有害气体氨气、硫化氢等的浓度过大，空气质量相对较差，猪就容易发生呼吸道疾病，因而保证空气质量是控制呼吸道疾病的关键。

4. 保温控制

冬季应正确运用保温设备，做好仔猪特别是刚断奶 10 天内的仔猪的保温工作。现在规模猪场多采用保温箱加保温灯的采暖形式。保温灯一般选用 200 瓦或 250 瓦红外线灯。有条件的也可以在保温箱内放置一块电热保温板，保温板清洗方便、节能、保温效果好，价格也比较便宜，但目前很多厂家生产的保温板不够耐用，容易破裂。

5.通风控制

由于保育舍内的猪只多、密度高，在寒冷季节往往可产生大量有害气体（氨气、二氧化碳、硫化氢等），因此在保温的同时要搞好通风，排出有害气体，为猪只提供较为舒适的生长生活环境。氨、硫化氢等污浊气体含量过高会使猪肺炎的发病率升高。通风是消除保育舍内有害气体含量和增加新鲜空气含量的有效措施。但过量的通风会使保育舍内的温度急骤下降，这对仔猪也不适合。生产中，保温和换气应采用较为灵活的调节方式，两者兼顾。高温则多换气，低温则先保温再换气。有热风炉的猪场可以通过进暖风的方式给保育舍通风，这样正压输送暖风，既保持了猪舍内的温度，又给猪舍输送了新鲜空气，排出舍内污浊的空气。

6.适宜的温湿度

保育舍环境温度对仔猪影响很大。据有关资料查证：寒冷气候情况下，仔猪肾上腺素分泌量大幅上升，免疫力下降，生长滞缓，而且下痢、胃肠炎、肺炎等的发生率也随之增加。要使保育猪正常生长发育，必须创造一个良好、舒适的生活环境。断奶1周的仔猪温度要求为25~27℃，以后每周1~2℃的降幅逐渐降低到10周龄的21℃，昼夜温差越小越好，同时防止贼风。最适宜的相对湿度为65%~75%。保育舍内要安装温度和湿度计，随时了解室内的温度和湿度。生产中，当保育舍温度低于20℃时，应给予适当升温。

（四）疾病的预防

1.做好卫生

每天都要及时打扫高床上仔猪的粪便，冲走高床下的粪便。保育栏高床要保持干燥，不允许用水冲洗，湿冷的保育栏极易引起仔猪下痢，走道也尽量少用水冲洗，保持整个环境的干燥和卫生。刚断奶的小猪高床下可减少冲粪便的次数，即使是夏天也要注意保持干燥。

2.消毒

在消毒前首先将圈舍彻底清扫干净，包括猪舍门口、猪舍内外走道等。所有猪和人经过的地方每天进行彻底清扫。消毒包括环境消毒和带猪消毒，要严格执行卫生消毒制度，平时猪舍门口的消毒池内放入火碱水，每周更换2次，冬天为了防止结冰，可以使用干的生石灰进行消毒。转舍饲养猪要经过"缓冲间"消毒。带猪消毒可以用高锰酸钾、过氧乙酸、戊二醛、聚维酮碘及百毒杀等交替使用，于猪舍进行喷雾消毒，每周至少1次，发现疫情时每天1次。注意消毒前先将猪舍清扫干净，冬季趁天气晴朗暖和的时间进行消毒，防止给仔猪造成大的应激，同时消毒药要交替使用，以避免产生耐药性。

3. 保健

刚转到保育舍的小猪一般采食量较小，甚至一些小猪刚断奶时根本不采食，所以在饲料中加药保健达不到理想的效果，饮水投药则可以避免这些问题，且达到较好的效果。保育第 1 周在每吨水中加入支原净 60 克 + 电解多维 500 克 + 葡萄糖 1 千克，可有效地预防呼吸道疾病的发生。

驱虫主要包括蛔虫、疥螨、虱、线虫等体内外寄生虫，驱虫时间以 35~40 日龄为宜。体内寄生虫用伊维菌素按每千克体重 0.2 毫克或左旋咪唑按每千克体重 10 毫克计算量拌料，于早晨喂服，5~7 天以后再喂一次。体外寄生虫用 12.5% 的双甲脒乳剂兑水喷洒猪体。注意驱虫后要将排出的粪便彻底清除并作妥当处理，防止粪便中的虫体或虫卵造成二次污染。

4. 疫苗免疫与接种

各种疫苗的免疫注射是保育舍最重要的工作之一，注射过程中，一定要先固定好仔猪，然后在准确的部位注射，不同类的疫苗同时注射时要分左右两边注射，不可打飞针；每栏仔猪要挂上免疫卡，记录转栏日期、注射疫苗情况，免疫卡随猪群移动而移动。此外，不同日龄的猪群不能随意调换，以防引起免疫工作混乱。在保育舍内不要接种过多的疫苗，主要是接种猪瘟、猪伪狂犬病以及口蹄疫疫苗等。对出现过敏反应的猪将其放在空圈内，防止其他仔猪挤压和踩踏，等过一段时间即可慢慢恢复过来，若出现严重过敏反应，则肌注肾上腺激素进行紧急抢救。

5. 日常观察和记录

保育舍内的饲养员除了做好每天的卫生清扫、清粪、冲圈外，还要仔细观察每头猪的饮食、饮水、体温、呼吸、粪便和尿液的颜色、精神状态等。辅助兽医做好疫苗免疫、疾病治疗和 70 日龄称重等常规工作，对饲料消耗情况、死亡猪的数量及耳号做好相关的记录和上报工作。对病弱仔猪最好隔离饲养，单独治疗，这样一方面保证病弱仔猪的特殊护理需要，另一方面可以防止疾病的互相感染与传播。

第八章

生长育肥猪的高效饲养与管理

　　生长育肥猪的饲养是养猪生产中最后的一个环节，占用的资金多、耗料多，最终目的是让养猪生产者投入最少的饲料和劳动力，在尽可能短的时间内，生产出成本最低、数量最多、质量最好的猪肉供应市场，满足广大消费者日益增长的物质需求，并从中获取最大的经济利益。而影响生长育肥猪生长发育的因素较多，单靠某一种技术是难以达到这个目的的。为此，生产者一定要根据生长育肥猪的生理特点和生长发育规律，满足各种营养需要，采用科学的饲养管理和疫病防治技术，从而达到猪只胴体品质优良、成本低和效益高的目的。

第一节　生长育肥猪的生理特点与营养需求

一、生长育肥猪的生理特点

（一）不同体重阶段的生理特点

从猪的体重看，生长育肥猪的生长过程可分为生长期和育肥期两个阶段。

1. 生长期的生理特点

　　体重 20~60 千克为生长期。此阶段猪的机体各组织、器官的生长发育功能不很完善，尤其是刚刚 20 千克体重的猪，其消化系统的功能较弱，消化液中某些有效成分不能满足猪的需要，影响了营养物质的吸收和利用，并且此时猪只胃的容积较小，神经系统和机体对外界环境的抵抗力也正处于逐步完善阶段。这个阶段主要是骨骼和肌肉的生长，而脂肪的增长比较缓慢。

2. 肥育期的生理特点

体重 60 千克至出栏为肥育期。此阶段猪的各器官、系统的功能都逐渐完善，尤其是消化系统有了很大发展，对各种饲料的消化吸收能力都有很大改善；神经系统和机体对外界的抵抗力也逐步提高，逐渐能够快速适应周围温度、湿度等环境因素的变化。此阶段猪的脂肪组织生长旺盛，肌肉和骨骼的生长较为缓慢。

（二）不同生长阶段的增重规律及组织生长特点

猪在生长发育过程中，各阶段的增重及组织的生长是不同的，也是有规律的。

1. 体重的增长规律

在正常的饲料条件、饲养管理条件下，猪体的每月绝对增重，是随着年龄的增长而增长，而每月的相对增重（当月增重 ÷ 月初增重 × 100），是随着年龄的增长而下降，到了成年则稳定在一定的水平。就是说，小猪的生长速度比大猪快，一般猪在 100 千克前，猪的日增重由少到多，而在 100 千克以后，猪的日增重由多到少，至成年时停止生长。也就是说，猪的绝对增长呈现慢—快—慢的增长趋势，而相对生长率则以幼年时最高，然后逐渐下降。

2. 猪体内组织的增长规律

猪体骨骼、肌肉、脂肪、皮肤的生长强度也是不平衡的。一般骨骼是最先发育，也是最先停止的。骨骼是先向纵行方向长（即向长度长），后向横行方向长。肌肉继骨骼的生长之后而生长。脂肪在幼年沉积很少，而后期加强，直至成年。如初生仔猪体内脂肪含量只有 2.5%，到体重 100 千克时含量高达 30% 左右。脂肪先长网油，再长板油。小肠生长强度随年龄增长而下降，大肠则随着年龄的增长而提高，胃则随年龄的增长而提高。总的来说，育肥期 20~60 千克为骨骼发育的高峰期，60~90 千克为肌肉发育高峰期，100 千克以后为脂肪发育的高峰期。所以，一般杂交商品猪应于 90~110 千克屠宰为适宜。

3. 猪体内化学成分的变化规律

猪体内蛋白质在 20~100 千克这个主要生长阶段沉积，实际变化不大，每日沉积蛋白质 80~120 克；水分则随年龄的增长而减少；矿物质从小到大一直保持比较稳定的水平。如体重 10 千克时，猪体组织内水分含量为 73% 左右，蛋白质含量为 17%；到体重 100 千克时，猪体组织内水分含量只有 49%，蛋白质含量只有 12%。

二、生长育肥猪的营养需要

生长育肥猪的经济效益主要是通过生长速度、饲料利用率和瘦肉率来体现的，因此，要根据生长育肥猪的营养需要配制合理的日粮，以最大限度地提高瘦肉率和肉料比。

动物为能而食，一般情况下，猪日采食能量越多，日增重越快，饲料利用率越高，沉积脂肪也越多。但此时瘦肉率降低，胴体品质变差。蛋白质的需要更为复杂，为了获得最佳的肥育效果，不仅要满足蛋白质量的需求，还要考虑必需氨基酸之间的平衡和利用率。能量高使胴体品质降低，而适宜的蛋白质能够改善猪胴体品质，这就要求日粮具有适宜的能量蛋白比。由于猪是单胃杂食动物，对饲料粗纤维的利用率很有限。研究表明，在一定条件下，随饲料粗纤维水平的提高，能量摄入量减少，增重速度和饲料利用率降低。

因此猪日粮粗纤维不宜过高，肥育期应低于8%。矿物质和维生素是猪正常生长和发育不可缺少的营养物质，长期过量或不足，将导致代谢紊乱，轻者增重减慢，严重的发生缺乏症或死亡。生长期为满足肌肉和骨骼的快速增长，要求能量、蛋白质、钙和磷的水平较高，饲粮含消化能 13.0~13.5 兆焦 / 千克，粗蛋白质水平为 15%~16%，赖氨酸 0.55%~0.65%，蛋氨酸 + 胱氨酸 0.37%~0.42%，钙 0.50%~0.55%，磷 0.40%~0.45%。肥育期要控制能量，减少脂肪沉积，饲粮含消化能 12.2~12.9 兆焦 / 千克，粗蛋白质水平为 13%~15%，赖氨酸 0.5%，钙 0.45%，磷 0.35%~0.4%，蛋氨酸 + 胱氨酸 0.28%。

第二节　提高生长育肥猪生产效益的高效措施

一、影响生长育肥猪高产肥育的因素

（一）猪种

不同品种在育肥过程中，在饲料、饲养管理、饲养时间、方法、措施等条件都相同，它的增重是不同的，如东山猪要比陆川猪日增重快 10%~15%，不同杂交猪，其增重速度也不同，例如陆川母猪 × 约克公猪，平均日增重 500 克，约杂一代母猪 × 长白公猪，平均日增重 600 克。一般杂种后代，比本地亲本的增重平均值提高 15%~25%。

（二）饲料

饲料对增重影响很大。一是饲料数量的影响，猪吃得多，生长快，如30千克的小猪，日食2.5千克精料可长1千克体重，吃2千克料，只能长0.7千克。当然过多也会造成浪费。另一个是饲料品质的影响，如小猪日粮中所含蛋白质水平和氨基酸的种类，比例是否完全平衡。如粗蛋白质水平18%，比14%的增重快，同时用混合饲料比单一饲料喂猪增重快。

（三）育肥前仔猪的体重

育肥前体重大、生长发育好的仔猪，要比体重小、生长发育差的，育肥效果要好，一般来说，断奶体重越大，肥育效果越好。

（四）年龄

按单位体重的增重率计，年龄越小，增重速度越快，每千克增重耗料越少。例如10千克仔猪，每月增重7千克，增重率70%，料肉比2.0∶1；80千克的大猪，每月增重20千克，增重率只有25%，料肉比3.2∶1，所以小猪阶段比大猪增重大，效益好。

（五）猪只饲养密度

据试验，一栏养10头，每头占地面积1.2米^2，日增重610克，另一栏养15头，每头占地面积0.8米^2，日增重580克，适当宽度对增重是有利的。

此外，性别（公猪比母猪增重快）、阉割（阉割的比不阉割的增重快）、温度（秋天肥育比夏天、冬天快）以及饲养方法（不限料比限料快）、饲喂餐数、驱虫与否等对高产肥育都有影响。

二、生长育肥猪的高效饲养措施

育肥猪是获得养猪生产最好经济效益的关键时期。育肥猪生产性能的发挥直接决定着一个猪场的盈利多少，所以搞好育肥猪阶段的管理，也就是猪场管理的锦上添花。

提高育肥猪的生产力，除了要选择优良的瘦生长育肥猪品种和杂交组合、提高仔猪初生重和断奶重、适宜的饲粮营养以外，要重点关注以下饲养技术措施。

（一）选择适当的育肥方式

1. 一贯育肥法

就是从 25~100 千克均给予丰富营养，中期不减料，使之充分生长，以获得较高的日增重，要求在 4 个月龄体重达到 90~100 千克。

饲养方法：将生长育肥猪整个饲养期分成两个阶段，即前期 25~60 千克，后期 60~100 千克；或分成三个阶段，即前期 25~35 千克，中期 35~60 千克，后期 60~100 千克。各期采用不同营养水平和饲喂技术，但整个饲养期始终采用较高的营养水平，而在后期采用限量饲喂或降低日粮能量浓度方法，可达到增重速度快、饲养期短、生长育肥猪等级高、出栏率高和经济效益好的目的。

（1）肥育小猪一定是选择二品种或三品种杂交仔猪，要求发育正常，70 日龄转群体重达到 25 千克以上，身体健康、无病。

（2）肥育开始前 7~10 天，按品种、体重、强弱分栏、阉割、驱虫、防疫。

（3）正式肥育期 3~4 个月，要求日增重达 1.2~1.4 千克。

（4）日粮营养水平，要求前期（25~60 千克）每千克饲粮含粗蛋白质 15%~16%，消化能 13.0~13.5 兆焦 / 千克，后期（60~100 千克），粗蛋白质 13%~15%，消化能 12.2~12.9 兆焦 / 千克，同时注意饲料多种搭配和氨基酸、矿物质、维生素的补充。

（5）每天喂 2~3 餐，自由采食，前期每天喂料 1.2~2.0 千克，后期 2.1~3.0 千克。精料采用干湿喂，青料生喂，自由饮水，保持猪栏干燥、清洁，夏天要防暑、降温、驱蚊，冬天要关好门窗保暖，保持猪舍安静。

2. 前攻后限育肥法

过去养肉猪，多在出栏前 1~2 个月进行加料猛攻，结果使猪生产大量脂肪。这种育肥不能满足当今人们对瘦肉的需要。必须采用前攻后限的育肥法，以增加瘦肉生产。前攻后限的饲喂方法：仔猪在 60 千克前，采用高能量、高蛋白日粮，每千克混合料粗蛋白质 15%~17%，消化能 13.0~13.5 兆焦 / 千克，日喂 2~3 餐，每餐自由采食，以饱为度，尽量发挥小猪早期生长快的优势，要求日增重达 1~1.2 千克。在 60~100 千克阶段，采用中能量、中蛋白日粮，每千克饲料含粗蛋白质 13%~14%，消化能 2.2~12.9 兆焦 / 千克，日喂两餐，采用限量饲喂，每天只吃 80% 的营养量，以减少脂肪沉积，要求日增重 0.6~0.7 千克。为了不使猪挨饿，在饲料中可增加粗料比例，使猪既能吃饱，又不会过肥。

3. 生长育肥猪原窝饲养

猪是群居动物，来源不同的猪并群时，往往出现剧烈的咬斗，相互攻击，强行争食，分群躺卧，各据一方，这一行为严重影响了猪群生产性能的发挥，个体间增重差异可达13%。而原窝猪在哺乳期就已经形成群居秩序，生长育肥猪期仍保持不变，这对生长育肥猪生产极为有利。但在同窝猪整齐度稍差的情况下，难免出现些弱猪或体重轻的猪，可把来源、体重、体质、性格和吃食等方面相近似的猪合群饲养，同一群猪个体间体重差异不能过大，在小猪（前期）阶段群体内体重差异不宜超过 2~3 千克，分群后要保持群体的相对稳定。

（二）选择适当的喂法及餐数

1. 饲喂的方式

通常育肥的饲养方式，有"自由采食"和"定餐喂料"两种方式。这两种饲养方式各有优缺点。自由采食大家知道，省时省工，给料充足，猪的发育也比较整齐。但是缺点是容易导致猪的"厌食"；该方法还很容易造成饲料的浪费，因为料充足，猪有事儿没事儿到处拱，造成浪费比较大，也容易造成霉变。因为，以前添加的饲料如果没有清理干净，很容易在料槽底存积发生霉变。自由采食再一个缺点是：猪只不是同时采食，也不是同时睡觉，所以很难观察猪群的异常变化；也容易使部分饲养员养成懒惰的作风，因为把料加槽里以后就没事儿了，根本不进猪栏，不去观察猪群。

定餐喂料也有它的优点：可以提高猪的采食量，促进生长，缩短出栏时间。有人做过详细的试验，同批次进行自由采食的猪和定餐喂料的猪相比，如果定餐喂料做得好，可以提前 7~10 天上市。定餐喂料的过程中，更易于观察猪群的健康状况。定餐喂料的缺点是：每天要分 3~4 餐喂料，这样饲养员工作量加大了。另外，对饲养员的素质要求高了，每餐喂料要做到准确，这个是难控制的；如果饲养员素质不高，责任心不强，很容易造成饲料浪费或者喂料不足的情况。喂料的原则就要：保证猪只充分喂养。充分喂养，就是让猪每餐吃饱、睡好，猪能吃多少就给它吃多少。

曾经有一位个体户老板说，猪长到 150 斤以后就不怎么给猪喂料了。他认为这猪一天要吃五六斤，得要很多料钱。

但是他没想到，到了育肥后期猪一天要增重 1 000 多克，能赚很多钱。

那么到底一头育肥猪一天要喂多少？很多人心里没数。现告诉大家一个简单的估算方法，一般每天喂料量是猪体重的 3%~5%。比如，20 千克的猪，按 5%

计算，那么一天大概要喂 1 千克料。以后每一个星期，在此基础上增加 150 克，这样慢慢添加，那么到了大猪 80 千克后，每天饲料的用量，就按其体重的 3% 计算。当然这个估计方法也不是绝对的，要根据天气、猪群的健康状况来定。

三餐喂料量是不一样的，提倡"早晚多，中午少"。一般晚餐占全天耗料量的 40%，早餐占 35%，中餐占 25%，为什么？因为晚上的时间比较长，采食的时间也长；早晨，因为猪经过一晚上的消化后，肠胃已经排空，采食量也增加了；中午因为时间比较短，且此时的饲喂以调节为主，如早上喂料多了，中午就少喂一点。相反，早上喂少了，中午就喂多一点。

2.改熟料喂为生喂

青饲料、谷实类饲料、糠麸类饲料，含有维生素和有助于猪消化的酶，这些饲料煮熟后，破坏了维生素和酶，引起蛋白质变性，降低了赖氨酸的利用率。有人总结 26 个系统试验的结果，谷实饲料由于煮熟过程的耗损和营养物质的破坏，利用率比生喂的降低了 10%。同时熟喂还增加设备、增加投资、增加劳动强度、耗损燃料。所以一定要改熟喂为生喂。

3.改稀喂为干湿喂

有些人以为稀喂料，可以节约饲料。其实并非如此。猪快不快长，不是以猪肚子胀不胀为标准的，而是以猪吃了多少饲料，又主要是以这些饲料中含有多少蛋白质、多少能量及其他们利用率为标准的。

稀料喂猪缺点很多。第一，水分多，营养干物质少，特别是煮熟的饲料再加水，干物质更少，影响猪对营养的采食量，造成营养的缺乏，必然长得慢。第二，水不等于饲料，因它缺乏营养干物质，如在日粮中多加水，喝到肚子里，时间不久，几泡尿就排出体外，猪就感到很饿，但又吃不着东西，结果情绪不安、跳栏、撬墙。第三，影响饲料营养的消化率。饲料的消化，依赖口腔、胃、肠、胰分泌的各种蛋白酶、淀粉酶、脂肪酶等酶系统，把营养物质消化、吸收。喂的饲料太稀，猪来不及咀嚼，连水带料进入胃、肠，影响消化，也影响胃、肠消化酶的活性，酶与饲料没有充分接触，即使接触，由于水把消化液冲淡，猪对饲料的利用率必然降低。第四，喂料过稀，易造成肚大下垂，屠宰率必然下降。

采用干湿喂是改善饲料饲养效果的重要措施，应先喂干湿料，后喂青料，自由饮水。这样既可增加猪对营养物质的采食量，又可减少因屙尿多造成的能量损耗。

4.喂料要注意"先远后近"的原则，以提高猪的整齐度

有这样一个现象，越是靠近猪栏进门和靠近饲料间的这些猪栏里，猪都长得

很快，越到后面猪栏猪越小，这是为什么？肯定是喂料不充足。所以要求饲养员喂料，并不是从前往后喂，而是反过来，要从后面往前面喂，为什么？因为，有些饲养员推一车料，从前往后喂，看到料快完了，就慢慢减少喂料量，最后就没有了，他也懒得再加料了。如果从远往近喂的话，最后离饲料间近，饲养员补料也方便了，所以整齐度也提高了。

5. 保证猪抢食

养肥猪就要让它多吃，吃得越多长得越快。怎么让猪多吃？得让它去抢。如果喂料都是均衡的话，它就没有"抢"的意识了。如果每餐料供应都很充裕的话，猪就不会去抢了。所以，平时要求饲养员，每个星期尽量让猪把槽里的料吃尽吃空两次。比如，星期一本来这一栋栏这餐应该喂四包饲料的，就只给喂三包，让猪只有一种饥饿感，到下一餐时，因为有些猪没吃饱，要抢料，采食量提高了；抢了几天以后，因喂料正常，"抢"的意识又淡化了。那么，到了星期四的中午，又进行控料一次，这样一来，这些猪又抢料。这样始终让猪处于一种"抢料"的状况，提高采食量和生长速度，进而即可提前出栏，增加效益。

（三）用料管理

育肥猪在不同阶段的营养要求不一样。某些猪场的育肥猪饲料始终只有一种料。

1. 要减少换料应激

饲料的种类和精、粗、青比例要保持相对稳定，不可变动太大，转群以后要进行换料。在变换饲料时，要逐渐进行，使猪有个适应和习惯的过程，这样有利于提高猪的食欲以及饲料的消化利用率。为了减少因换料给仔猪造成的应激，转入生长育肥舍后由保育料换生长料时应该过渡，实行"三天换料"或"五天换料"的方法。实行"三天换料"时，第一天，保育猪料和育肥料按 2：1 配比饲喂；第二天，保育猪和育肥料按 1：1；第三天保育猪料和育肥料按 1：2。这样三天就过渡了。"五天换料"时，在转入生长育肥舍后第一天继续饲喂保育料，第二天开始过渡饲喂生长料，生长料：保育料为 3：7；第三天，生长料：保育料为 5：5，第四天，生长料：保育料为 7：3，第五天开始全部饲喂生长料。

2. 要减少饲料的无形浪费

有的人讲：饲料多喂是浪费，那就少给。其实，少给料同样也是一种浪费。因为，少给料以后，猪饥饿不安，到处游荡，消耗体能。猪不安以后，到处游荡，就消耗体能，这个"体能"从哪儿来？从饲料中来，要通过饲料的转化。这样，饲料的利用率就无形中降低了，料肉比就高了。另外猪饥饿嚎叫，也是消耗能量，也要通过饲料来转化，所以我们喂料要做到投料均匀，不能多，也不能少。这是喂料的要求。

（四）合理饮水

水是调节体温、饲料营养的消化吸收和剩余物排泄过程不可缺少的物质，水质不良会带入许多病原体，因此既要保证水量充足，又要保证水质。实际生产中，切忌以稀料代替饮水，否则造成不必要的饲料浪费。

生长育肥猪的饮水量随体重、环境温度、日粮性质和采食量等而变化。一般在冬季，生长育肥猪饮水量为采食风干饲料量的 2~3 倍或体重的 10% 左右；春秋季约为 4 倍或 16% 左右；夏季约为 5 倍或 23% 左右。饮水的设备以自动饮水器最佳。

三、生长育肥猪的高效管理措施

（一）做好入栏前的一些准备工作

有的饲养员可能经验不足，猪一卖完以后，马上进行冲栏、消毒，这当然不错，但是方法不对。猪群走完以后，首先我们要把猪栏进行浸泡，用水将猪栏地板、围栏打潮，每次间隔 1~2 个小时，把粪便软化，再进行冲洗，这样冲洗就快了，可节省时间，提高效率。还有的饲养员冲完栏以后，立即就进行消毒，这个方法不对。按正常的程序，是浸泡—冲洗干净—干燥—消毒—再干燥—再消毒，这样达到很好的效果。

育肥猪入栏前，要做好各项准备工作，包括对猪栏进行修补、计划和人员安排等。比方说，育肥猪每栋计划进多少，哪个饲养员来饲养，这些都要提前做好安排，包括明天要转猪，天气是晴天还是雨天，都要有所了解。对设备、水电路进行检查，饮水器是否漏水？有没有堵塞？冬天入栏前猪舍内保暖怎样？都要考虑。

猪群入栏以后，首要的工作就是要进行合理的分群，要把公母猪进行分群，大小强弱要进行分群。为什么要进行分群？目的就是提高猪群的整齐度，保证"全进全出"。实际上，公母分群时间不应是在育肥阶段，在保育阶段已经完成。

1. 清洗

首先将空出的猪舍或圈栏彻底清扫干净，确保冲洗到边到头，到顶到底，任何部位无粪迹、无污垢等。

2. 检修

检查饮水器是否被堵塞；围栏、料槽有无损坏；电灯、温度计是否完好，及时修理。

3. 消毒

对于多数消毒剂来说，如果不先将欲消毒表面清洗干净，消毒剂是无法起到消毒效果的。一般来说粪便通常会使消毒剂丧失活性，从而保护其中的细菌和病毒不被消毒剂杀死；消毒剂需要与病原亲密接触并有足够时间才有效果。

先用 2%~3% 的火碱水喷洒、冲洗，刷洗墙壁、料槽、地面、门窗。消毒1~2 个小时后，再用清水冲洗干净。舍内干燥后，再用其他消毒剂，如戊二醛、碘制剂等消毒液消毒 1 次。

4. 调温

将温度控制在 20℃ 左右。夏季准备好风扇、湿帘等，采取相应的降温措施；冬季采用双层吊顶，北窗用塑料薄膜封好，生炉子、通暖气等方法升温，温度要大于 18℃。

（二）转栏与分群调群

在仔猪 11 周龄始由保育舍转入生长育肥舍，可以采取大栏饲养，每圈 18 头左右。圈长 7.8 米，宽 2.2 米，栏高 1 米，每圈实用面积 17 米^2，每头生长育肥猪占用 0.85 米^2。为了提高仔猪的均匀整齐度，保证"全进全出"工艺流程的顺利运作，从仔猪转入开始根据其公母、体重、体质等进行合理组群，每栏中的仔猪体重要均匀，同时做到公母分开饲养。注意观察，以减少仔猪争斗现象的发生，对于个别病弱猪只要进行单独饲养特殊护理。

要根据猪的品种、性别、体重和吃食情况进行合理分群，以保证猪的生长发育均匀。分群时，一般应遵守"留弱不留强，拆多不拆少，夜并昼不并"的原则。分群后经过一段时间饲养，要随时进行调整分群。

刚转入猪与出栏猪使用同样的空间，会使猪舍利用率降低，而且猪在生长过程中出现的大小不均在出栏时体现出来。采用不同阶段猪舍养猪数量不同，既合理利用了猪舍空间，又使每批猪出栏时体重接近。保育转育肥一个栏可放 18~20 头；换中料时，将栏内体重相对较小的两头挑出重新组群；换大料时，再将每栏挑出一头体重小的猪，重新组群。挑出来的猪要精心照顾，有利于做到全进全出。每天巡栏时发现病僵、脱肛、咬尾时，及时调出，放入隔离栏；有疑似传染

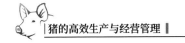

病的，及时隔离或扑杀。

（三）调教

1. 限量饲喂要防止强夺弱食

当调入生长育肥猪时，要注意所有猪都能均匀采食，除了要有足够长度的料槽外，对喜争食的猪要勤赶，使不敢采食的猪能得到采食，帮助建立群居秩序，分开排列，同时采食。

2. 采食、睡觉、排便"三定位"，保持猪栏干燥清洁

从仔猪转入之日起就应加强卫生定位工作。此项工作一般在仔猪转入 1~3 天完成，越早越好，训练猪群吃料、睡觉、排便的"三定位"。

通常运用守候、勤赶、积粪、垫草等方法单独或几种同时使用进行调教。例如：当小生长育肥猪调入新猪栏时，已消毒好的猪床铺上少量垫草，料槽放入饲料，并在指定排便处堆放少量粪便，然后将小生长育肥猪赶入新猪栏。发现有的猪不在指定地点排便，应将其散拉的粪便铲到粪堆上，并结合守候和勤赶，这样，很快就会养成"三定位"的习惯。这样不仅能够保持猪圈清洁卫生，有利于垫土积肥，减轻饲养员的劳动强度。猪圈应每天打扫，猪体要经常刷拭，这样既减少猪病，又有利于提高猪的日增重和饲料利用率。做好调教工作，关键在于抓得早，抓得勤。

（四）去势、防疫和驱虫

1. 去势

我国猪种性成熟早，一般多在生后 35 日龄左右、体重 5~7 千克时进行去势。近年来提倡仔猪生后早期（7 日龄左右）去势，以利术后恢复。目前我国集约化养猪生产多数母猪不去势，公猪采用早期去势，这是有利生长育肥猪生产的措施。国外瘦肉型猪性成熟晚，幼母猪一般不去势生产生长育肥猪，但公猪因含有雄性激素，有难闻的膻气味，影响肉的品质，通常是将公猪去势用作生长育肥猪生产。

2. 防疫

预防猪瘟、猪丹毒、猪肺疫、仔猪副伤寒和病毒性痢疾等传染病，必须制定科学的免疫程序进行预防接种。

3. 驱虫

生长育肥猪的寄生虫主要有蛔虫、姜片吸虫、疥螨和虱子等体内外寄生虫，

通常在 90 日龄进行第一次驱虫，必要时在 135 日龄左右时再进行第二次驱虫。服用驱虫药后，应注意观察，若出现副作用时要及时解救。驱虫后排出的粪便，要及时清除并堆制发酵，以杀死虫卵防再度感染。

（五）防止育肥猪过度运动和惊恐

生长猪在育肥过程中，应防止过度的运动，特别是激烈地争斗或追赶，过度运动不仅消耗体内能量，更严重的是容易使猪患上一种应激综合征，突然出现痉挛，四肢僵硬严重时会造成猪只死亡。

（六）巡棚

坚持每天两次巡棚。主要检查棚内温度、湿度、通风情况，细致观察每头猪只的各项活动，及时发现异常猪只。当猪安静时，听呼吸有无异常，如喘、咳等；全部哄起时，听咳嗽判断有无深部咳嗽的现象；猪只采食时，有无异常如呕吐，采食量下降等，粪便有无异常，如下痢或便秘。育肥舍采用自由采食的方法，无法确定猪只是否停食，可根据每头猪的精神状态判断猪只健康状况。

四、生长育肥猪的高效环境控制措施

（一）保温与通风

温度可能会引起很多管理者的关注。育肥阶段的最适温度在 20~25℃，那么每低于最适温度 1℃，100 千克体重的猪每天要多消耗 30 克饲料。这也是为什么每到冬季，料肉比高的原因。如果温度高于 25℃，那么它散热困难，"体增热"增加。体增热一增加，就会耗能，因呼吸、循环、排泄这些相应地都要增加，料肉比就要升高。为什么经过寒冷的冬天和炎热的夏天，育肥猪的出栏时间往往会推迟，就是这个道理。平时还要做好高—低温之间的平稳过渡，舍内温度不要忽高忽低。温度骤变，很容易造成猪的应激。所以，一个合格的猪场场长，每天应关注天气的变化。

猪舍要保持干燥，就需要进行强制通风。为什么？现在大部分猪场没有强制通风，靠自然通风，但自然通风往往不能达到通风换气的要求，所以我们必须进行强制通风。据观察，90% 以上的猪场，通风换气工作没做好。到底通风起什么作用？通风，不仅可以降低舍内的湿度、降温，可以改善空气质量，提高舍内空气的含氧量，促进生猪生长。为什么到了秋天、冬天，猪场呼吸道病就来了？

主要是通风换气没做好，这是猪场发生呼吸道病的重要原因之一。

集约化高密度饲养的生长育肥猪一年四季都需通风换气，通风可以排出猪舍中多余的水汽，降低舍内湿度，防止围护结构内表面结露，同时可排出空气中的尘埃、微生物、有毒有害气体（如氨气、硫化氢、二氧化碳等），改善猪舍空气的卫生状况。

在冬季通风和保温是一对矛盾，有条件的企业可用在满足温度供应的情况下，根据猪舍的湿度要求控制通风量；为了降低成本，应该在保证猪舍环境温度基本得以满足的情况下采取通风措施，但在冬季一定要防止"贼风"的出现。猪舍内气流以 0.1~0.2 米 / 秒为宜，最大不要超过 0.25 米 / 秒。

（二）防寒与防暑

温度过低会增加育肥猪的维持消耗和采食量，拖长育肥期，影响增重，浪费了饲料，降低经济效益；反之，过高则育肥猪食欲下降，采食量减少，增重速度和饲料转换效率降低，使经济效益下降。育肥猪最适宜的温度为 16~21℃。为了提高育肥猪的肥育效果，要做好防寒保温和防暑降温工作。

在夏季，尤其是气温过高、湿度又大时，必须采取防暑降温措施。打开通气口和门窗，在猪舍地面喷洒凉水，给育肥猪淋浴、冲凉降温。在运动场内搭遮阳凉棚，并供给充足清凉的饮水。必要时，用机械排风降温。

在冬季必须采取防寒保温措施。入冬前要维修好猪舍，使之更加严密。采取"卧满圈、挤着睡"，到舍外排粪尿的高密度的饲养方法是行之有效的。此外，在寒冷冬夜，于人睡觉之前，给育肥猪加喂一遍"夜食"，是增强育肥猪抗寒力，促进生长的好办法。若是简易敞圈，可罩上塑料大棚，夜间再放下草帘子，可以大大提高舍内、尤其是夜间的温度。这样，可以减轻育肥猪不必要的热能消耗和损失，增强肥育效果，增加经济效益。

（三）密度

尽可能保证密度不要过大，也不能过小，保证每一栏 10~16 头，这样比较合理。超过了 18 头以上，猪群大小很容易分离。密度过小，不但栏舍的利用率下降，而且会影响采食量。

另外，每栋猪舍要留有空栏，这起什么作用呢？主要为以后的第二次、第三次分群做好准备，要把病、残、弱的隔离开。比方说进 300 头猪，不要所有的栏都装满猪，每栋最起码要留 5~6 个空栏。如果计划一栏猪正常情况下养 13 头，那么入栏时可以多放两三头，装上 16 头。过一两个星期后，就把大小差异明显的猪挑出来，重新分栏。这样保证出栏整齐度高，栏舍利用率也高。

猪群入栏，最重要的一点就要进行调教，即通常讲的"三点定位"。"采食区""休息区""排泄区"要定位，保证猪群养成良好的习惯；只要把猪群调教好了，饲养员的劳动量就减轻了，猪舍的环境卫生也好了。三点定位的关键是"排泄区"定位，猪群入栏后将猪赶到外面活动栏里去，让猪排粪排尿，经一天定位基本能成功；如果栏舍没有活动栏，我们就把猪压在靠近窗户的那一边，粪便不要及时清除。

有的栏舍有门开向走道，往往猪一下地，如果不调教，猪很容易在门这个地方排泄，为什么？因保育猪在保育床上时，习惯在金属围栏边排泄，所以我们调教时要把肥猪舍的栏门这个地方"守住"，不能让它在这个地方排泄。转群第一天，我们要求饲养员对栏舍要不停地清扫粪便，并将粪便扫到靠近窗边的墙角，这样可以引导猪群固定在靠窗墙角排泄。

（四）湿度

湿度对猪的影响主要是通过影响机体的体热调节来影响猪的生产力和健康，它是与温度、气流、辐射等因素共同作用的结果。在适宜的湿度下，湿度对猪的生产力和健康影响不大。空气湿度过高使空气中带菌微利沉降率提高，从而降低了咳嗽和肺炎的发病率，但是高湿度有利于病原微生物和寄生虫的滋生，容易患疥癣、湿疹等疾患。另外，高湿常使饲料发霉、垫草发霉，造成损失。猪舍内空气湿度过低，易引起皮肤和外露黏膜干裂，降低其防卫能力，使呼吸道及皮肤病发病率高。因此建议猪舍的相对湿度以 60%~70% 为宜。

（五）光照

很多人认为，育肥猪还需要什么光照？到了冬天，有的猪场为了省钱，舍不得用透明薄膜钉窗户，窗户用五颜六色的塑料袋封着，这样很容易造成猪舍阴暗，舍内阴暗，会致猪乱拉粪便，阴暗与潮湿往往是关联在一起的。

适宜的太阳光能加强机体组织的代谢过程，提高猪的抗病能力。然而过强的光照会引起猪的兴奋，减少休息时间，增加甲状腺的分泌，提高代谢率，影响增重和饲料转化率。育肥猪舍内的光照可暗淡些，只要便于猪采食和饲养管理工作即可，使猪得到充分休息。

（六）噪声

猪舍的噪声来自于外界传入，舍内机械和猪只争斗等方面。噪声会使猪的活动量增加而影响增重，还会引起猪的惊恐，降低食欲。因此，要尽量避免突发性的噪声，噪声强度以不超过 85 分贝为宜。而优美动听的音乐可以兴奋神经，刺激食欲，提高代谢机能，就像人听音乐心情舒畅一样。有条件的猪场可以适当地放些轻音乐，对猪的生长是有利的。

（七）适时出栏

育肥猪饲喂到一定日龄和体重，就要适时出栏。中小型猪场一般在第 22 周 154 天后出栏，体重大概在 100 千克左右。每批肥猪出栏后，完善台账，做好总结、分析。

五、生长育肥猪的高效免疫与保健

当前在养猪生产中实施免疫预防与药物保健时，在技术实施上程序存在不科学、不合理的问题比较突出，严重地影响到猪病的防控与猪只的健康生长和肥育，也阻碍了养猪业的持续发展。

当前育肥猪常发的疾病主要有两大类：各种原因引起的腹泻（主要为回肠炎、结肠炎、猪痢疾、沙门氏菌性肠炎等）和呼吸道疾病综合征。另外，猪瘟、弓形虫病、萎缩性鼻炎等也经常暴发。在饲养管理不善的猪场，这些疾病暴发后往往造成严重的经济损失。

通过加强育肥猪的饲养管理，改善营养和合理使用药物，可以将损失降到最低。

（一）实行全进全出

全进全出是猪场和养殖户控制感染性疾病的重要流程之一。如果做不到全进全出，易造成猪舍的疾病循环。因为舍内留下的猪往往是病猪或病原携带猪，等下批猪进来后，这些猪可作为传染源感染新进的猪，而后者又有部分发病，生长缓慢，或成为僵猪，又留了下来，成为新的传染源。

全进全出可提前 10 天出栏，显著提高日增重和饲料转化率。

（二）防疫和用药

育肥阶段需要接种的疫苗不多，只在 60~80 日龄接种一次口蹄疫疫苗。自繁自养猪应在哺乳、保育阶段接种疫苗，特别是猪瘟、伪狂犬病和丹毒、肺疫、副伤寒等疫苗。

从保育舍转到育肥舍是一次比较严重的应激，会降低猪的采食量和抵抗力。在转群后 1 周左右即可见部分猪发生全身细菌感染，出现败血症，或者在 12 周龄以后呼吸道疾病发病率提高。实际上，无论是呼吸道疾病还是肠炎，都可以从保育后期一直延续到生长育肥阶段，只是从保育舍转群后有加重的趋势。

在育肥阶段可定期投入下列药物，每吨饲料中添加 80% 支原净 125 克、10% 强力霉素 1.5 千克和饮水中每 500 千克加入 10% 氟苯尼考 120 克、10% 阿莫西林 100 克，可有效控制转群后感染引起的败血症或育肥猪的呼吸道疾病，还可预防甚至治疗肠炎和腹泻。

无论是呼吸道疾病还是肠炎、腹泻都会引起育肥猪生长缓慢和饲料转化率降低，造成育肥猪的生长不均，出栏时间不一，难以做到全进全出，最终影响经济效益。

外购仔猪，购回后应依次做完猪瘟、丹毒、肺疫、副伤寒、口蹄疫和蓝耳病等疫苗。如果已经发生了呼吸道疾病或急性出血性肠炎，则最好通过饮水给药。因为发病后猪的采食量会降低，而饮水量降低不明显，所以通过饮水给药比通过饲料给药效果好。如果是在病猪栏，可通过饮水给药，也可通过注射给药。

六、安全猪肉生产中的养殖控制及绿色饲料添加剂

随着人民生活水平的日益提高，特别是我国加入世界贸易组织后，猪肉产品的安全性问题也随之成为世人关注的热点。可以说，食品安全是人类文明和经济发展的必然，它不仅关系到消费者健康，也关系到国际食品贸易的基本要求。

安全猪肉是要从猪肉生产的源头抓起，贯穿于种猪、饲料、饲养、防疫、屠宰加工、运输、储藏以及销售全过程的有效控制，从而保障猪肉的安全性。

（一）猪肉产品安全问题不容忽视

使用抗生素、维生素、激素、重金属微量元素等药物，虽然对猪有促进生长、提高肉产量、抵抗疾病、增强机体免疫力的作用。然而，由于科学知识的缺乏或经济利益的驱使，养猪业中大剂量、长时间滥用药物的现象普遍存在。滥用

药物的直接后果是导致药物在猪肉中的残留，摄入人体后，影响人们的健康。

1.药物添加剂对猪肉产品的污染及危害

饲料药物添加剂是猪肉里药物残留的主要来源。特别是禁用药品，如类固醇激素（己烯雌酚）、镇静剂（氯丙嗪、利血平、睡梦美）、β–促生长剂（杆菌肽锌）、β–兴奋剂（瘦肉精）、抗生素类（四环素、氯霉素、青霉素、磺胺等）。给人们身体健康带来极大危害。资料显示，1999年10月，浙江嘉兴市57名村民因误食有"瘦肉精"的水磨粉后中毒；2000年11月24日，香港特区政府宣布销毁200多头内地供港被检出含有"瘦肉精"的生猪；2001年1月，浙江余杭63人，因食用含有"瘦肉精"猪肉而中毒。中毒者出现血压增高、心跳加快、脸色潮红、胸闷、气喘、心悸、出汗、手足颤抖、摇头等症状。其他，如氯霉素能引起人骨髓造血机能的损伤；磺胺类能破坏人的造血系统、诱发人的甲状腺癌；己烯雌酚，能引起女性早熟和男性的女性化；引起过敏反应的有青霉素、四环素、磺胺等，轻者出现皮肤瘙痒和荨麻疹，重者发生休克，甚至死亡。另外，长期滥用抗生素，还可导致细菌耐药性的增加，致使人患病时，用这些抗生素疗效不佳。

2.超量使用微量元素，对猪肉品质的影响及对环境造成的危害

在"猪吃了就睡，拉黑粪，皮肤红"才是好饲料的误导下，大家竞相向饲料中添加铜制剂，使浓度高达250毫克/千克或更高，特别是在育肥阶段也大剂量使用后果更严重。众多研究证明，育肥猪饲料中含有4毫克/千克的铜，就能满足生长需要。当铜含量达到250毫克/千克时，使猪脂肪变软，发病率可高达80%。有资料显示，四川是我国猪肉生产大省，按四川饲料产量估计，每年需要的硫酸铜约180吨，而实际使用量高达3 000~4 000吨。有2 700~3 500吨排泄到环境中，造成环境污染，破坏土壤质地和微生物结构，影响农作物产量和养分含量。而且，直接影响动物健康和畜产品的食用安全。饲料中铜的含量高时，锌、铁等元素的添加量也相应增加，同样会产生类似铜的环境污染和食后中毒后果。

3.有机砷制剂对环境的污染

有机砷制剂阿散酸用作生长促进剂，广泛用于养殖业，可使肉猪皮肤发红。若大量使用可导致环境砷污染，危害人类健康。有人推测，若猪饲料中使用90毫克/千克浓度的阿散酸，约20年后人将难以在养猪场周围生存。

此外，饲料中天然有毒有害物质、饲料的生物污染、工业"三废"、农药等，都是导致猪肉安全问题的因素。

（二）严格控制影响猪肉品质的不安全因素

1. 猪源的选择

为保障安全猪肉的生产，无论是农户或专业户以及养猪工厂，要选择合格的瘦肉型猪种。目前，一般采用杜洛克、大白、长白猪为主。祖代为纯种，父母代为二元杂交的长大或大长猪，商品代为杜长或杜大长三元杂交或四元杂交猪，以便在品种特性上，保证饲料的转化率及优良肉质。

2. 饲料的安全性

安全饲料等于安全猪肉。生猪的生产离不开饲料，因此，把好饲料关，是直接关系到猪肉是否被污染的关键。

（1）饲料原料和全价饲料。

在饲料工业快速发展的今天，全价饲料的应用得到了普及。然而，有不少养猪场和养猪专业户为了降低饲料成本，均是自己配制饲料。因此，在配制过程中一定要注意以下问题：①原料要来源于无公害区域和种植基地；②防止饲料的生物污染，如细菌、霉菌、病毒的污染；③配方要合理，比如棉粕用量过多易造成棉酚中毒；④加工要适当，比如加工豆粕时偏生，蛋白酶抑制剂未能大量破坏，则引起仔猪腹泻；加工过度，发生美拉德反应，而降低赖氨酸的消化率；⑤从外地购入成品饲料，要对生产厂家进行考察，最好使用已取得绿色食品标志厂家生产的产品。

（2）严格控制微量元素添加剂。

微量元素添加剂无论是自配或购自专门的生产厂，均要按猪的各生长阶段的需要量添加，不能随意加大剂量。如铜制剂，明文规定仔猪饲料中铜的最大添加量应小于200毫克/千克。加入WTO后，我们面对的是挑战，有望在肥育猪饲料中不使用高铜、高锌、高铁添加剂。

3. 严禁使用违禁药物，控制抗生素作饲料添加剂，控制超剂量使用兽药

严禁使用违禁药物，控制抗生素作饲料添加剂的使用，不超剂量使用兽药，这是猪肉安全生产的最关键的环节。为此，国家近年来颁布了《饲料和饲料添加剂管理条例》《饲料药物添加剂使用规范》《兽药管理条例》《中华人民共和国食品卫生法》《饲料中盐酸克伦特罗的测定》以及无公害食品的卫生标准等一系列法规和管理办法。明文禁止使用 β - 兴奋剂、镇静剂、激素类、砷制剂、高铜、高锌等，作为生长肥育猪饲料添加剂，控制和谨慎使用抗生素。目前，在生产实际中超量使用的有喹乙醇、氯霉素、金霉素、杆菌肽锌、卡巴氧等。使用中存在

把原料药直接拌料，把加药饲料贯通于猪的整个饲养过程；或在购回的成品饲料中，自行再添加药物，以及随意加大兽药剂量，不按疗程给药，使用药物成分不详的制剂（有的复方制剂中有不为药典规定的隐性成分）。这些都是造成猪肉不安全的因素。

改进的措施：如确实需要使用违禁药物以外的药物，一定要按规定量先把药制成预混剂，再添加到饲料中，并掌握好休药期，不能把加药饲料用于饲养后期。并按说明规定量合理使用兽药。同时，兽药使用（防疫、治疗）具体情况要建立登录制度，并把使用后的药物包装留存备查。对药物的生产厂家和来源进行登记，以便出现问题时查对核实。

（三）安全猪肉生产与新型饲料添加剂

加速推广应用新型饲料添加剂十分重要。尤其是加入 WTO 后，更应加大推广力度。目前，我国在以下新型饲料添加剂研制方面，已取得了长足的进展。

1. 微生态制剂

微生态制剂也称益生素，亦称促生素、生菌素、活菌剂等，是用动物体内正常的有益微生物，经特殊工艺制成的活菌制剂。其特点是：无毒无害且来源于自然，也不进入体内代谢过程，无残留无污染，是地道的绿色饲料添加剂。有资料显示，作为促生长剂使用，可使生长育肥猪增重提高 15%，饲料利用率提高 10.3%。

2. 甘露糖 – 寡聚糖

甘露糖 – 寡聚糖也称低聚糖，是一种非消化性食物成分。进入体内不被机体吸收，只能被肠道有益菌利用，促进有益菌群增殖，刺激肠道免疫细胞，提高免疫球蛋白 A 的生成。所以，饲料工业称之为化学益生素或益生元。据资料报道，在仔猪日粮中添加低聚糖日增重提高 8.7%，饲料报酬提高 5.4%。低聚糖类还可作为抗生素用于添加剂的替代品，具有用量少、无毒害、无残留、稳定性强、配伍性好的特点。

3. 酸化剂

有机酸类的柠檬酸，延胡索酸，可提高幼龄猪胃液的酸性，促进乳酸菌等耐酸菌的大量繁殖，而抵抗致病菌的侵入。因此，可降低猪病理性腹泻，提高断奶仔猪的增重和饲料转化率。

4. 中草药制剂

中草药添加剂具有营养作用、增强免疫作用、激素样作用、维生素作用，抗应激、抗微生物和促进生长等多种功能，可用于个体治疗、群体防治。有报道，在育肥猪日粮中添加 0.16% 的干辣椒粉可增重 14.5%，饲料消耗降低 12.65%。

生产安全猪肉，养殖阶段是重要的一环，核心是饲料的安全性问题。使用"绿色"饲料或天然饲料作添加剂，不会引起猪异常的生理过程和潜在的亚临床表现，还有利于猪正常生长，提高生产效益。用"绿色"饲料生产安全猪肉及产品，将保障人们的身体健康和出口创汇。

（四）安全猪肉生产要点

1. 安全猪肉生产饲料添加剂管理方法

（1）不得使用 7 种违禁药物，如盐酸克伦特罗、沙丁胺醇、己烯雌酚等。

（2）在小猪料中使用休药期较短的药物添加剂，如杆菌肽锌、硫酸黏杆菌素、磷酸泰乐菌素、支原净盐酸林可霉素、黄霉素、盐霉素等。

（3）在 45 千克以上大猪和种猪料中不使用药物添加剂。

（4）不使用高铜、高铁、高锌、有机砷、喹乙醇及镇静剂等。

2. 安全猪肉生产药品使用管理方法

（1）药品采购计划由兽医师、场长签字后，实行专人采购。禁用假冒伪劣兽药、麻醉药、兴奋药、化学保定药、骨骼肌松弛药、未经国家畜牧兽医部门批准采用基因工程方法生产的兽药和未经农业农村部批准或已淘汰的兽药。做好药品的入库、领用、用药记录。

（2）严格按休药期用药，目前允许使用的抗寄生虫和抗菌类药，已有双甲脒、硫酸链霉素等 19 种药物规定了 2~45 天休药期。

（3）设立肥育猪用药专柜，只使用休药期短的药品，如盐酸林可霉素、氟哌酸等剂。

3. 安全猪肉生产疾病控制方法

（1）隔离。猪场生产实行封闭式管理，饲养管理人员作息在猪场范围内；做好运送饲料车辆、出猪车辆消毒工作；做好引入种猪的隔离检疫工作。

（2）消毒。猪场每周五对舍外环境进行 1 次例行消毒，每周一、周四对舍内进行消毒。

（3）全进全出。通过扩建、改建，做到产仔舍、保育舍全进全出，对肥猪舍也有意识整栋猪舍空栏消毒，对产仔舍、保育舍空栏清洗干净后进行熏蒸消毒。

（4）免疫。除做好一般的猪瘟、乙型脑炎、细小病毒病、链球菌病、副伤寒等免疫工作外，加强做好大肠杆菌病、伪狂犬病、蓝耳病、喘气病、胸膜肺炎、

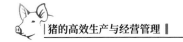
传染性胃肠炎等疾病的免疫工作。

4.安全猪肉生产环境质量控制方法

粪尿处理。在猪场下风向建一贮粪池，人工收集猪粪入池，卖给周边农户，用于养鱼以及作蔬菜、花木、水稻的有机肥料。其他猪粪尿流入沉淀池，经三级沉淀，厌氧及耗氧发酵氧化分解后，再排入水库用于养鱼，以及灌溉农田等。

第九章

猪场粪污的无害化处理与综合利用

由于规模养殖带来的环境污染问题日益突出，已成为世界性公害，不少国家已采取立法措施，限制畜牧生产对环境的污染。为了从根本上治理畜牧业的污染问题，保证畜牧业的可持续发展，许多国家和地区在这方面已进行了大量的基础研究，取得了阶段性成果。

第一节　猪场粪尿对生态环境的污染

一、猪场的排污量

一般情况下，1头育肥猪从出生到出栏，排粪量850~1 050千克，排尿1 200~1 300千克。1个万头猪场每年排放纯粪尿3万吨，再加上集约化生产的冲洗水，每年可排放粪尿及污水6万~7万吨。目前全国约有5 000头以上的养猪场1 500多家，根据这些规模化养殖场的年出栏量计算，其全年粪尿及污水总量超过1亿吨。全国仅有少数猪养殖场建造了能源环境工程，对粪污进行处理和综合利用。以对猪场粪水污染处理力度较大的北京、上海和深圳为例，采用工程措施处理的粪水只占各自排放量的5%左右。由于粪水污染问题没有得到有效解决，大部分的规模化养猪场周围臭气冲天、蚊蝇成群，地下水硝酸盐含量严重超标，少数地区传染病与寄生虫病流行，严重影响了养猪业的可持续发展。

二、猪场排泄物中的主要成分

猪粪污中含有大量的氮、磷、微生物和药物以及饲料添加剂的残留物，它们是污染土壤、水源的主要有害成分。1 头育肥猪平均每天产生的废物为 5.46 升，1 年排泄的总氮量达 9.534 千克，磷达 6.5 千克。1 个万头猪场年可排放 100~161 吨的氮和 20~33 吨的磷，并且每克猪粪污中还含有 83 万个大肠杆菌、69 万个肠球菌以及一定量的寄生虫卵等。大量有机物的排放使猪场污物中的 BOD（生化需氧量）和 COD（化学需氧量）值急剧上升。据报道，某些地区猪场的 BOD 高达 1 000~3 000（毫克 / 升），COD 高达 2 000~3 000（毫克 / 升），严重超出国家规定的污水排放标准（BOD 6~80，COD 150~200）。此外，在生产中用于治疗和预防疾病的药物残留、为提高猪生长速度而使用的微量元素添加剂的超量部分也随猪粪尿排出体外；规模化猪场用于清洗消毒的化学消毒剂则直接进入污水。上述各种有害物质，如果得不到有效处理，便会对土壤和水源构成严重的污染。

猪场所产生的有害气体主要有氨气、硫化氢、二氧化碳、酚、吲哚、粪臭素。甲烷和硫酸类等，也是对猪场自身环境和周围空气造成污染的主要成分。

三、猪场排泄物的主要危害

（一）土壤的营养富积

猪饲料中通常含有较高剂量的微量元素，经消化吸收后多余的随排泄物排出体外。猪粪便作为有机肥料播撒到农田中去，长期下去，将导致磷、铜、锌及其他微量元素在环境中的富积，从而对农作物产生毒害作用，严重影响作物的生长发育，使作物减产。如以前流行在猪日粮中添加高剂量的铜和锌，可以提高猪的饲料利用率和促进猪的生长发育，此方法曾风靡一时，引起养殖户和饲料生产者的极大兴趣。然而，高剂量的铜和锌的添加会使猪的肌肉和肝脏中铜的积蓄量明显上升，更为严重的是，还会显著增加排泄物中铜、锌含量，引起土壤的营养累积，造成环境的污染。

（二）水体污染

在谷物饲料、谷物副产品和油饼中有 60%~75% 的磷以植酸磷形式存在。由于猪体内缺乏有效利用磷的植酸酶以及对饲料中蛋白质的利用率有限，导致饲料中大部分的氮和磷由粪尿排出体外。试验表明，猪饲料中氮的消化率为 75%~80%，沉积率为 20%~50%；对磷的消化率为 20%~70%，沉积率为 20%~60%。未经处理的粪尿，一部分氮挥发到大气中增加了大气中的氮含量，严重时构成酸雨，危害农作物；其余的大部分则被氧化成硝酸盐渗入地下或随地表水流入江河，造成更为广泛的污染，致使公共水系中的硝酸盐含量严重超标，河流严重污染。磷渗入地下或排入江河，可严重污染水质，造成江河池塘的藻类和浮游生物大量繁殖，产生多种有害物质，进一步危害环境。

（三）空气污染

由于集约化养猪高密度饲养，猪舍内潮湿，粪尿及呼出的二氧化碳等激发出恶臭，其臭味成分多达 168 种，这些有害气体不但对猪的生长发育造成危害，而且排放到大气中会危害人类的健康，加剧空气污染以致与地球温室效应都有密切关系。

第二节　解决猪场污染的主要途径

为了解决猪排泄物对环境的污染及恶臭问题，长期以来，世界各国科学家曾研究了许多处理技术和方法，如粪便的干处理、堆肥处理、固液分离处理、饲料化处理、佛石吸附恶臭气等处理技术以及干燥法、热喷法和沼气法处理等等，这些技术在治理猪粪尿污染上虽然都有一定效果，但一般尚需要较高的投入，到目前为止，还没有一种单一处理方法就能达到人们所要求的理想效果。因此，必须通过多种措施，实行多层次、多环节的综合治理，采取标本兼治的原则，才能有效地控制和改善养猪生产的环境污染问题。

一、按照可持续发展原则确定养殖规模与布局

（一）合理规划，科学选址

集约化规模化养猪场对环境污染的核心问题有两个，一个是猪粪尿的污染，另一个是空气的污染。合理规划，科学选址是保证猪场安全生产和控制污染的重要条件。在规划上，猪场应当建到远离城市、工业区、游览区和人口密集区的远郊农业生产腹地。在选址上，猪场要远离村庄并与主要交通干道保持一定距离，有些国家明确规定，猪场应距居民区 2 千米以上；避开地下生活水源及主要河道；场址要保持一定的坡度，排水良好；距离农田、果园、菜地、林地或鱼池较近，便于粪污及时利用。

（二）根据周围农田对污水的消纳能力，确定养殖规模

发展畜牧业生产一定要符合客观实际，在考虑近期经济利益的同时，还要着眼于长远利益。要根据当地环境容量和载畜量，按可持续发展战略确定适宜的生产规模，切忌盲目追求规模，贪大求洋，造成先污染再治理的劳民伤财的被动局面。目前，猪场粪污直接用于农田，实现农业良性循环是一种符合我国国情的最为经济有效的途径。这就要求猪场的建设规模要与周围农田的粪污消纳能力相适应，按一般施肥量（每亩每茬 10 千克氮和磷）计算，一个万头猪场年排出的氮和磷，需至少 333.33 公顷年种两茬作物的农田进行消纳，如果是种植牧草和蔬菜，多次收割，消纳的粪污量可成倍增加。因此牧场之间的距离，要按照消纳粪污的土地面积和种植的品种来确定和布局。此外，猪场粪水与养鱼生产结合，综合利用，也可收到良好效果。通过农牧结合、种养结合和牧渔结合，可以实现良性循环。

（三）增强环保意识，科学设计，减少污水的排放

在现代化猪场建设中，一定要把环保工作放在重要的位置，既要考虑先进的生产工艺，又要按照环保要求，建立粪污处理设施。国内外对于大中型猪场粪污处理的方法，基本有二：一是综合利用，二是污水达标排放。对于有种植业和养殖业的农场、村庄和广阔土地的单位，采用"综合利用"的方法是可行的，也是生物质能多层次利用、建设生态农业和保证农业可持续发展的好途径；否则，只有采用"污水达标排放"的方法，才能确保养猪业长期稳定的生存与发展。

规模化猪场一定要把污水处理系统纳入设计规划，在建场时一并实施，保证一定量的粪污存放能力，并且有防渗设施。在生产工艺上，既要采用世界上先进的饲养管理技术，又要根据国情因地制宜，比如在我国，劳动力资源比较丰富，而水资源相对缺乏，在规模猪场建设上可按照粪水分离工艺进行设计，将猪粪便单独收集，不采用水冲式生产工艺，尽量减少冲洗用水，继而减少污水的排放总量。

规模化猪场的粪、尿、污水处理有多种不同的技术方案。

1. 水冲粪法

即学习国外的方法，采用高压水枪、漏缝地板，在猪舍内将粪尿混合，排入污沟，进入集污池，然后，用固液分离机将猪粪残渣与液体污水分开，残渣运至专门加工厂加工成肥料，污水通过厌氧发酵、好氧发酵处理。在猪舍设计上的

特点是地面采用漏缝地板，深排水沟，外建有大容量的污水处理设备。这种方案在我国 20 世纪 80 年代、90 年代特别是南方广州、深圳较为普遍，是我国学习国外集约化养猪经验的第一阶段；这种方案虽然可以节省人工劳力，但它的缺点是很明显的，主要如下。① 用水量大，一个 600 头母猪年出栏商品肉猪万头的大型猪场，其每天耗水在 100~150 吨，年排污水量 5 万 ~7 万吨。② 排出的污水 COD、BOD 值较高，由于粪尿在猪舍中先混合，再用固液分离机分离，其污水的 COD（化学耗氧量）在 13 000~14 000 毫克 / 升，BOD（生化需氧量）为 8 000~9 600 毫克 / 升，SS（悬浮物）达 134 640~140 000 毫克 / 升，污水难以处理。③ 处理污水的日常维护费用大，污水泵要日夜工作，而且要有备用。④ 污水处理池面积大，通常需要有 7~10 天的污水排放储存量。⑤ 投资费用也相对较大，污水处理投资通常达到猪场投资的 40%~70%，即一个投资 500 万的猪场，需要另加 200 万 ~350 万投资去处理污水。显然，这个技术路线不适合目前的节水、节能的要求，特别对我国中部和北方地区养猪很不适合。

2. 干清粪法

即采用人工清粪，在猪舍内先把粪和尿分开，用手推车把粪集中运至堆粪场，加工处理，猪舍地面不用漏缝地板（或用微缝地板，缝隙 5 毫米宽），改用室内浅排污沟，减少冲洗地面用水。这种方案虽然增加了人工费，但它克服了"水冲粪法"的缺点，表现如下。①猪场每天用水量可大大减少，一般可比"水冲粪法"减少 2/3。②排出污水的 COD 值只有前法的 75% 左右，BOD 值只有前法的 40%~50%，SS 只有前法的 50%~70%，污水更容易处理。③用本法生产的有机肥质量更高，有机肥的收入可以相当于支付清粪工人的工资。④污水池的投资少，占地面积小，日常维持费用低；在猪舍设计上另一个重要之处是将污水道与雨水道分开，这样可大大减少污水量，雨水可直接排入河中。

对一个有 600 头母猪年产 10 000 头肉猪的场来说，干清粪法比水冲粪法平均每天可减少排污水量 100 吨左右，年减少污水 36 500 吨，每吨水价以 2.3 元计，一年可节省 8.4 万元，每吨污水的处理成本约 3 元（污水设备投资 100 万元，15 年折旧，每年运行费 10 万元，年污水量以 547 500 吨计），可节省污水处理成本 10.95 万元。两项合计约 20 万元，是一项不少的收入。

3. 采用"猪粪发酵处理"技术

近年来，一种模仿我国古代"填圈养猪"的"发酵养猪"技术正由日本的一些学者与商家传入我国南方一些地区试验。该法将切短的稻草、麦秆、木屑等和猪粪、特定的多种发酵菌混合搅拌，铺于地面，断奶仔猪或肉猪大群（40~80 头 /

群）散养于上，同时在猪的饲料中加入 0.1% 的特定菌种。猪的粪尿在该填料上经发酵菌自然分解，无臭味，填料发酵，产生热量，地面温软，保护猪蹄。以后不断加填料，1~2 年清理一次。所产生的填料是很好的肥料。只是在夏天，由于地面温度较高，猪不喜欢睡卧填料处，需另择他处睡卧，同时要喷水。这是一种正在研究的方法。如成功，可大大节省人工、投资和设备。

二、减少猪场排污量的营养措施

畜牧业的污染主要来自于猪的粪、尿和臭气以及动物机体内有害物质的残留，究其根源来自于饲料。因此近年来，国内外在生态饲料方面做了大量研究工作，以期最大限度地发挥猪的生产性能，并同时将畜牧业的污染减小到最低限度，实现畜牧业的可持续发展。令人欣慰的是，在这方面我国已取得了阶段性的成果。

（一）添加合成氨基酸，减少氮的排泄量

按"理想蛋白质"模式，以可消化氨基酸为基础，采用合成赖基酸、蛋氨酸、色氨酸和苏氨酸来进行氨基酸营养上的平衡，代替一定量的天然蛋白质，可使猪粪尿中氮的排出减少 50% 左右。有试验证明：猪饲料的利用率提高 0.1%，养分的排泄量可下降 3.3%；选择消化率高的日粮可减少营养物质排泄 5%；猪日粮中的粗蛋白质每降低 1%，氮和氨气的排泄量分别降低 9% 和 8.6%，如果将日粮粗蛋白质含量由 18% 降低到 15%，即可将氮的排泄量降低 25%。欧洲饲料添加剂基金会指出，降低饲料中粗蛋白质含量而添加合成氨基酸可使氮的排出量减少 20%~25%。除此之外，也可添加一定量的益生素，通过调节胃肠道内的微生物群落，促进有益菌生长繁殖，对提禽饲料的利用率作用明显，可降低氮的排泄量 29%~25%。

（二）添加植酸酶，减少磷的排泄量

猪排出的磷主要因为植物来源的饲料中 2/3 的磷是以植酸磷和磷酸盐的形式存在的，由于猪体内缺乏能有效利用植酸磷的各种酶，因此，植酸磷在体内几乎完全不被吸收，所以必须添加大量的无机磷，以满足猪生长所需。未被消化利用的磷则通过粪尿排出体外，严重污染了环境。而当饲料中添加植酸酶时，植酸磷可被水解为游离的正磷酸和肌醇，从而被吸收。

以有效磷为基础配制日粮或者选择有效磷含量高的原料，可以降低磷的排

出，猪日粮中每降低 0.05% 的有效磷，磷的排泄量可降低 8%；通过添加植酸酶等酶制剂提高谷物和油料作物饼粕中植酸磷的利用效率，也可减少磷的排泄量。有试验表明，在猪日粮中使用 200~1 000 单位的植酸酶可以减少磷的排出量 25%~50%，这被看作是降低磷排泄量的最有效的方法。

（三）合理有效地使用饲料添加剂，减少微量元素污染

除氮和磷的污染外，一些饲料添加剂的不合理利用特别是超量使用也对猪安全生产和环境污染构成极大威胁，如：具有促进生长作用的高铜制剂和砷制剂等。

在猪的饲养标准中规定，每 1 千克饲粮中铜含量为 4×10^{-6}~6×10^{-6}，而在实际应用中为追求高增重，铜的含量高达 150×10^{-6}~200×10^{-6}，有的养猪场（户）以猪粪便颜色是否发黑来判定饲料好坏，而一些饲料生产厂家为迎合这种心态，也在饲料中添加高铜。试验表明，在饲粮中添加 150×10^{-6}~200×10^{-6} 铜对仔猪生长效果显著，对中猪仍有较好效果，而在大猪则没有明显效果。铜对猪前期的促生长作用是肯定的。但如果超量使用，却会对环境污染和人畜安全带来严重后果，超剂量的铜很容易在猪肝、肾中富集，给人畜健康带来直接危害。仔猪和生长猪对铜的消化率分别只有 18%~25% 和 10%~20%，可见，大量的铜会随粪便排出体外。因此，在猪饲粮中，除在生长前或适当增加铜的含量外，在生长后期按饲养标准添加铜即可保证猪的正常生长，以减少对环境的污染。

砷的污染也不容忽视，据张子仪研究员按照美国 FAD 允许使用的砷制剂用量测算，一个万头猪场连续使用含砷制剂的药物添加剂，如果不采取相应措施处理粪便，5~8 年后可向猪场周围排放出近 1 000 千克的砷。

（四）使用除臭剂，减少臭气和有害气的污染

一种丝兰属植物，它的提取物的两种活性成分，一种可与氨气结合，另一种可与硫化氢气体结合，因而能有效地控制臭味，同时也降低了有害气体的污染。另据报道，在日粮中加活性炭、沙皂素等除臭剂，可明显减少粪中硫化氢等臭气的产生，减少粪中氨气量 40%~50%。因此使用除臭剂是配制生态饲料必需的添加剂之一。

第三节　猪粪尿的综合利用技术

目前，国内外猪粪尿的综合利用工程技术主要有两大类：即物质循环利用型生态工程和健康与能源型综合系统。

一、物质循环利用型生态工程

该工程技术是一种按照生态系统内能量流和物质流的循环规律而设计的一种生态工程系统。其原理是某一生产环节的产出（如粪尿及废水）可作为另一生产环节的投入（如圈舍的冲洗），使系统中的物质在生产过程中得到充分的循环利用，从而提高资源的利用率，预防废弃污物等对环境的污染。

常用的物质循环利用型生态系统主要有种植业—养殖业—沼气工程三结合、养殖业—渔业—种植业三结合及养殖业—渔业—林业三结合的生态工程等类型。

1. "果（林、茶）园养猪"

猪粪尿分离后，猪粪经发酵生产有机肥，猪尿等污水经沉淀用作附近果（林、茶）园肥料。此类模式的优点是养殖业和种植业均实现增产增效，缺点是土地配套量大，部分场污水处理不充分。

2. "猪—沼—果"

猪粪污水经沼气池发酵产生沼气，沼液用于果树、蔬菜、农作物。此类模式以家庭养猪场应用为主。优点是实现了资源两次利用。

3. "猪—湿地—鱼塘"

猪粪尿干湿分离，干粪堆积发酵后外卖，污水经厌氧发酵后进入氧化塘、人工湿地，最后流入鱼塘、虾池。优点是占地较少，投资省，缺点是干粪依赖外售，污水使用不当会影响鱼虾生产。

4. "猪—蚯蚓—甲鱼"

猪粪尿进行干湿分离，干粪发酵后养殖蚯蚓，蚯蚓喂甲鱼，污水用于养鱼。优点是生态养殖、投资省，缺点是劳动强度大。

5. "猪—生化池"

粪尿干湿分离后，干粪堆积发酵外售，污水经生化池逐级处理，或经过过滤膜过滤后外排。此类模式占地少，但运行费高。

在这些物质循环利用型生态系统中，种植业—养殖业（猪）—沼气工程三结合的物质循环利用型生态工程应用最为普遍，效果最好。下面以此为例作简要阐述。

种植业—养殖业（猪）—沼气工程三结合的物质循环利用型生态工程的基本内容：规模化猪场排出的粪便污水进入沼气池，经厌氧发酵产生沼气，供民用炊事、照明、采暖（如温室大棚等）乃至发电。沼液不仅作为优质饵料，用以养鱼、养虾等，还可以用来浸种、浸根、浇花，并对作物、果蔬叶面、根部施肥；沼气渣可用作培养食用菌、蚯蚓，解决饲养畜禽蛋白质饲料不足的问题，剩余的废渣还可以返田增加肥力，改良土壤，防止土地板结。此系统实际上是一个以生猪养殖为中心，沼气工程为纽带，集种、养、鱼、副、加工业为一体的生态系统，它具有与传统养殖业不同的经营模式。在这个系统中，生猪得到科学的饲养，物质和能量获得充分的利用，环境得到良好的保护，因此生产成本低，产品质量优，资源利用率高。

二、健康和能源型综合系统

其运作方式是：将猪粪尿先进行厌氧发酵，形成气体、液体和固体三种成分，然后利用气体分离装置把沼气中甲烷和二氧化碳分离出来，分离出来的甲烷可以作为燃料照明，也可进行沼气发电，获得再生能源；二氧化碳可用于培养螺旋藻等经济藻类。沼气池中的上层液体经过一系列的沼气能源加热管消毒处理后，可作为培养藻类的矿质营养成分。沼气池下层的泥浆与其他肥料混合后，作为有机肥料可改良土壤；用沼气发电产生的电能，可用来照明，还可带动藻类养殖池的搅拌设备，也可以给蓄电池充电。过滤后的螺旋藻等藻体含有丰富、齐全的营养元素，即可以直接加入鱼池中喂鱼、拌入猪饲料中喂猪，也可以经烘干、灭菌后作为廉价的蛋白质和维生素源，供人们食用，补充人体所需的必需氨基酸、稀有维生素等营养要素。该系统的其他重要环节还包括一整套的净水系统和植树措施。这一系统的实施、运用，可以有效地改善猪场周围的卫生和生态环境，提高人们的健康和营养水平。同时，猪场还可以从混合肥料、沼气燃料、沼气发电、鱼虾和螺旋藻体中获得经济收入。该系统的操作非常灵活，可随不同地区、不同猪场的具体情况而加以调整。

第十章

猪病高效防控措施

第一节　猪场免疫程序的制定

一、免疫的种类和特点

疫苗免疫接种是控制动物传染性疾病最重要的手段之一，尤其是在病毒性疾病的防治中，由于没有有效地药物进行治疗或预防，因而免疫预防显得更为重要。动物除了经长期进化形成了天然防御能力外，个体动物还因受到外界因素的影响而获得对某种疾病的特异性抵抗力。免疫预防就是通过应用疫苗免疫的方法使动物具有针对某种传染病的特异性抵抗力，以达到控制疾病的目的。

机体获得特异性免疫力有多种途径，主要分为两大类型，即天然获得性免疫和人工获得性免疫。

天然被动免疫：新生动物通过母体胎盘、初乳或卵黄从母体获得某种高特异性抗体，从而获得对某种疾病的免疫力称为天然被动免疫。

天然主动免疫：指动物在感染某种病原微生物耐过后产生的对该病原体再次侵入的不感染状态，或称为抵抗力。

人工被动免疫：将免疫血清或自然发病后康复的动物血清人工输入未免疫的动物，使其获得对某种病原的抵抗力，这种免疫接种方法称为人工被动免疫。

人工主动免疫：是给动物接种疫苗，刺激机体免疫系统发生应答反应，产生特异性免疫力。

人工被动免疫注射免疫血清可使抗体立即发挥作用，无诱导期，免疫力出现快。然而根据半衰期长短，虽然抗体水平下降的程度不同，但抗体在体内逐渐减少，免疫力维持时间短，一般维持 1~4 周。免疫血清可用同种动物或异种动物制备，用同种动物制备的血清称为同种血清；而用异种动物制备的血清称为异种血清。抗细菌血清和抗毒素常用大动物（如马、牛等）制备，抗病毒血清常用同种动物制备，譬如用猪制备猪瘟血清。除了用免疫血清进行人工被动免疫外，在家禽还常用卵黄抗体制剂进行某些疾病的防治。

与人工主动免疫比较而言，所接种的物质不是现成的免疫血清或卵黄抗体，而是刺激产生免疫应答的各种疫苗制品，包括各种疫苗、类毒素等，因而有一定的诱导期或潜伏期。出现免疫力的时间与抗原种类有关，例如病毒病原需 3~4 天，细菌抗原需 5~7 天，类毒素抗原需 2~3 周，然而人工主动免疫产生的免疫力持续时间长，免疫期可达数月甚至数年，而且有回忆反应，某些疫苗免疫后，可产生终生免疫。

二、疫苗的种类

（一）活疫苗

包括弱毒苗和异源疫苗。大多数弱毒疫苗是通过人工的方法，使强毒在异常的条件下生长、繁殖，使其毒力减弱或丧失，但仍然保持原有的抗原性，并能在体内繁殖。活疫苗是目前生产中使用最多的疫苗种类，具有剂量小、免疫力坚实、免疫期长、较快产生免疫力、对细胞免疫也有良好作用的优点，但保存期较短，所以为延长保存期多制成冻干苗，有的需在液氮中保存，给储存、运输带来不便。活苗在体内作用时间短，易受母源抗体和抗生素的干扰。异源疫苗是用具有共同保护性抗原的不同病毒制备成的疫苗。

（二）灭活疫苗

病原微生物经过物理或化学方法灭活后，仍然保持免疫原性，接种后使动物产生特异性抵抗力，就叫灭活苗。由于含有防腐剂，不易杂菌生长，因此具有安全、易于保存、运输的特点。由于被灭活的微生物不能在体内繁殖，因此接种所需的剂量较大，免疫期短，免疫效果次于活疫苗。灭活苗释放抗原缓慢，主要适用于体液免疫为主的传染病。需要加入佐剂来增强免疫效果，佐剂能促进细胞免疫。常见的有组织灭活苗、油佐剂灭活苗和氢氧化铝灭活苗。

病变组织灭活苗是用患病动物的典型病变组织，经研磨、过滤等处理后，加入灭活剂灭活后制备成的。多作为自家疫苗用于发病本场，对病原不明确的传染病或目前无疫苗的疫病有很好的作用。无论病变组织灭活苗还是鸡胚组织灭活苗，在使用前都应做无菌检查，合格的方可使用。

油佐剂灭活苗是以矿物油为佐剂与经灭活的抗原液混合乳化而成，有单相苗和双相苗之分。油佐剂灭活苗的免疫效果较好，免疫期也较长，生产中应用广泛。双相苗比单相苗抗体上升快。氢氧化铝灭活苗是将灭活后的抗原加入氢氧化铝胶制成的，具有价格低、免疫效果好的特点，缺点是难以吸收，在体内形成结节。

（三）提纯的大分子疫苗

多糖蛋白结合疫苗：是将多糖与蛋白载体（一些细菌类毒素）结合制成。

类毒素疫苗：将细菌外毒素经甲醛脱毒，使其失去致病性而保留免疫原性。例如，肉毒类毒素，致病性大肠杆菌肠毒素等都可用作疫苗生产。

亚单位疫苗：是从细菌或病毒抗原中，分离提取某一种或几种具有免疫原性的生物活性物质，除去不必要的杂质，从而使疫苗更为纯净。

（四）生物技术疫苗

基因缺失疫苗：利用基因工程技术将强毒株毒力相关基因部分或全部切除，使其毒力降低或丧失，但不影响其生长特性的活疫苗。这类疫苗安全性好，免疫接种与强毒感染相似，机体可对病毒的多种抗原产生免疫应答；它的免疫期长，致弱所需的时间短，免疫力坚实，是较理想的疫苗。这方面最成功的是伪狂犬病毒 TK 基因缺失苗，是 FDA（食品和药物管理局）批准的第一个基因工程疫苗。无论是在环境中还是对动物，都比常规疫苗安全。

生物技术疫苗还包括基因工程重组亚单位疫苗、核酸疫苗、转基因疫苗等。其中，大肠杆菌基因工程苗在养猪生产中得到广泛的应用。

三、疫苗的接种方法

接种疫苗的方法有滴鼻、点眼、刺种、注射、饮水和气雾等，应根据疫苗的类型、疫病特点及免疫程序来选择每次免疫的接种途径。例如，死苗、类毒素和亚单位苗不能经消化道接种，一般用于肌肉或皮下注射。滴鼻和点眼免疫效果较好，仅用于接种弱毒疫苗，苗毒可直接刺激眼底哈氏腺和结膜下弥散淋巴组织，引起免疫应答。饮水免疫是最方便的疫苗接种方法，但效果较差。刺种与注射也是常用的免疫方法，适于某些弱毒苗；灭活苗的免疫必须用注射的方法进行。气雾免疫分喷雾免疫和气溶胶免疫两种方式。对猪来说，最常用的疫苗接种方法是肌内注射，在超前免疫时有时会用滴鼻或点眼。

四、疫苗免疫的注意事项

（一）根据本场实际情况，制定适合的免疫程序

疫苗使用前应检查其名称、厂家、批号、有效期、物理性状、贮存条件等是否与说明书相符。明确其使用方法及有关注意事项，并严格遵守，以免影响效果。对过期、瓶塞松动、无批号、油乳剂破乳、失真空及颜色异常或不明来源的疫苗均禁止使用。

（二）预防注射过程应严格消毒

注射器、针头等器具应洗净煮沸 30 分钟后备用，一猪一个针头，防止交叉感染。注射器刻度要清晰，不滑杆，不漏液；注射的剂量要准确；进针要稳，拔针宜速，不得打"飞针"，以确保疫苗液真正足量地注射于肌肉内或皮下。

（三）使用前要对猪群的健康状况进行认真的检查

被免疫猪只必须是健康无病的，否则易引起死亡并达不到预期的免疫效果。

（四）现用现配

冻干苗自稀释后 15℃以下 4 小时、15~25℃ 2 小时、25℃以上 1 小时内用完，最好是在不断冷链的情况下（约 8℃）两小时内用完。油乳剂灭活苗和铝胶疫苗冷藏保存的要升高到室温，当天内用完，过期不能使用。有专用稀释液的，要用专用的稀释液稀释疫苗。疫苗接种完毕后，将用过的疫苗瓶及接触过疫苗液的瓶、皿、注射器等进行消毒处理。

（五）防止药物对疫苗接种的干扰和疫苗间的相互干扰

在注射病毒性疫苗的前后 3 天严禁使用抗病毒的药物和带畜消毒，两种病毒性活疫苗的使用要间隔 7~10 天，减少相互干扰。病毒性活疫苗和灭活疫苗可同时分开使用。注射活菌疫苗前后 5 天严禁用抗生素，两种细菌性活疫苗可同时使用。抗生素对细菌性灭活疫苗没有影响。

（六）注意母源抗体干扰

现在动物接种疫苗较多，成年母畜禽通过奶或蛋将抗体传给幼畜禽，会干扰幼畜禽免疫。母源抗体有消长规律，如猪瘟在仔猪生后20多天母源抗体就会消失，应该在母源抗体消失前，20日龄时首免，为克服母源抗体干扰，可4倍量使用，4~7天产生免疫力，60日龄时二免，1倍量。进行两次免疫的原因为第一次免疫的免疫应答期长，产生的抗体水平不高，免疫期短，必须隔一段时间加强免疫一次。第二次免疫后，免疫应答期较第一次短，产生的抗体水平高，免疫期长。注意不能等第一次抗体水平消失后再免疫，必须在将要下降时免疫，不要产生免疫空白期。

（七）注意免疫过敏

免疫时，有时因为疫苗或猪只的问题产生过敏现象，因此在全群免疫前，先免疫几头猪进行试验，如无过敏现象再进行全群免疫。因为在注射疫苗时会出现过敏反应（表现为呼吸急促、全身潮红或苍白等），所以每次接种时要带上肾上腺素、地塞米松等抗过敏的药备用。

（八）病畜禽紧急接种顺序

先健康，后假定健康，最后病畜禽。注意有病的不活泼，抓猪时它不乱跑，这样的留到最后免疫。

（九）空疫苗瓶不能乱放，防散毒，要作无害化处理

天气突变、转群、应激情况暂时不免；免疫当天一定饮用好的电解多维；定期搞好免疫抗体监测，评估效果；保存好购买疫苗的发票，做好疫苗留样，为可能的纠纷提供证据，并及时填好免疫记录，做好免疫标识。

（十）免疫接种时要保证垂直进针

这样可保证疫苗的注射深度，同时还可防止针头弯折。肌内注射时注意针头大小的选择。不同大小的猪要选择对等的针头（表10-1）。

表 10-1　不同时期的猪所对应的针头大小　　　（毫米）

阶段	针头长度	阶段	针头长度
哺乳仔猪	9×10	育成、育肥猪，后备母猪、公猪	16×38
断奶仔猪	12×20 16×20（黏稠疫苗如口蹄疫疫苗）	基础母猪、公猪	16×45

注：1. 实际操作时，应根据猪的体重进行选择。推荐使用 5 种型号：9×10，12×20，16×20，16×38 和 16×45。

2. 基础母猪体重偏小，在选用 16×45 感觉略长时，也可选用 16×38。

3. 育成、育肥猪，后备母猪、公猪通常选择 16×38，也可选用 16×25。

五、制定免疫程序所考虑因素

猪场的免疫程序并不是固定不变的，每个猪场都要根据当地猪病流行情况制定或调整本场的免疫程序，制定猪场免疫程序时需要综合考虑各方面的因素。

（一）免疫特定时间

疫苗的免疫时间有前有后，如何确定优先次序？在现代集约化养殖条件下，应该根据猪的生理和免疫特性以及传染性疾病的发病规律，确定最适于免疫接种的时间，而且某种疾病最适于免疫的时间段是有限的，暂且称之为免疫特定时间。这种限制对于仔猪尤其严格，一般认为 0~70 日龄是最为有效的免疫时间，而且通常要在 7~45 日龄之间完成所有的基础免疫，这就更加限制了免疫特定时间的范围；种猪的免疫特定时间相对比较宽松。

（二）免疫优先次序

一个猪场通常需要接种多种疫苗，半数以上疫苗需要加强免疫 1~2 次，因而导致狭小的免疫特定时间段非常拥挤，有的猪场甚至缩短免疫间隔，以安排更多的接种次数。这样往往会导致免疫失败。因此如何合理选择疫苗和安排疫苗的免疫次序，显得非常重要。所谓免疫优先次序，是指猪场依据当地的疾病流行状况，选择哪些疫苗是必需接种且要优先考虑的、哪些是次要的，而哪些是可以不接种的，以期合理有效地利用有限的免疫特定时间，使所接种的疫苗能发挥最大的保护效力。临床上，病毒性疾病的流行，往往引起细菌性病原的继发感染，导致高发病率和高死亡率。因此，一般来说病毒病疫苗要优先免疫。

猪用疫苗按注射接种后产生免疫力的可靠程度及危害分为以下几种。

1. 必须接种疫苗

又叫基础免疫疫苗，如猪瘟疫苗、圆环病毒疫苗、口蹄疫疫苗、细小病毒疫苗、伪狂犬疫苗、乙脑疫苗。

2. 选择接种疫苗

根据当地当时本猪场可能发生或正在发生的疫病选择接种的疫苗，如链球菌疫苗、支原体疫苗、流行性腹泻与传染性胃肠炎疫苗等。

3. 慎选接种疫苗

指接种后免疫效果不可靠，目前兽医学界专家争论较大，免疫后可能引起危害甚至灾难性后果，如蓝耳病弱毒疫苗。

通常认为，在使用 2 种以上弱毒苗时，应相隔适当的时间，以免因免疫间隔太短，导致前一种疫苗影响后一种的免疫效果。病毒之间的相互干扰，可能因先接种病毒诱导产生的干扰素，抑制了后接种的病毒。如副黏病毒疫苗和冠状病毒疫苗之间的相互干扰。因此，免疫过于频繁，致使免疫间隔过短，会发生免疫效果低下，甚至免疫失败。

（三）动物健康及营养

动物体质较弱或者维生素、微量元素、氨基酸缺乏都会使免疫能力下降。维生素 A 对免疫力的强弱有很重要的作用，如果维生素 A 缺乏会导致动物淋巴器官萎缩，T 细胞吞噬能力下降以及 B 细胞产生抗体能力下降。维生素 E 和硒能增加 T 细胞的增殖。锌对于保持淋巴细胞的正常功能有重要作用，锌缺乏可以导致胸腺退化。抗体的化学本质是免疫球蛋白，氨基酸的缺乏会使免疫球蛋白的合成能力下降，特别是苏氨酸在妊娠母猪免疫球蛋白合成上十分重要，如果缺乏会影响母猪血浆中免疫球蛋白的浓度。营养不良的动物极易发生免疫失败的现象。

（四）环境因素

包括环境温度、湿度、通风情况、卫生情况等。如果环境过热、过冷、湿度大、通风不良都会使动物出现应激反应，使动物的免疫应答能力下降，接种疫苗后不能得到良好的效果，细胞免疫应答减弱，抗体水平低下。如果卫生条件好，消毒全面科学，就会大大减少动物发病的机会，即使抗体水平不高也能保护动物不发病。如果环境差，就会存在大量的病原微生物，抗体水平比较高的动物也存在发病的可能性。虽然经过多次免疫后，动物会获得很高的免疫力，但多次免疫会使动物的生产性能下降。

（五）母源抗体

母源抗体对保护新生动物免受早期感染具有不可替代的作用，但母源抗体也可干扰小动物主动免疫的产生，特别是免疫程序不当的时候。母源抗体对弱毒苗的影响大于对灭活苗的影响。如果在首免时，动物存在较高的母源抗体，就会极大地影响疫苗的免疫效果。所以对有母源抗体干扰的疫苗，要根据母源抗体水平来确定首免日龄。

（六）合理选择细菌性疫苗

细菌性疾病的感染十分复杂，一些病原细菌的流行血清型很多，如猪放线杆菌至少有 12 种血清型，其中至少有 5 种血清型具有很强的毒力，然而不同血清型疫苗的交叉保护并不理想。因此在选择细菌性疫苗时，必须充分了解本场、本地区的疾病流行情况以及相关病原细菌血清型的流行情况，尽量做到不接种无效的细菌疫苗。当然，只针对本场、本地区的流行血清型，接种相应的细菌疫苗，几乎是不可能的。一方面，猪场并不了解当地的细菌血清型流行情况，而统计并跟踪病原血清型变化规律，需要专业的技术人员和专业的实验室，长期系统的工作并不断公布数据信息，在我国现阶段，没有任何机构开展这方面的工作。另一方面，细菌疫苗的种类虽然很多，但依然不能覆盖所有可能的致病血清型。此外，病毒性病原对疫苗佐剂及细菌疫苗接种的应激反应，同样不可忽视。例如，接种支原体灭活疫苗，就有可能激发圆环病毒的大量复制，导致严重的发病过程和免疫抑制，而一般猪场圆环病毒的感染十分普遍，因此使用支原体疫苗前，就必须衡量监测或考察猪场的圆环病毒感染情况。

（七）需要考虑免疫抑制性因素

只有健康的猪才能针对疫苗产生最佳的特异性免疫反应。当前许多猪场都存在多种免疫抑制性因素，包括免疫抑制性病原的感染、饲料中的霉菌毒素等。

1. 免疫抑制性病原的感染

（1）猪繁殖与呼吸综合征（蓝耳病）病毒的早期感染能增加抑制性 T 细胞的分化，从而抑制正常的免疫细胞增殖，造成机体细胞免疫抑制。

（2）圆环病毒易造成对机体的多种淋巴组织的损伤，从而影响 T 细胞、B 细胞的分化和增殖，和蓝耳病病毒一样影响机体的细胞和体液免疫功能，造成机体对其他抗原的免疫抑制。

（3）伪狂犬病病毒在白细胞中的复制，同其他疱疹病毒一样，隐性感染率很高，病毒可长期存活于扁桃体与神经节中，疫苗接种后虽可防止母猪发生繁殖障碍，但尚不能证明其能遏止隐性感染。

（4）猪瘟病毒的感染可使胸腺萎缩，影响细胞免疫效应。猪瘟弱毒株可引发持续感染，造成特异免疫耐受，导致中和性抗体水平降低。

（5）牛病毒性腹泻病毒（BVDV）在疫苗制造过程中，可能因犊牛血清污染了该病毒，造成了疫苗的污染，使得疫苗使用后造成机体胸腺萎缩，影响细胞免疫效应。

2.饲料中霉菌毒素的污染

饲料往往受到各种霉菌毒素的污染而导致免疫抑制。有研究表明，黄曲霉毒素、单端孢霉素类的烯 T-2 呕吐毒素、赭曲霉毒素 A 都会导致免疫抑制，而这种作用往往在很小的剂量下就会发生。

（八）免疫需要营养物质做基础

无论是免疫中产生的免疫球蛋白，还是细胞反应中的白细胞数增加，均要消耗相当数量的营养物质，特别是蛋白质与能量。接种疫苗种类越多，所消耗的营养物质越多，尤其是加强免疫所产生的大量抗体，更需要大量的营养物质。因此，在猪群有限的免疫空间里，制订科学的合理的免疫程序，减少接种不必要的疫苗，降低免疫反应所消耗的营养物质，有利于猪的生长与繁殖。

六、推荐几个规模猪场免疫程序

（一）规模猪场基础免疫程序 1（表 10-2）

表 10-2　规模猪场基础免疫程序

阶段	疫苗种类	免疫时间	接种方法	用量
商品猪	伪狂犬苗	出生当天	滴鼻	滴鼻超前免疫
	圆环病毒病苗	14 日龄	肌注	2 毫升或 1 毫升，间隔半月再 1 毫升
	猪瘟苗	21 日龄	肌注	2~4 头份
	伪狂犬苗	28 日龄	肌注	1 头份
	口蹄疫苗	42 日龄	肌注	2 毫升
	猪瘟苗	63 日龄	肌注	4~6 头份
	口蹄疫苗	91 日龄	肌注	2~3 毫升

（续表）

阶段	疫苗种类	免疫时间	接种方法	用量
经产母猪	猪瘟苗	配种前	肌注	4~6 头份
	伪狂犬苗	妊娠 80 天左右	肌注	2 头份
	口蹄疫苗	配种前或孕 80 天	肌注	3 毫升
	乙脑苗	每年 3 月底 4 月初，两周后加强免疫一次	肌注	1 头份（2 毫升）
后备种猪	猪瘟苗	161 日龄	肌注	4~6 头份
	伪狂犬苗	168 日龄	肌注	1 头份
	口蹄疫苗	175 日龄	肌注	3 毫升
	乙脑苗	182 日龄	肌注	1 头份
	细小病毒苗	189 日龄	肌注	1 头份
种公猪	猪瘟苗	春秋两季	肌注	4~6 头份
	伪狂犬苗	一年 3 次	肌注	2 头份
	乙脑苗	每年 3 月底 4 月初	肌注	1 头份
	口蹄疫苗	冬春两季	肌注	3 毫升
外购猪	猪瘟苗	进猪第 3 天	肌注	4~6 头份
	口蹄疫苗	进猪第 10 天	肌注	2~3 毫升

（二）规模猪场推荐免疫程序 2（表 10-3）

表 10-3 规模猪场免疫程序

阶段	免疫时间	疫苗种类	剂量	使用方法
后备猪	175 日龄	乙脑苗	2 毫升	肌内注射
		细小病毒苗	2 毫升	颈部肌内注射
	182 日龄	口蹄疫苗	2 毫升	颈部肌内注射
	189 日龄	猪瘟苗	1 头份	配生理盐水肌内或皮下注射
	196 日龄	伪狂犬苗	1 头份	配专用稀释液肌内注射
	203 日龄	蓝耳病弱毒苗	1 头份	配专用稀释液颈部肌内注射
	210 日龄	乙脑苗	2 毫升	肌内注射
		细小病毒苗	2 毫升	颈部肌内注射
经产母猪	妊娠 56 天	口蹄疫苗	4 毫升	颈部肌内注射
	妊娠 63 天	伪狂犬苗	1 头份	配专用稀释液肌内注射
	妊娠 98 天	气喘病苗	2 毫升	颈部肌内注射
	产后 7 天	蓝耳病弱毒苗	1 头份	配专用稀释液颈部肌内注射
	产后 14 天	口蹄疫苗	4 毫升	颈部肌内注射
	产后 21 天	猪瘟苗	2 头份	配生理盐水肌内或皮下注射

（续表）

阶段	免疫时间	疫苗种类	剂量	使用方法
商品猪	28 日龄	伪狂犬苗	1 头份	配专用稀释液肌内注射
	35 日龄	气喘病苗	2 毫升	颈部肌内注射
	49 日龄	口蹄疫苗	1 毫升	颈部肌内注射
	63 日龄	猪瘟苗	1 头份	配生理盐水肌内或皮下注射
	70 日龄	伪狂犬苗	1 头份	配专用稀释液颈部肌内注射
	77 日龄	口蹄疫苗	2 毫升	颈部肌内注射
	105 日龄	口蹄疫苗	3 毫升	颈部肌内注射
公猪	每年 3 月、9 月隔周免疫猪瘟、口蹄疫、伪狂犬、乙脑、细小病毒疫苗			

（三）规模猪场推荐免疫程序 3（表 10-4）

表 10-4　规模猪场免疫程序

疾病名称	特性	免疫程序
口蹄疫	灭活苗	后备母猪：在适应区免疫 1 次 基础母猪：4 次 / 年 公猪：4 次 / 年 其他猪：60、90 日龄各免疫 1 次
猪瘟	弱毒苗	后备母猪：在适应区免疫 1 次 基础母猪：产后 7~10 天免疫 1 次 公猪：1 次 / 年 外售种公猪在选种前 2 周补免 1 次 其他猪：60、90 日龄各免疫 1 次
伪狂犬	基因缺失苗	后备母猪：在适应区免疫 1 次 基础母猪：4 次 / 年 公猪：4 次 / 年
钩端螺旋体 - 细小病毒	6 种血清型苗	后备母猪：在适应区免疫 2 次，间隔 3 周 基础母猪：产后 1 周免疫 1 次 公猪：2 次 / 年
大肠杆菌	K88、K88、987P 和热敏感类毒素苗	后备母猪：产前 5、2 周各免疫 1 次 基础母猪：必要时，产前 2 周免疫 1 次
乙脑	弱毒苗	后备母猪 / 公猪：2 次，在适应区间隔 3 周 公猪：1 次 / 年（3 月）
气喘病	灭活苗	公猪：2 次，选种前 5 周、2 周各免疫 1 次

第二节　猪场保健方案与实施措施

一、猪场高效综合防疫体系

猪场综合性防疫体系，就是通过科学合理的饲养治理、免疫程序、药物保健等一系列防疫措施来达到疾病防治的目的，具体内容主要包括隔离、消毒、免疫接种、药物保健预防、驱虫、杀虫灭鼠、诊断与检疫、疾病治疗、疫情扑灭等基本内容。目前猪病越来越复杂化，继发症、并发症普遍存在，混合感染是目前猪病流行的最大特点。而除了部分传染病可使用疫苗接种进行防制外，其他许多传染病尚无疫苗或无可靠疫苗用于防制，对于这部分疾病，只能通过药物保健进行预防。猪场兽医也要由过去的治疗兽医，到预防兽医、直至保健兽医的战略性转变。猪场管理水平越高，其生产技术管理人员就越重视保健预防，兽医临床治疗就越被忽视，这是大势所趋。药物预防的原则是要根据本地疫病流行情况、猪场的用药及免疫情况，有针对性地选择敏感性较高的药物，制定出适合自己猪场的预防保健程序，有计划地按程序进行药物预防。

二、各阶段猪群药物保健方案

（一）种公猪保健方案

1. 保健目的
降低公猪体内病毒及细菌指数，防止本交造成的交叉感染，提高胚胎品质。

2. 药物保健
种公猪一般要每 1~2 个月饲料投药一次。

（1）包膜恩诺沙星拌料，连用 7 天。

（2）泰乐菌素拌料，连用 7 天。

（3）如考虑病毒感染，另添加一些中草药制剂如扶正解毒散等拌料可降低病毒感染的机会。

（二）后备母猪保健方案

1. 保健目的
净化猪体内病原体，增强抵抗力；促进后备母猪生殖系统发育；提高免疫

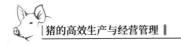

效果。

2. 药物保健

后备母猪在免疫接种前用下列药物组合中的一种连续饲喂 7~10 天。

（1）清瘟败毒散 + 阿莫西林 + 金霉素 + 维生素 E。

（2）泰乐菌素 + 金霉素 + 阿莫西林。

（三）妊娠母猪保健方案

1. 保健目的

抑制体内外病原微生物；预防各种疾病通过胎盘垂直传播给胎儿，提高妊娠质量。

2. 药物保健

（1）妊娠 30 天后用：泰乐菌素 + 金霉素 + 阿莫西林 + 黄芪多糖，饲喂 5~7 天；

（2）产前 10 天用：金霉素 + 阿莫西林 + 维生素 E 饲喂至临产前。

（四）哺乳母猪保健方案

1. 保健目的

消除母猪乳房炎和产道感染；增强母猪体质，预防母猪无乳和少乳综合征的发生；提高断奶母猪发情率；预防多种病原体对仔猪的早期感染。

2. 药物保健

（1）产仔当天注射恩诺沙星等抗生素一针，连用 3 天。

（2）3~5 天母猪恢复食欲后，用替米考星 + 金霉素 + 阿莫西林 + 维生素 E 饲喂 7~10 天。

（五）哺乳仔猪保健方案

1. 保健目的

预防仔猪黄、白痢等肠道疾病及其他细菌性疾病；预防早期的支原体感染；预防母猪垂直感染，增强仔猪抵抗力；提高仔猪成活率，提高仔猪生长速度及整齐度，增加断奶体重。

2. 药物保健

（1）初生仔猪 3 日龄注射补铁针剂，如右旋糖酐铁；

（2）针对当前初生仔猪 3 日龄内腹泻，可口服庆大霉素或微生态制剂，预防该病的发生；

（3）21日龄内做四针保健计划：0、7日龄注射头孢噻呋呐；14、21日龄注射长效土霉素。

（六）断奶仔猪保健与免疫方案

1. 保健目的

调节仔猪体内电解质平衡，补充维生素，预防仔猪水肿病、寄生虫病和断奶应激；防止断奶仔猪多系统衰竭综合征的发生。

2. 药物保健

（1）仔猪断奶前两天至断奶后8天用：支原净＋强力霉素＋阿莫西林＋多维素饲喂10天；

（2）后期用替米考星＋金霉素＋阿莫西林＋虫克星；或支原净＋氟苯尼考＋多西环素＋磺胺间甲氧嘧啶＋伊维菌素，连用7天。

（七）保育猪转栏前药物保健（前3天、后4天）

1. 保健目的

增强仔猪抗应激能力，预防转栏引起的呼吸道疾病；预防仔猪腹泻，提高仔猪生长速度。

2. 药物保健

（1）泰妙菌素＋阿莫西林＋复合维生素拌料；

（2）包膜恩诺沙星＋复合维生素拌料；

（3）泰乐菌素＋复合维生素拌料。

（八）育肥猪保健与免疫方案

根据猪的体况和气候条件，季节性用药。

1. 春夏季节

可用扶正解毒散＋吉它霉素预混剂＋维生素C，主要预防附红细胞体病、弓形体病、链球菌病及缓解应激等。

2. 秋冬季节

强力霉素＋氟苯尼考或替米考星；土霉素粉＋圆环百毒杀。主要预防流感、口蹄疫及呼吸系统疾病。

三、猪场驱虫方案

规模化猪场不同程度感染寄生虫，主要危害猪群的寄生虫有蛔虫、鞭虫、疥螨、蚤、蚊、蝇等。很多猪场对猪的寄生虫病重视程度不够，使猪场受到了很大的损失，给养猪业带来很大危害。寄生虫病不但能掠夺猪体的营养、破坏猪体营养平衡，同时可使机体免疫力降低、生长速度下降，还增强了细菌性疾病的易感性，对猪场的经济效益影响极大。因此，猪场应该定期进行驱虫。做好驱虫保健工作，能够改善母猪的母性和泌乳性，净化母猪，防止内外寄生虫母子传播；提高母猪的生产性能；提高断奶窝重和仔猪的生长速度。驱虫是提高猪场效益的又一措施和保障。

（一）猪场驱虫药使用原则

（1）选好时间，全群覆盖驱虫，经常阶段性、预防性用药，防止再感染。

（2）了解寄生虫生活规律，选好驱虫药、驱虫方法，最好选用功能全面的复方药。

（二）常用的几种驱虫模式及优缺点

1. 不定期驱虫模式

以发现猪群寄生虫感染病征的时刻确定为驱虫时期，针对所发现的感染寄生虫种类选择驱虫药物进行驱虫。

采用该驱虫模式的猪场比例较高，尤其是在中小型猪场户使用非常普遍。其优点：直观性和可操作性较强。但该模式问题较多，其驱虫效果不甚明显。

2. 一年两次全场驱虫模式

每年春季（3—4 月）进行第一次驱虫，秋冬季（10—12 月）进行第二次驱虫，每次都对全场所有存栏猪进行全面用药驱虫。

该模式在较大的规模猪场使用较多。该驱虫模式操作简便，易于实施。但是两次驱虫的时间间隔太长，连生活周期长达 2 个半月到 3 个月的蛔虫，在理论上也能完成 2 个时代的繁殖，难于避免重复感染。

3. 阶段性驱虫模式

指在猪的某个特定阶段进行定期用药驱虫。种公猪、种母猪每年驱虫两次，每次用全驱药拌料连喂 7 天；后备公母猪转入种猪舍前驱虫一次，用全驱药拌料用药连喂 7 天；初生仔猪在保育阶段 50~60 日龄驱虫一次，用全驱药拌料连喂 7

天；引进猪并群前驱虫一次，每次全驱药拌料用药连喂 7 天。

该方案不能彻底净化猪场各阶段猪群的寄生虫感染，种猪仍然存在一定程度的寄生虫感染风险。而且阶段性驱虫用药时间非常分散，实际操作执行不太方便。

4. 其他驱虫模式

（1）自繁自养的专业养猪户驱虫模式：种猪（空怀母猪、怀孕母猪、公猪）一年驱虫 4 次；商品猪在保育阶段驱虫一次。

（2）购买仔猪饲养专业养猪户驱虫模式：购来的仔猪在 7 天后进行驱虫 1 次；育肥猪在 60 日龄左右驱虫 1 次；寄生虫病严重的猪场可在猪 50 千克左右时再驱虫 1 次。

此驱虫模式特点：从种猪源头上消除寄生虫散播，起到了全场逐渐净化的效果；在保育期间猪对寄生虫最易感，此时驱虫效果明显又经济；对种猪有规律地全年四次驱虫消除了重复感染的机会。

四、猪场驱蚊灭蝇和灭鼠

蚊蝇影响生猪休息，增加饲料消耗，降低生长速度和饲料转化率。同时蚊蝇叮吸血液，成为很多传染病的传播媒介。据统计，蚊子能传播 20 多种疾病，苍蝇能传播 30 多种疾病，老鼠能传播 20 多种疾病。一只老鼠每年能消耗 12 千克左右饲料，一个猪场及周围一般有 150 只左右的老鼠，一年耗料 1 500 多千克，污染饲料 5 000 多千克，还能咬坏电线、饲料袋、木头门窗，引起火灾。因此猪场要做好驱蚊灭蝇和灭鼠的工作，但注意的是猪场不能养猫，因为猫是弓形体的终末宿主，是弓形体病的主要传染源。

灭鼠措施：在猪场周边安装纱网以防老鼠及其他动物；坚持常年实施药物灭鼠工作，同时场内的饲养人员也应该加强对老鼠的观察，出现老鼠密度增大等情况时，及时投放鼠药进行灭鼠。目前市面上的杀鼠剂很多，有生物杀鼠剂和化学杀鼠剂等多种，既有速效鼠药也有慢性鼠药，猪场多选择慢性鼠药，例如可选用稻谷型血凝抑制剂，每 3~6 个月灭鼠一次。

灭蚊蝇措施：减少污水的排放和存留，一般采用药物拌料的方式，对蚊蝇进行驱杀，例如用灭蝇胺原粉 8 克 / 吨拌料，全场饲料投药，用 1 个月停 1 个月。

五、猪场保健的其他措施

（1）加强猪场内外的消毒，具体消毒措施详见下一节内容。

（2）对猪群健康状况定期检查，发现病猪立即隔离，严重者予以淘汰处理。对于一些无传染性的疾病或有治疗价值的病猪可进行单独治疗，但要做好防止病原菌扩散工作。

（3）建立自己的化验室，开展种猪疾病普查，重点放在蓝耳病、圆环病毒病、伪狂犬病等几种危害严重的疾病，充分利用化验室的设备及优势经常做细菌培养、药敏试验、抗体水平的测定、消毒药的灭菌效果测定等，指导生产上预防用药，检测疫苗免疫效果，都起到很好的作用。

（4）制定科学的疫情扑灭措施，发现有重大疫情时及时隔离或淘汰，建立合理的全场消毒计划，根据情况全群进行紧急接种或药物预防，避免疫病的流行。

第三节　猪场高效消毒程序的制定

一、消毒的种类和方法

（一）消毒的种类

1.预防消毒

对猪栏、场地、用具和饮水等进行定期消毒，以达到预防一般传染病的目的。

2.随时消毒

在发生传染病时，为了及时消灭刚从病猪体内排出的病原体而采取的消毒措施。

3.终末消毒

在病猪解除隔离、痊愈或死亡后，为了消灭疫区内可能残留的病原体所进行的全面彻底的大消毒。

（二）消毒的方法

1.机械性清除

猪舍要保持良好的通风状态，每天对猪栏进行清扫，定期清除粪尿、垫草等杂物。

2.物理消毒法

物理消毒法有火焰的灼烧和烘烤、煮沸消毒、蒸汽消毒等3种。在实际工作中，猪场入口更衣室要用紫外线灯对进场人员进行 10~15 分钟消毒也属于物理消毒。

3. 化学消毒法

在实践中，常用化学药品的溶液来进行消毒。在选择化学消毒剂时应考虑对该病原体的消毒力强，对人畜毒性小，不损害被消毒的物体，易溶于水，在消毒的环境中比较稳定，不易失去消毒作用，价廉易得和使用方便等。一般每周对全场大小环境定期消毒 1~2 次，各消毒池要经常更换药物，保持有效的消毒浓度。

4. 生物热消毒

主要用于污染的粪便的无害化处理。在粪便的堆沤过程中，利用粪便中的微生物发酵产热来达到消毒的目的。

二、常用消毒药物的种类

（一）醛类

包括戊二醛、甲醛等，属高效消毒剂，可消毒排泄物、金属器械等，也可用于畜禽场舍的熏蒸和防腐等。

（二）含碘化合物

常用的有游离碘、复合碘、碘仿等，大多数为中效消毒剂，少数为低效。常用于皮肤黏膜的消毒，也用于畜禽舍的消毒。

（三）含氯化合物

主要包括漂白粉、次氯酸钙、二氧化氯、液氯、二氯异氰尿酸钠等，属中效消毒剂。常用于水体、容器、食具、排泄物或疫源地的消毒。

（四）过氧化物类

常用的有过氧乙酸、过氧化氢和臭氧等 3 种，属高效消毒剂，可用于有关器具、畜禽场舍及室内空气等的消毒。

（五）酚类

包括苯酚（石炭酸）、甲酚、氯甲酚、甲酚皂溶液（来苏儿）、臭药水、六氯双酚、酚地克等，属中效消毒剂。常用于器械及畜禽场舍的消毒与污物处理等。

（六）醇类

常用的有乙醇、甲醇、异丙醇、氯丁醇、苯乙醇、苯氧乙醇、苯甲醇等，属中效消毒剂，作用比较快，常用于皮肤消毒或物品表面消毒。

（七）季铵盐类化合物

这类化合物是阳离子表面活性剂，用于消毒的有新洁尔灭、度米芬、消毒净、氯苄烷铵、氯化十六烷基吡啶、溴化十六烷基吡啶等，属低效消毒剂。但其对细菌繁殖体有广谱杀灭作用，且作用快而强。常用于皮肤黏膜和外环境表面的消毒等。

（八）烷基化气体消毒剂

主要包括环氧乙烷、环氧丙烷、乙型丙内酯和溴化甲烷等，属高效消毒剂，可用于畜禽场舍、孵化室及饲料、金属器械等的消毒。

（九）酸类和酯类

常用的有乳酸、醋酸、水杨酸、苯甲酸、水梨酸、二氧化硫、亚硫酸盐、对位羟基苯甲酸等，属低效消毒剂。

（十）其他消毒剂

常用的有高锰酸钾、碱类（氢氧化钠、生石灰）等。一些染料如三苯甲烷染料、吖啶染料和喹啉等也有杀菌作用。有时可用于皮肤黏膜的消毒和防腐。

三、规模猪场的高效消毒

（一）日常消毒

（1）车辆入口消毒池池长至少为轮胎周长的1.5倍，池宽与猪场入口相同，池内药液高度不小于15厘米，同时，配置低压消毒器械，对进场车辆喷雾消毒。消毒池内放置3%烧碱溶液或1∶300菌毒灭。车身、车轮可使用1∶800消毒威喷雾。有重大传染疫情时，严禁车辆进入，不可避免要进入的，可用0.5%~1%火碱水对车辆全面喷雾。

（2）进入场区的所有物品，要根据物品特点选择使用消毒形式进行消毒处理。如紫外灯照射 30~60 分钟，消毒药液喷雾、浸泡或擦拭等。同时注意紫外线灯适时更换，一般 45 天更换一次。

（3）工作人员进入生产区前，必须在消毒间经紫外灯消毒 5 分钟，并更换工作衣帽。有条件的猪场可以先淋浴、更衣后进入生产区。外来参观者也同样必须按这个程序进行，并提前确定参观路线，参观时绝不随意更改路线。

（4）脚踏消毒槽至少深 15 厘米，内置 2%~3% 的碱水，消毒液深度大于 3 厘米。药液 3~4 天更换一次，换液时必先将槽池洗净再换装消毒液，雨天或热天时可酌情增加浓度或提早一天换液。进入猪场者脚踏时间至少 15 秒。

（5）猪舍消毒。空栏时，猪舍清洗干净后以 2%~3% 火碱水浸渍 2 小时以上，先用硬刷刷洗，再用清水冲洗。放干数日后，关闭猪舍门窗，用过氧乙酸熏蒸 12 小时。最好再用 1∶300 菌毒灭或 1∶800 消毒液喷洒消毒一次。雨季，放干后建议用火焰消毒。带猪消毒时，清洗后用 0.1% 过氧乙酸、0.5% 强力消毒灵溶液、0.015% 百毒杀溶液喷雾或 1∶1 200 消毒威药液对猪圈、地面、墙体、门窗以及猪体表喷雾，一般每平方米用配制好的消毒液 300~500 毫升，每周 1~2 次。

对产房，先将地面和设施用水冲洗干净，干燥后用福尔马林熏蒸 2 小时，再用 1∶300 菌毒灭或 1∶1 200 消毒威溶液消毒一次，事毕用干净水冲去残药，最后用 10% 石灰水刷地面和墙壁。对母猪体表消毒，可以用 1∶500 强效碘消毒。进入产房前先把猪全身洗刷干净，再用 1∶500 菌敌消毒全身，下腹、会阴部、乳房可用 0.1% 的高锰酸钾清洗消毒。

（二）患病期消毒

出现腹泻疾病时，应立即隔离病猪，将发病猪调离原圈，并对该栏圈清扫、冲洗，用碱性消毒药对猪舍、场地、用具、车辆和通道等进行消毒，供选择的药品有 5% 的氢氧化钠溶液、双季胺盐类等。也可采用火焰消毒法、干燥等。

出现口蹄溃疡症疾病时，舍内走廊用 5% 氢氧化钠溶液消毒，口腔可用清水、食醋或 0.1% 高锰酸钾冲洗，蹄部可用来苏儿洗涤，乳房可用肥皂或 2%~3% 硼酸水清洗。圈面用 1∶100 的双季胺络合碘消毒。

出现呼吸道疾病时，应清扫、通风、带猪消毒，此时药物浓度是平时带猪消毒浓度的 2 倍。

消灭虫卵时，圈面清扫冲洗，用 5% 氢氧化钠水溶液消毒后再进行火焰消毒。

四、消毒药物及选择

（一）常用消毒药物及应用

1.5% 碘酒和碘甘油

5% 碘酒又称碘酊。取碘 50 克，碘化钾 10 克，蒸馏水 10 毫升，将 75% 酒精加至 1 000 毫升，充分溶解制成。本药用于猪手术部位和注射部位的消毒。用于小面积外伤消毒时，由中间向外周涂擦，然后用 70% 酒精脱碘。碘甘油溶液是用碘 50 克，碘化钾 100 克，加甘油 200 毫升，用蒸馏水加至 1 000 毫升，溶解制成，用于创伤、黏膜炎症和溃疡部位的消毒。

2. 70% 酒精

取无水乙醇 70 毫升，加蒸馏水至 100 毫升制成。本病用于手指、注射器、体温计和某些外科手术器械的消毒，也用于注射部位皮肤的消毒。

3. 来苏儿

来苏儿即是煤酚溶于肥皂溶液中所制成的 50% 煤酚皂溶液。用时加水稀释成 2% 来苏儿，用于洗手、皮肤和外伤的消毒。3%~5% 来苏儿用于外科手术器械、猪舍、饲槽的消毒。也可用于内服治疗腹泻、便秘，猪一次内服 2~3 毫升，加水 100~150 毫升。

4. 氢氧化钠

氢氧化钠又称苛性钠，是一种强碱性高效消毒药，对细菌、芽孢和病毒都有很强的杀灭作用，也可杀死某些寄生虫卵。2% 氢氧化钠溶液用于猪舍、饲具、运输车、船的消毒。3%、5% 氢氧化钠溶液用于炭疽芽孢污染场地的消毒。对猪舍消毒时，应先将猪赶出猪舍，间隔 12 小时后，用水冲洗槽、地面后，方可让猪进舍。

5. 生石灰

生石灰又称氧化钙，加水配制成 10%~20% 石灰乳，用于猪舍、栏杆和地面的消毒。将氧化钙 1 千克加水 350 毫升，生成消石灰粉末，可撒布于阴湿地面（猪场大门处）、粪池周围和水沟处消毒。

6. 高锰酸钾

高锰酸钾又称过锰酸钾，0.1% 高锰酸钾溶液用于黏膜、创伤、溃疡、深部化脓创的冲洗消毒，也可用于洗胃，氧化毒物以解救生物碱和氰化物中毒。

7. 过氧化氢

过氧化氢又称双氧水，用3%溶液冲洗污染创、深部化脓创和瘘管等。

8. 雷夫诺尔

常用0.1%雷夫诺尔溶液冲洗或湿敷感染创。

9. 新洁尔灭

新洁尔灭又称苯扎溴铵，用0.1%溶液消毒手指，浸泡消毒皮肤、外科手术器械和玻璃用具。用0.01%~0.05%溶液做阴道、膀胱黏膜及深部感染创的冲洗消毒等。应用新洁尔灭时，不可与肥皂同用。浸泡器械时，应加入0.5%亚硝酸钠，以防生锈。

10. 消毒净

用0.1%溶液对手术前手臂消毒（浸泡5~10分钟）、手术部位皮肤消毒。用0.02%水溶液消毒病猪口、鼻、阴道和膀胱黏膜。

（二）消毒药物的正确选择

消毒药物种类很多，有氯制剂、碘制剂、过氧化物、醛、季铵盐、酚、强碱及复合类型等，选择消毒药品时，注意一要考虑猪场的常见疫病种类、流行情况和消毒对象、消毒设备、猪场条件等，选择适合自身实际情况的两种或两种以上不同性质的消毒药物；二要充分考虑本地区的猪群疫病流行情况和疫病可能的发展趋势，选择储备和使用两种或两种以上不同性质的消毒药物；三是定期开展消毒药物的消毒效果监测，依据实际的消毒效果来选择较为理想的消毒药物。

（1）选用消毒药品时，要选效力强，效果广泛，生效快且持久，不易受有机物及盐类影响，渗透性强，不易受酸碱度影响，可消毒污物且能抑臭，毒性低不污染水源，刺激性及腐蚀性小。特别是在疫病发生期间，更应精心选择和使用消毒剂，特别是对病毒性传染病，更要选用权威部门鉴定和推荐的产品，使用中注意作效价比较。

（2）使用前应充分了解消毒剂的特性，提前订好消毒计划，结合季节、天气，充分考虑适用对象、场合。

（3）消毒药物一般稳定性比较差，药品从出厂至使用时，经过了很多中间环节，其有效成分由于各种原因已经丧失不少，所以，建议按药品说明配制浓度稍高的标准配制。稀释后一次用完，并将原液储存于冷暗处。

（4）消毒剂要定期更换，不要长时间使用一种消毒剂消毒，以免病原体产生耐药性，影响消毒效果。

（5）消毒药应现用现配，尽可能在规定的时间内用完，配制好的消毒药液放置时间过长，会使药液浓度降低或完全失效。

（6）不混合使用不同消毒药。混合使用只会使消毒效果降低，若需要用数种，则单独使用数日再使用另一种消毒剂。

（7）消毒操作人员要做好自我保护，如穿戴手套、胶靴等防护用品，以免消毒药液刺激手、皮肤、黏膜和眼等。同时也要注意消毒药液对猪群的伤害及对金属等物品的腐蚀作用。

五、影响消毒效果的因素

（一）圈舍内有机物

圈面的有机物影响消毒效果，有机物的量越多，消毒效力越差。它们一方面覆盖在病原微生物表面，对其起到机械性保护作用，另一方面可与多数消毒药结合成不溶性蛋白化合物，既消耗消毒药，又减少消毒药与病原微生物的接触，从而大大降低消毒效果。因此消毒前应把消毒场所打扫干净，把感染创中的脓腔冲洗干净。试验证明，清扫、高压冲洗和药物消毒分别可消除40%、30%和20%~30%的细菌，三者相加可消除90%~100%的细菌。只有彻底清扫、冲洗后消毒，才能保证有较好的效果。

（二）舍内温度、消毒时间、药物浓度、喷洒量对消毒效果有影响

舍温在10~30℃，温度越高，消毒效果就会越好；药物浓度越高，时间越长效果越好，但对组织的毒性也相应增大；浓度太低，接触时间太短，又达不到预期的效果。因此应按各种药的特性，适当选用药物的浓度，达到规定的作用时间，一般药物消毒时间不少于30分钟。

（三）舍内湿度

猪舍空气中的相对湿度对熏蒸消毒有明显影响。如常用于猪舍熏蒸消毒的甲醛、过氧乙酸，在相对湿度60%~80%时消毒效果最好。干燥时消毒效果不理想。例如使用福尔马林熏蒸消毒时最适宜的相对湿度为70%~90%，相对湿度低于60%时，其气体的杀菌作用显著降低。

（四）溶液 pH 值

溶液 pH 值的变化可直接影响消毒药物的作用，首先可使消毒药分子发生改变，其次能使病原微生物表面发生改变，再者可使病原微生物和消毒药分子分离开，从而影响消毒效果。随着环境 pH 值的增加，戊二醛、双胍类、染料等消毒药的杀菌作用明显增强；而酚类、有机酸、漂白粉等消毒药的活性则降低。

（五）猪场潜伏的病原体

猪场潜伏的病原体影响消毒效果。要经常对猪群进行抗体监测，根据猪群健康状况确定病原毒力，制订相应的免疫计划，有针对性地选择消毒药物。猪场消毒，需要程序合理、药物适当、药量足、消毒时间充分、条件适宜才会有理想的消毒效果。

参考文献

杨凤，1993. 动物营养学 [M]. 北京：中国农业出版社 .

王建民，2000. 现代畜禽生产技术 [M]. 北京：中国农业出版社 .

高士争，2009. 猪营养代谢调控新技术 [M]. 北京：中国农业科学技术出版社 .

李德发，2003. 猪的营养 [M]. 北京：中国农业科学技术出版社 .

李连任，2015. 现代高效规模养猪实战技术问答 [M]. 北京：化学工业出版社 .

李连任，2019. 现代高产母猪快速培育新技术 [M]. 北京：化学工业出版社 .

常德雄，2021. 规模猪场猪病高效防控手册 [M]. 北京：化学工业出版社 .